中华节俭美德的起源

The Origin of
Chinese Virtue: Thrift

孙 欢 著

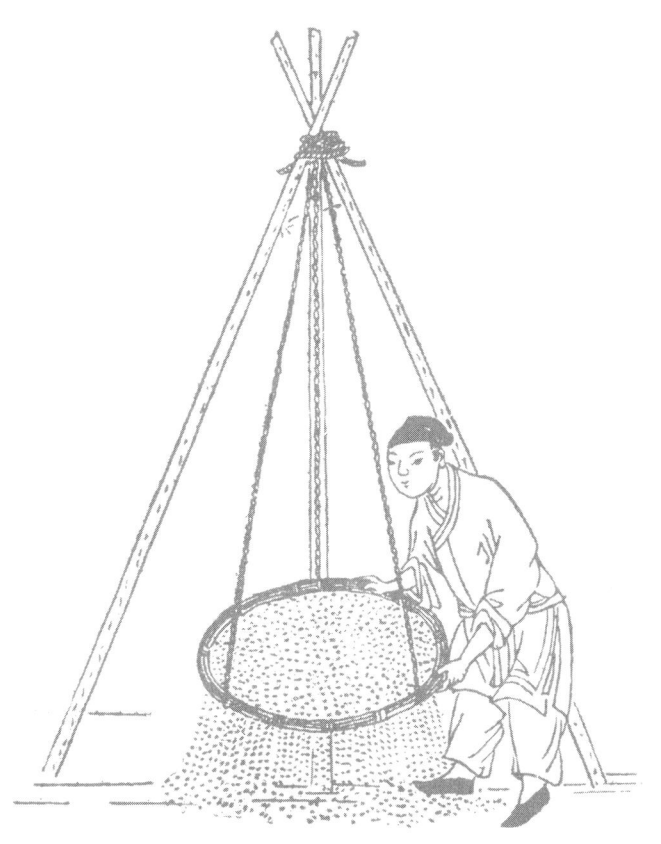

图书在版编目（CIP）数据

中华节俭美德的起源 / 孙欢著. —北京：中央编译出版社，2023.9
ISBN 978-7-5117-4257-5

Ⅰ. ①中… Ⅱ. ①孙… Ⅲ. ①艰苦朴素-研究-中国 Ⅳ. ①B825

中国版本图书馆CIP数据核字（2022）第163521号

中华节俭美德的起源

责任编辑	兰　鹏　周雪凝
责任印制	李　颖
出版发行	中央编译出版社
地　　址	北京市海淀区北四环西路69号（100080）
电　　话	（010）55627391（总编室）　（010）55627311（编辑室）
	（010）55627320（发行部）　（010）55627377（新技术部）
经　　销	全国新华书店
印　　刷	北京文昌阁彩色印刷有限公司
开　　本	710毫米×1000毫米　1/16
字　　数	297千字
印　　张	23
版　　次	2023年9月第1版
印　　次	2023年9月第1次印刷
定　　价	89.00元

新浪微博：@中央编译出版社　　　微　信：中央编译出版社(ID: cctphome)
淘宝店铺：中央编译出版社直销店(http://shop108367160.taobao.com)　（010）55627331

本社常年法律顾问：北京市吴栾赵阎律师事务所律师　闫军　梁勤
凡有印装质量问题，本社负责调换，电话：（010）55626985

内容概要

本书是一项对中华传统伦理范畴"俭"的研究。本书以起源于先秦时期的节俭美德生活传统和节俭美德思想传统为主要研究内容,以推动中华优秀传统文化创造性转化、创新性发展为背景,以现代社会存在的奢侈浪费问题为导向,分析了中华民族节俭美德传统在先秦时期的起源、进化过程、形成的历史必然性、俭德思想传统如何开端、先秦诸子对俭德传统的思想构建、俭德传统的时代内涵与伦理学意蕴,以及俭德传统现代转化的本质、意义、阻碍、路径等重要问题。本书旨在阐明中华民族的节俭美德传统如何以及为何会在先秦时期形成,并提出将这一优秀传统创造性地融入现代道德生活的具体路径,引导人们认同并选择绿色节俭、简约适度的生活方式。本书问题意识强,逻辑结构合理,具有重要的学术参考价值和实践指导意义。

序

崇尚节俭的传统贯穿于人类社会的道德生活与伦理精神的演进历程，这一传统起源于在资源匮乏境遇中谋求生存的理性选择，后来逐步成为一个在各大文明中具有较高共识度的伦理范畴。

古希腊的普罗泰戈拉、苏格拉底、德谟克利特、柏拉图、芝诺、亚里士多德等众多思想家或将"节制"称为"成人之德"，或将"节制"归入"基本道德""四主德"，强调它对成人、治国的意义。

节俭更是中华民族自古以来推崇的美德，春秋时期鲁国的御孙将节俭奉为"德之共"，而将奢侈斥为"恶之大"。

在中国历史上，一些明智的统治者都将崇俭抑奢与王朝兴亡紧密相联，将其作为修齐治平的原则或治国安邦的重要保证而加以推行。唐太宗李世民、明太祖朱元璋等开国君主更是将躬行节俭视为战胜群雄的成功要诀。

历代思想家更是注重从道德修养、立身处事、养生兴家、政府开支、富国裕民等多个角度论证节俭的合理性和必要性：孔子、孟子、庄子、韩非子、墨子等先秦诸子将节俭作为重要的道德规范，认为崇俭抑奢直接影响着个人的道德修养和整个社会风气；老子将俭啬视为治国和养生最好的方法——"治人事天莫若啬"；唐代高道谭峭将俭德奉为"万化之柄"；明清之际的唐甄、顾炎武等思想家将去奢崇俭作为"化天下""养天下之心"或改革社会风气的重要途径。

节俭亦是古代家训的重要内容，三国时的诸葛亮在《戒子书》中说："俭以养德"，将节俭奉为道德修养之基础；宋代司马光则在《训俭示康》这一著名家书中警示儿子说，那些习于奢侈的人家，"今多穷困"；清代曾国藩更是多次在家书中教诲说："切不可贪爱奢华……无论大家小家、士农工商，勤苦俭约未有不兴，骄奢倦怠未有不败。"

而对于个体来说，恬淡寡欲的生活有助于心灵的宁静，更好地保持身心的平衡与健康，协调个体与他人或群体的关系，提高道德境界，实现精神的升华，促使人格完善和潜能发挥，是必不可少的养生之道和处世原则。

古今中外的历史教训都在昭示人们，那些挥金如土的人，迟早要断送自己的事业和家业；那些穷奢极欲的人难免乐极生悲；一个追求奢华和享乐成风的社会，必定会走向衰落。

时至今日，社会生产力和人民生活质量虽然有了极大的提高，但节俭生活的意义、节俭美德的光辉并未衰减，它越过数千年的历史长河而又历久弥新，依然是维持社会稳定和健康生活的基石。正是在这个意义上，我们依然与先贤心心相印。

生活实践警示人们，奢侈多欲或追求超前型消费、炫耀型消费、攀比型消费往往令人沉溺于感官享受，泯灭理想，丧失尊严，行贿受贿，偷盗抢劫，胡作非为；而以崇俭抑奢的美德节制感官欲望，指导自己的行动，才能够避免沦为物欲的奴隶，保持廉洁正直的美德，在事业上有所建树，挺直腰板做人。

古今有识之士关于俭德的论述早已化为中华优秀传统文化和社会主义先进文化的有机组成部分。人们还认识到，崇俭抑奢是和谐稳定、世风文明的有效抓手，是廉政建设、绿色发展的基本方略，是实现中华民族伟大复兴、创造人类文明新形态的传家之宝。进入新时代，中国社会对于崇俭抑奢的呼唤变得更为强烈！

孙欢博士《中华节俭美德的起源》一书正是在人们对于崇俭抑奢的强烈呼唤中应运而生，这一作品在前人的基础上又有所创新。他以当前中国社会存在的奢侈浪费现象为问题导向，以引导人们坚持节约优先方针、贯彻绿色发展理念、确立简约适度生活方式为价值旨归，从先秦社会的生活传统和思想传统这两个维度来研究中华民族节俭美德的起源。书中围绕崇俭传统产生的社会背景及其形成的历史必然性，分别从原始社会、夏商、西周、春秋战国四个时段来追溯节俭美德的起源，还原这一生活传统的历史样貌及其形成过程。进而具体论述西周时期周文王和周公的节俭思想、春秋时期一些政治人物的节俭思想；着重展现春秋战国时期"崇俭抑奢"思想传统的丰富图景，阐述诸子百家中影响最大的儒家、道家、法家、墨家的俭德思想，为"崇俭抑奢"的思想传统提供了文献和理论依据；同时，又从物质基础、主体自觉、政治需要和社会舆论四个方面论证中华民族在先秦时期形成节俭美德传统的历史必然性，深刻地论证了基于反思王朝盛衰而提出"崇俭抑奢"主张的社会价值和历史意义。

研究传统伦理范畴需要在浩繁的历史文献中探赜洞微，其中的艰辛可谓一言难尽。值得赞许的是，作者并不局限于梳理儒家经典、诸子百家等思想理论方面的文献，还将视野拓展到了《国语》《战国策》《晏子春秋》《吴越春秋》《楚辞》《史记》《说苑》《晋书》等历史文献、文学作品、考古发现、社会生活及民俗，从而在更为广阔的视野下对俭德起源及其必然性等一系列问题做出了更为生动立体的展现。

更可贵的是，作者在对于先秦节俭美德传统的起源、发展和形成必然性的探讨之后，进一步考察延续了数千年的节俭美德在现代语境中的发展，进而分别从美德论、义务论、功利论等角度对俭德进行现代解读，将思考的焦点集中于俭德的现代阐释和转换，对其现代转化的本质、必要性和阻碍因素进行了深入的剖析，论述了节俭对于推进廉政建设、执政为民、可持续发展、社会和谐等方面的积极作用，以使厉行节约、反对浪费在全社会蔚然成风。

为了实现这一目标，作者提出了推动节俭美德传统向现代道德规范转化的基本思路和具体方略。如，促使传统俭德向个人德性转化、向社会德性转化、向公民基本道德规范转化、融入社会公共道德规范、融入市民公约、乡规民约、学生守则等具体道德规范；向现代企业道德规范转化，将俭德融入企业的组织道德规范和员工职业道德规范；向公务员职业道德规范转化，纳入对公务机关和公务员的道德考核指标体系；向现代道德行为转化，转化为政府行政管理中的节俭行为、企业生产经营中的节俭行为，强调节约化开采、绿色化生产，倡导绿色生活、适度消费，等等。

以上这些内容足以反映出作者深入发掘中华传统伦理精华的孜孜矻矻，更映照出激浊扬清、希图革除社会弊病的赤子之心。

作者孙欢是我的博士研究生，他是一位诚恳朴实的青年，在攻读博士学位期间，他刻苦钻研、好学深思、勤于求教。入职中南林业科技大学之后，小孙仍在伦理学领域从事教学和研究工作，踏踏实实地辛勤耕耘，取得了一些成绩，本成果是这些成绩的部分体现。

在书稿即将付梓之际，小孙请我为本书作序。作为他的博士生导师，我为小孙同学持之以恒的努力和不断成长进步而由衷地高兴，为他的成果问世而深感欣慰。祝愿他在科学研究以及弘扬中华优秀传统文化的道路上"百尺竿头更进一步"，取得更多的成绩。

本书的出版对于弘扬中华传统美德，推动中华优秀传统文化的创造性转化和创新性发展，培育勤俭节约的时代新风新貌具有积极的作用，希望它能成为展现中华伦理宝库的一个窗口，让更多人士通过这些窗口学习节俭美德，对它知其然，又知其所以然，从而更乐于行其然，化为崇尚俭朴、摒弃奢靡的清风良俗！

是为序。

吕锡琛　*于旅美访学途中*

2023 年 7 月 1 日

前　言

一

节俭是中华民族的传统美德。在数千年的历史长河中，中华民族的美德传统经历了起源、发展、变迁的演化进程，有些德目产生又消失，有些德目却持续得以传承，节俭便是这些得以持续传承的历久弥新的传统德目之一。节俭美德对中华民族在历史上创造出灿烂文明起到了不可或缺的作用，它的合理内核具有跨越时空的生命力和促进中华民族创造美好生活的助推力。进入新时代，中华民族的节俭美德传统仍需继续传承和弘扬。习近平强调："不论我们国家发展到什么水平，不论人民生活改善到什么地步，艰苦奋斗、勤俭节约的思想永远不能丢。艰苦奋斗、勤俭节约，不仅是我们一路走来、发展壮大的重要保证，也是我们继往开来、再创辉煌的重要保证。"[1] 对节俭美德寻根溯源，从生活传统和思想传统追溯其起源，了解中华民族节俭美德传统的发育过程，揭示

---

[1] 《习近平在参加内蒙古代表团审议时强调 保持加强生态文明建设的战略定力 守护好祖国北疆这道亮丽风景线》，载《人民日报》，2019年3月6日，第001版。

其形成的历史必然性,对我们更好地继承和弘扬这一传统美德,并据此创造新的辉煌文明具有重要的启示和借鉴意义。

改革开放以来,中国经济社会发生了翻天覆地的变化,国家解决了温饱问题,实现了总体小康。"十三五"时期以来,我国经济实力、科技实力、综合国力跃上新的台阶,历史性地解决了绝对贫困问题,在中华大地上全面建成了小康社会。与经济社会发展相伴的是社会价值观的变迁:改革开放至今,中国社会价值观呈现出由精神价值观向物质价值观、神圣价值观向世俗价值观、一元价值观向多元价值观转变的趋势。物质价值观、世俗价值观的流行在很大程度上导致了部分人为满足个人享乐而铺张浪费、为追求奢华生活而贪污腐败、为获取经济利益而不顾资源环境压力等社会系列问题。回看历史,我们发现:在节俭美德的发育过程中,中华民族在先秦时期便产生了修养身心、培育节俭美德的强烈主体需要,同样也曾面临奢侈浪费的社会问题。因此,审视节俭美德的起源,从孕育这一美德传统的先秦社会中汲取生活智慧和思想智慧,有助于解决当前中国社会存在的现实问题和道德难题。

对于中华优秀传统文化,党的十九大报告明确提到:深入挖掘中华优秀传统文化蕴含的思想观念、人文精神、道德规范,结合时代要求继承创新,让中华文化展现出永久魅力和时代风采。[①] 党的二十大报告也再次强调,传承中华优秀传统文化。节俭美德传统既是一种生活传统,也是一种思想传统,是中华优秀传统文化的重要组成部分。科学地阐明中华民族节俭美德传统的缘起历程和历史必然性,能帮助人们找到中华民族为什么会形成节俭的美德传统、为什么崇尚过节俭的生活、如何生活才是节俭的生活以及在新时代的生活情境中是否还需要继续发扬节俭美德传统等问题的答案。搞清楚这些问题,又对人们正确理解建设生态

---

① 《习近平谈治国理政(第三卷)》,北京:外文出版社2020年版,第33页。

文明必须坚持节约优先方针、推进绿色发展、倡导简约适度生活方式至关重要。可以说，中华民族的节俭美德传统与当前我们所提倡的生态文明理念、绿色发展理念在内容和目标上都有着许多契合之处。这一传统得以继承与弘扬是全民树立生态文明理念、绿色发展理念的精神支撑，也能为节约资源和保护环境的空间格局、产业结构以及绿色生产方式和生活方式的形成奠定德性基础。

时代在发展，道德规范和道德观念在更新，但节俭仍是当下中国社会值得大力弘扬的一种美德。《中华人民共和国宪法》第十四条明确规定：国家厉行节约，反对浪费。2021年4月29日，第十三届全国人民代表大会常务委员会第二十八次会议还通过了《中华人民共和国反食品浪费法》，以专门的法律形式对《中华人民共和国宪法》所倡导的节约精神加以落实。这不仅肯定了新时代继续弘扬节俭美德的必要性，也将"节约"变成了一种具体的、法律化的行为规范。针对近年社会上出现的奢靡浪费之风，习近平一再强调：要加大宣传引导力度，大力弘扬中华民族勤俭节约的优秀传统，大力宣传节约光荣、浪费可耻的思想观念，努力使厉行节约、反对浪费在全社会蔚然成风[①]。为此，党中央陆续出台了《关于改进工作作风、密切联系群众的八项规定》《贯彻落实中央八项规定的实施细则》《党政机关厉行节约反对浪费条例》等制度规范，为培育节约之风、节俭之德保驾护航。《中共中央关于坚持和完善中国特色社会主义制度 推进国家治理体系和治理能力现代化若干重大问题的决定》和《中共中央国务院关于加快推进生态文明建设的意见》还肯定了节俭对推进国家治理体系和治理能力现代化、建设生态文明的重要意义。从节俭由道德要求到法律条款、制度规范的转变来看，在新时代新阶段我们仍需继承和弘扬中华民族的节俭美德传统，并使这一传

---

① 《习近平谈治国理政》，北京：外文出版社2014年版，第363页。

统在新时代释放新活力，以引导人民追求美好生活和实现中华民族伟大复兴的新实践。

二

中华民族的节俭美德生活传统和节俭美德思想传统起源并形成于先秦时期，它的形成有其历史必然性。本书是在推动中华优秀传统文化创造性转化、创新性发展的时代背景下，以当前中国社会存在的奢侈浪费现象为问题导向，以引导人们坚持节约优先方针、贯彻绿色发展理念、确立简约适度生活方式为价值旨归，从先秦社会的节俭生活传统和思想传统的两维视角来研究中华民族节俭美德的起源。马克思和恩格斯认为，不是意识决定生活，而是生活决定意识①。同样地，不是节俭思想决定节俭生活，而是节俭生活决定节俭思想，先秦节俭美德思想传统是对节俭美德生活传统的反映与提炼。同时，我们也不能将研究停留于解释先秦节俭美德传统的起源、发展和形成必然性的层面，研究的关键在于"改造世界"——使厉行节约、反对浪费在全社会蔚然成风。因此，我们还需要思考如何为源起于先秦的节俭美德传统注入新的时代内涵，思考推动其向现代转化的路径与方略。

基于上述思路，本书的主要研究内容可概括为三个部分：

上篇是节俭美德生活传统溯源。该部分包括一到五章。一到四章是根据社会性质的变化，从原始社会、夏商、西周、春秋战国四个阶段追溯先秦社会中节俭美德生活传统的缘起，还原这一生活传统的历史样貌、形成过程，为"崇俭抑奢"的思想传统提供现实依据。五章"崇俭

---

① 《马克思恩格斯文集（第一卷）》，北京：人民出版社2009年版，第525页。

生活传统源起之历史必然"从物质基础、主体自觉、政治需要和社会舆论四个方面论证中华民族在先秦时期形成节俭美德传统的历史必然性。

中篇是节俭美德思想传统溯源。该部分包括六至十章。六章"中华俭德思想的开端"讨论作为中国伦理思想开端的西周时期的节俭思想，主要依据《周易》和《尚书》来呈现周文王和周公的节俭思想；同时，基于《国语》和《左传》，对春秋时期的一些政治人物的节俭思想进行梳理和研究。春秋末期到战国时期是中华民族"崇俭抑奢"思想传统系统构建的关键阶段，"百家争鸣"对这一思想传统的形成功不可没。七至十章分别阐述诸子百家中影响最大的儒家、道家、法家、墨家的节俭美德思想。

下篇是节俭美德传统的创造性转化。该部分包括十一章和十二章。十一章"节俭美德传统的现代阐释"从比较先秦语境和现代语境中"节俭"的涵义出发，释义"节俭"的时代内涵，并从美德伦理和规范伦理的角度对节俭美德传统加以理论检视，阐明其伦理学意蕴，为推动节俭美德传统的创造性转化做好理论准备。十二章"节俭美德传统的现代转化"直面现代社会奢侈浪费的现实问题，对节俭美德传统现代转化的本质、必要性和阻碍因素进行剖析，提出推动节俭美德传统向现代转化的基本思路和具体方略。

三

在传统伦理思想研究领域，对传统伦理范畴"俭"的研究一直在持续。特别是在党中央提出建设"两型社会"、推动绿色发展、建设生态文明等新理论新目标，以及出台"八项规定"等制度性规范之后，学术界对"俭"范畴的研究进一步升温。这些研究给本书提供了许多参考和启发。

目前，学术界从伦理学角度研究"俭"范畴的成果，其论域主要集中于以下三个方面：其一，历代思想家节俭思想的主要内容；其二，传统节俭美德的内涵；其三，传统节俭思想的现代价值。不难发现，现有研究主要是基于伦理思想史的视角研究节俭思想，较少涉及对传统社会人们的节俭生活状况的考察；阐述了传统节俭思想的现代价值，较少系统思考如何推动传统节俭美德的现代转化。

本书不囿于思想史研究的老路，将先秦社会的节俭生活史和节俭思想史相结合，从具体的历史生活情境来剖析中华民族在先秦时期节俭思想的繁荣和节俭生活传统形成的历史必然性，进而对中华民族节俭美德的起源做出更全面、更合理的解释。而且，本书对先秦社会的节俭生活史和节俭思想史的研究是系统的，弥补了这两方面片段研究、零星研究的不足。特别是目前学术界对《尚书》《国语》《左传》《韩非子》《吕氏春秋》等经典文献的节俭思想研究甚少，而本书对此展开了专门研究。在系统呈现先秦社会的节俭美德生活传统和节俭思想传统的基础上，本书对传统节俭美德进行了现代释义和伦理学检视，揭示出这一传统的美德伦理意蕴和规范伦理意蕴，提出从道德规范、道德行为、道德德性三个维度同步推进俭德传统的现代转化。

节俭的生活是合乎德性的生活，是善的生活，是通往美好生活的道德路径。推动节俭美德传统的现代转化就是将传统节俭美德的德性之光照进人民群众追求美好生活和中华民族实现伟大复兴的新实践，为我们在新时代修炼俭德、向善而生、抵达美好提供指引。

目 录

上篇 节俭美德生活传统溯源

一 原始社会的艰难生存景象 ········· 3
  （一）原始先民的艰难求存 ········· 3
    1. 考古中的原始生活 ········· 4
    2. 传说中的道德之光 ········· 6
  （二）炎黄尧舜的俭德肇始 ········· 7
    1. 炎黄的自觉节俭意识 ········· 7
    2. 尧舜的节俭生活典范 ········· 9
  （三）奢侈起源的考古证据 ········· 11
    1. 剩余产品与奢侈生活萌芽 ········· 12
    2. 原始先民的生活分化证据 ········· 13

二 夏商社会的节俭生活画面 ········· 16
  （一）夏商统治者的俭与奢 ········· 16
    1. 克勤克俭的创业者 ········· 17

2. 纵欲奢靡的守成者 …………………………… 19
　（二）批判奢靡的社会舆论 ………………………… 22
　　　1. 警示与抱怨 …………………………………… 22
　　　2. 惩戒与批评 …………………………………… 23
　（三）等级礼制的初步形成 ………………………… 24
　　　1. 等级礼制从萌芽到雏形 ……………………… 25
　　　2. 夏商遗址中的等级差异 ……………………… 27

三　西周礼制下的等级化生活 …………………………… 32
　（一）成由勤俭败由奢的场景再现 ………………… 33
　　　1. 勤俭克制与周初盛世 ………………………… 33
　　　2. 纵欲无节与西周没落 ………………………… 36
　（二）等级礼制下等级消费合法化 ………………… 38
　　　1. 等级秩序衍生等级礼制 ……………………… 38
　　　2. 等级礼制下的差等生活 ……………………… 40
　（三）节用财物的政治制度安排 …………………… 45
　　　1. 天官序列与节俭 ……………………………… 46
　　　2. 地官序列与节俭 ……………………………… 47
　　　3. 春官序列与节俭 ……………………………… 48
　　　4. 秋官序列与节俭 ……………………………… 49

四　春秋战国的俭奢社会图景 …………………………… 51
　（一）礼崩乐坏下的奢靡放纵 ……………………… 52
　　　1. 欲望宛如脱缰烈马 …………………………… 52
　　　2. 跟随考古寻找真相 …………………………… 57
　（二）奢靡世风里的节俭操守 ……………………… 58

  1. 践行俭德的典范 ……………………………………… 58
  2. 艰苦清贫的底层 ……………………………………… 61
 （三）治国理政中的节俭之道 ………………………………… 62
  1. 晋侯治国节俭惠民 …………………………………… 62
  2. 越王勾践克己节俭 …………………………………… 63
  3. 李悝变法惩罚淫侈 …………………………………… 64

五 崇俭生活传统源起之历史必然 …………………………… 66
 （一）落后物质生产方式下的理性考量 ……………………… 66
  1. 生产力落后与资源有限的理性选择 ………………… 67
  2. 王有制下资源分配不均的现实困境 ………………… 73
 （二）社会生活道德化催生的自觉追求 ……………………… 78
  1. 先秦社会生活的道德化演进 ………………………… 78
  2. 由少数人到多数人的自觉意识 ……………………… 79
 （三）上层贵族奢靡风激发的社会矛盾 ……………………… 81
  1. 上层贵族愈演愈烈的奢靡之风 ……………………… 81
  2. 奢靡背后的贫富分化与阶级矛盾 …………………… 83
 （四）崇俭抑奢道德场效应的基本形成 ……………………… 86
  1. 先秦社会崇俭抑奢的舆论场效应 …………………… 86
  2. 先秦社会道德权威的榜样场效应 …………………… 88

中篇 节俭美德思想传统溯源

六 中华俭德思想的开端 ……………………………………… 93
 （一）西周俭德思想的滥觞 …………………………………… 93

1.《周易》中的俭德思想 ·············· 94
　　　2.《尚书》中的俭德思想 ·············· 100
　（二）春秋史书中的俭德思想 ·············· 103
　　　1.《国语》中的俭德思想 ·············· 103
　　　2.《左传》中的俭德思想 ·············· 109

七　先秦儒家的俭德思想 ·············· 116
　（一）孔子的俭德思想 ·············· 116
　　　1. 宁俭勿奢的礼本论 ·············· 117
　　　2. 宁固不逊的德性论 ·············· 122
　　　3. 节用爱人的治理观 ·············· 127
　（二）孟子的俭德思想 ·············· 130
　　　1. 养心莫善于寡欲的修养论 ·············· 131
　　　2. 不以天下俭其亲的事亲观 ·············· 135
　　　3. 俭者不夺人的王道思想 ·············· 138
　（三）荀子的俭德思想 ·············· 142
　　　1. 由礼而重己役物的治气养心之术 ·············· 142
　　　2. 隆杀中流相结合的等级消费道德 ·············· 146
　　　3. 独侈危国与聚敛者亡的君道理论 ·············· 150
　　　4. 节用裕民与节流开源的足国之道 ·············· 152

八　先秦道家的俭德思想 ·············· 156
　（一）老庄的俭德思想 ·············· 156
　　　1."知足知止"的处世之道 ·············· 157
　　　2."少私寡欲"的养生之道 ·············· 160
　　　3."去甚、去奢、去泰"的修身之道 ·············· 164

  4. "俭故能广"的治理之道 …………………………………… 167
 （二）庄子的俭德思想 ………………………………………… 173
  1. 无欲素朴的养生观 …………………………………… 173
  2. 至乐无乐的快乐观 …………………………………… 176
 （三）《吕氏春秋》的俭德思想 ………………………………… 180
  1. 贵生适欲的身国同治思想 …………………………… 180
  2. 必俭必合必同的葬丧观点 …………………………… 184
  3. 举事无逆天数的生态哲学 …………………………… 188

九　先秦法家的俭德思想 …………………………………… 193
 （一）管子的俭德思想 ………………………………………… 193
  1. "俭其道乎"的富民治国论 …………………………… 194
  2. "度爵量禄"的等级制消费道德 ……………………… 199
  3. "莫善于侈靡"的重奢倾向 …………………………… 202
  4. "俭则伤事"与"侈则伤货"的辩证观点 …………… 207
 （二）商鞅的俭德思想 ………………………………………… 209
  1. 民壹上壹的重农促农论 ……………………………… 210
  2. 国富而贫治的治理主张 ……………………………… 212
 （三）韩非子的俭德思想 ……………………………………… 214
  1. 对老子俭啬观的改造与继承 ………………………… 215
  2. 侈惰贫与力俭富的价值论证 ………………………… 219
  3. "知侈俭之地"的君道思想 …………………………… 222

十　先秦墨家的俭德思想 …………………………………… 229
 （一）俭节昌而淫泆亡的治理观 ……………………………… 230
  1. 加费不加于民利弗为的理想君道 …………………… 230

2. 用财节与自养俭的民富国治思想 …………………… 233
（二）自苦为极的理想道德人格 ……………………………… 238
　　1. 独自苦而为义的修身论 ……………………………… 239
　　2. 赖其力者生的劳动修行 ……………………………… 241
（三）乐非所以治天下的非乐论 ……………………………… 243
　　1. "圣王不为乐"释义 ………………………………… 244
　　2. 为乐亏夺民财废分事 ………………………………… 246
　　3. 先王之书的非乐记载 ………………………………… 248
（四）丧葬之有节的节丧主张 ………………………………… 249
　　1. 对"厚葬久丧"观的痛斥 ………………………… 250
　　2. "不失死生之利"的丧葬之法 …………………… 254

下篇　节俭美德传统的创造性转化

十一　节俭美德传统的现代阐释 …………………………… 259
（一）节俭美德的多维内涵 …………………………………… 259
　　1. 先秦语境中的节俭 …………………………………… 259
　　2. 现代语境中的节俭 …………………………………… 263
（二）节俭美德传统的伦理学意蕴 …………………………… 267
　　1. 节俭美德传统的美德伦理意蕴 …………………… 268
　　2. 节俭美德传统的规范伦理意蕴 …………………… 274

十二　节俭美德传统的现代转化 …………………………… 283
（一）俭德传统现代转化的基本问题 ………………………… 284
　　1. 俭德传统的现代转化是何义 ……………………… 284

2. 俭德传统的现代转化因何由 ················ 287
　　　3. 俭德传统的现代转化受何阻 ················ 290
　　　4. 俭德传统的现代转化循何路 ················ 295
　（二）俭德传统向现代道德规范的转化 ············ 298
　　　1. 向公民基本道德规范转化 ················ 298
　　　2. 向现代企业道德规范转化 ················ 300
　　　3. 向公务员职业道德规范转化 ·············· 302
　（三）俭德传统向现代道德行为的转化 ············ 304
　　　1. 转化为公民日常生活中的节俭行为 ········ 305
　　　2. 转化为企业生产经营中的节俭行为 ········ 308
　　　3. 转化为政府行政管理中的节俭行为 ········ 311
　（四）俭德传统向现代道德德性的转化 ············ 314
　　　1. 向个人德性的转化 ······················ 315
　　　2. 向社会德性的转化 ······················ 319

结　语 ·· 326

参考文献 ·· 329
　一、著作类 ·· 329
　二、报纸期刊类 ···································· 334

后　记 ·· 341

节俭美德生活传统溯源

意识在任何时候都只能是被意识到了的存在，而人们的存在就是他们的现实生活过程。

——卡·马克思和弗·恩格斯

一　原始社会的艰难生存景象

道德作为一种特殊意识形态，其产生有着一个漫长的历史过程：一个从无到有，由萌芽到形成，由少数人的明确意识到多数人的共同生活规范的演进过程。节俭作为中华民族的传统美德也必然经历了这样一个漫长的历史发展过程。节俭作为一个伦理范畴，反映的是中华民族精神生活的一种特殊状态，由物质生活的状况所决定。换言之，道德上的节俭美德传统是对中华民族物质生活上的节俭倾向的反映和体现。因为，"意识在任何时候都只能是被意识到了的存在，而人们的存在就是他们的现实生活过程"[①]。在先民的"现实生活过程"中探寻节俭生活的景象，能更好地对中华民族节俭美德的起源和发展给出合理的解释。在原始社会艰难的生存环境下，炎黄尧舜已经具备了明确的节俭意识，并开始有意识地将节俭向社会道德的方向推广。总的来说，节俭不仅是中华先贤推崇的理想道德品质，更是中华先民始终遵循的现实生活方式。

（一）原始先民的艰难求存

对于最早的原始先民的生存状况，由于当时没有文字记载，我们只

---

① 《马克思恩格斯文集（第一卷）》，北京：人民出版社2009年版，第525页。

能从考古发现和后世流传的经传中窥知一二。

1. 考古中的原始生活

在旧石器时代，原始先民艰难地在与大自然的搏斗中求生存，依靠简陋的工具和武器与大自然及凶猛的野兽搏斗，猎取野生动物和采集植物果实及根茎为食物，过着"茹毛饮血，而衣皮苇"的原始生活。遗址中常常发现烧骨和许多砸碎的骨头，其中往往以比较温驯的鹿类为主，又在北京人的灰堆中发现了许多朴树子，这些都是当时存在狩猎和采集经济的证明。① 真实的生活场景已然无法还原，但是不断被发现的考古遗址证明：在饮食上，旧石器时代原始先民的饮食结构单一，植物性食物来源主要是采集某些植物的根茎、果实，动物性食物来源主要是狩猎飞禽走兽；在服饰方面，原始先民基于实用的需要，如保护身体、吸引异性，以涂身、穿兽皮、佩戴兽牙做人体装饰；在安葬方面，原始先民不再将死者自然抛弃，而是有意识地对死者进行安葬，如"山顶洞人把死者葬于洞内，华北地区氏族社会把死者葬于居址附近、甚至室内"②，这表明简单地安葬死者已成为原始先民的生活内容之一。我们可以推断：旧石器时代的原始先民在恶劣的生存环境中艰难求存，尚未形成"节俭"的道德观念，或者说也根本未形成道德观念。

不过，值得注意的是，尽管生存条件恶劣，原始先民已开始了追求"美"的行为。在研究周口店山顶洞人化石时，有学者发现一些头骨的额骨部分在额结节上方有明显浅沟，并推断可能是由于幼年缠头使头部

---

① 苏秉琦：《中国通史（第二卷 远古时代）》，上海：上海人民出版社2004年版，第26页。
② 黄也平：《从"方便葬"到"文化葬"：中国葬文化的历史过渡——山顶洞人的"葬式"与中国葬文化的史前转折》，《华夏文化论坛》，2010年版，第221页。

更为美观所致，因此山顶洞人可能已有爱美习俗。① 在北京周口店、河北虎头梁、山西峙峪等旧石器时代的遗址中，发现的贝类、石质、骨质的装饰品，都是对爱美习俗存在的一种证明。

新石器时代的到来让原始先民的生活境况大为改善。从众多考古遗址中发掘出来的陶器、石器、骨器和遗迹遗物来看，新石器时代的原始先民不仅发展出农业、饲养业、制陶、纺织、木作等手工生产方面也有所发展。换言之，新石器时代的原始先民已经不再是被动地从自然界获取生活资源，还可以有限地主动创造生活资料，粮食方面包括种植的水稻、粟、黍、薏仁米，肉食方面包括养殖的家禽和家畜，物质生活资料相比旧石器时期丰富许多。如考古人员在河北省南部和河南省北部的磁山·裴李岗文化（距今约6000年到5700年）遗址中发现了粟类、猪、狗、鸡等实物标本，在河姆渡文化遗址中发现了水稻、狗、猪、水牛等实物标本。② 在居住条件方面，新石器时代的原始先民也从穴居的"无房"状态走向了半穴居或木结构房屋的"有房"状态。例如，在赤峰西水泉和喀左东山嘴发现有房址，均为方形，半地穴式，有灶址。③ 反映新石器时代原始先民生活状况的河姆渡文化、仰韶文化、良渚文化、红山文化、大汶口文化等几乎都发现了简单的房屋结构和布局。在服饰方面，新石器时代早期原始先民主要是穿兽皮，但原始纺织已经出现，纺织品衣服较少，到新石器时代中后期纺织品衣服多了起来。同时，原始先民的审美观念愈加强烈，出现了各种贝类、玉石类、骨质类、金属类的装饰品。到原始社会末期，装饰品也已经超出实用、审美的范畴，成为财产的象征。可见，新石器时代的原始先民已经创造出简陋但更趋于

---

① 吴新智：《周口店山顶洞人化石的研究》，载《古脊椎动物与古人类》，1961年第9期，第181—211页。

② 夏鼐：《中国文明的起源》，北京：文物出版社1985年版，第5—7页。

③ 郭大顺、马沙：《以辽河流域为中心的新石器文化》，载《考古学报》，1985年第4期，第417—444页。

文明、更有利于生存和发展的生活方式和生活条件。

2. 传说中的道德之光

原始先民在艰苦、简陋的生活环境中求生存的景象，先秦的诸多典籍中有大量的记载。《周易·系辞下传》写到"上古穴居而野处"①，反映出远古的人散处野外求生存，遇到洞穴便居住，无固定居所的生存景象。《礼记·礼运第九》记载："昔者先王未有宫室，冬则居营窟，夏则居橧巢。未有火化，食草木之实，鸟兽之肉，饮其血，茹其毛；未有麻丝，衣其羽皮。"② 同样也描写的是远古时期人们"住的是巢穴，吃的是采集的野果、猎取的鸟兽，穿的是鸟羽兽皮"的艰难生存状况。《韩非子·五蠹》中也有相类似描述："上古之世，人民少而禽兽众，人民不胜禽兽虫蛇。民食果蓏蚌蛤，腥臊恶臭而伤害腹胃，民多疾病。"③《古史考》一书还说："古之初，人吮露精，食草木实。穴居野处。山居则食鸟兽，衣其羽皮，饮血茹毛。近水则食鱼鳖螺蛤。未有火化，腥臊多害肠胃。"④ 不难发现，这些典籍中记载的茹毛饮血、以羽皮为衣、以洞穴为屋的远古先民的生存状况和现代通过考古发现推测的旧石器时代或更早的原始先民的生存状况是非常相似的。

"圣人"的出现使远古先民的生存状况得到了改善，同时也开启了道德生活的大门。《庄子·盗跖篇》说："古者禽兽多而人民少，于是民皆巢居以避之。昼食橡栗，暮栖木上。故命之曰有巢氏之民。古者民不知衣服，夏多积薪，冬则炀之。故命之曰知生之民。"⑤《韩非子·五蠹》继承了庄子的这一观点，提出"有圣人作，构木为巢以避群害，而

---

① 《周易》，黄寿祺、张善文译注，上海：上海古籍出版社2007年版，第403页。
② 《礼记（上）》，胡平生、张萌译注，北京：中华书局2017年版，第423页。
③ 《韩非子》，高华平、王齐洲、张三夕译注，北京：中华书局2010年版，第698页。
④ 转引：吕思勉：《先秦史》，天津：天津社会科学院出版社2016年版，第36页。
⑤ 《庄子》，张京华校注，长沙：岳麓书社2008年版，第526页。

民悦之，使王天下，号曰有巢氏。有圣人作，钻燧取火以化腥臊，而民说之，使王天下，号之曰燧人氏。"这里所描述的便是圣人"有巢氏"和"燧人氏"给远古先民的居住状态和饮食条件带来的改善，使先民们朝文明迈进了重要的一步。文明不止是物质生活的进步，更重要的是精神生活的进步，使人成为"道德人"。《周易·系辞下传》肯定了圣人伏羲氏在道德上的创始性地位，认为"古者包牺氏之王天下也：仰则观象于天，俯则观法于地，观鸟兽之文与地之宜，近取诸身，远取诸物，于是始作八卦，以通神明之德，以类万物之情。"也就是说，伏羲氏取像天地及万物的形状、纹理创作了八卦，用来贯通神奇光明的德性、归类天下万物的情态，点亮了鸿蒙未启的混沌时代的道德之光、文明之火。

（二）炎黄尧舜的俭德肇始

节俭作为一种美德，开始于少数人的明确意识，最终发展为整个民族的共同价值取向。在节俭美德的形成和发展过程中，中华民族的共同祖先——炎帝和黄帝——是有自觉意识的节俭生活的开创者、民族节俭风尚的奠基人。其后的尧舜则是恭行节俭的道德典范，成为中华民族道德生活史上具备节俭美德的圣君。

1. 炎黄的自觉节俭意识

《周易·系辞下传》说："包牺氏没，神农氏作。"神农氏就是炎帝，他不仅教"天下之民"制耒耜、种五谷，立市廛、辟市场，治麻布、着衣裳，作陶器、弹五弦，而且以"德"治天下，用道德来凝聚人心、教化人民，达到了"刑政不用而治"的治理效果。庄子《杂篇·让王》曾这样描述炎帝时代的治理："昔者神农之有天下也，时祀尽敬而不祈喜；

其于人也，忠信尽治而无求焉。乐与政为政，乐与治为治，不以人之坏自成也，不以人之卑自高也，不以遭时自利也。"① 从庄子的言语中可以看到，炎帝是一个忠信尽力、为民服务，不贪恋"君位"，也不为自己牟私利的君王，他身上体现出的"不以毁坏别人来成就自己、不以贬低别人来拔高自己、不因逢遇时机而自图利益"的人格品质源自于高度的道德自律。换言之，节制私欲而谋天下之公利是炎帝的一种自觉意识。

《淮南子·主术训》对炎帝治理天下的方式也给予了高度的评价：昔者神农之治天下也，"其民朴重端悫，不忿争而财足，不劳形而功成，因天地之资，而与之和同"，"法宽邢缓，囹圄空虚，而天下一俗，莫怀奸心"。② 究其原因，一方面炎帝自身"神不驰于胸中，智不处于四域，怀其仁成之心"，即炎帝胸怀仁诚之心，没有贪欲躁动、巧智伪诈；另一方面炎帝治理天下强调"养民以公"，用"公心"教化万民，用自己的道德自律为万民树立道德榜样，从而使朴实、不争、为公成为天下万民统一的行为规范。

炎、黄二帝所处时代基本相同。《国语·晋语四》说："昔少典娶于有蟜氏，生黄帝、炎帝。黄帝以姬水成，炎帝以姜水成。成而异德，故黄帝为姬，炎帝为姜，二帝用师，以相济也。"③ 依此，炎、黄二帝不仅是同时代的人物，而且是具有血缘关系的同胞兄弟，但是由于二帝的德性各异，最终兵戎相见。《周易·系辞下传》的记载则说黄帝晚于炎帝，"神农氏没，黄帝、尧、舜氏作"。这些典籍对炎、黄二帝的记载在时间上虽有先后的差异，但对他们的事迹和德性皆以赞扬为主。和炎帝一样，黄帝是中华文明的开路先锋，践行美德的模范榜样。《礼记·祭法

---

① 《庄子》，张京华校注，长沙：岳麓书社2008年版，第517页。
② 《淮南子（上）》，陈广忠译注，北京：中华书局2012年版，第421页。
③ 《国语》，陈桐生译注，北京：中华书局2013年版，第392页。

第二十三》对黄帝的高尚道德如此评价:"黄帝正名百物以明民共财"①。所谓"共财"就是和万民共享天下财物,而不是据为己有,体现出的就是"节制"的德性。《吕氏春秋·孟春纪第一·去私》引用黄帝之言说:"黄帝言曰:'声禁重,色禁重,衣禁重,香禁重,味禁重,室禁重。'"②"禁重"意为禁止过度、禁止奢靡,主要反映出黄帝在饮食、衣服、宫室等物质生活方面禁止奢侈。《史记·五帝本纪》更是用"劳勤心力耳目,节用水火材物"③来赞颂黄帝的个人美德和治理方式。

依据这些记载,先秦先哲已形成这样一个共识:炎黄不仅具备了自我节制的明确意识、劳勤为公的高尚德行,更对当时的社会道德风尚起了引导作用。可以说,炎黄是中华民族节俭美德传统乃至崇尚道德的优秀传统的开创者。

2. 尧舜的节俭生活典范

尧帝是黄帝之后。按司马迁的记载,尧帝是黄帝的曾孙高辛之子,高辛治理天下就强调"取地之财而节用之"。后世的思想家和政治家谈论和推崇尧帝者甚多,基本都将他视为中国古代德治仁政的奠基人。《尚书·尧典》这样颂扬尧帝的德治功勋:"钦明文思安安,允恭克让,光被四表,格于上下。克明俊德,以亲九族。九族既睦,平章百姓。百姓昭明,协和万邦。黎民於变时雍。"④《尚书正义》中引用郑玄的解释:"敬事节用谓之钦,照临四方谓之明,经纬天地谓之文,虑深通敏谓之思。"⑤这反映出尧帝不仅具有"钦明文思"四种德性——其中包

---

① 《礼记(下)》,胡平生、张萌译注,北京:中华书局2017年版,第891页。
② 《吕氏春秋》,陆玖译注,北京:中华书局2011年版,第28页。
③ [汉]司马迁:《史记》,南京:江苏古籍出版社2002年版,第1页。
④ 《尚书》,王世舜、王翠叶译注,北京:中华书局2012年版,第5—6页。
⑤ [汉]孔安国、[唐]孔颖达:《尚书正义》,廖明春、陈明整理,北京:北京大学出版社1999年版,第26页。

含了节约，而且还做出了信实、恭勤、善能、推让的德行，让"九族、百姓、万邦"安定和睦。简言之，尧帝的德治思路就是，吃苦在前，享受在后，身体力行崇高道德，以言传身教的方式使风俗大和。对于尧帝的节俭，《韩非子·五蠹》中也有非常细致的描写：尧之王天下也，茅茨不翦，采椽不斫，粝粢之食，藜藿之羹，冬日麑裘，夏日葛衣；虽监门之服养，不亏于此矣。这反映出尧帝住的是茅草屋，吃的是粗粮野菜，穿的是葛布兽皮，比韩非生活的年代的看门人的生活还要简陋，但却存心于天下，视人民之饥寒为自己的饥寒。司马迁对尧帝自我节制的品德也给出了高度评价，认为尧帝"富而不骄，贵而不舒"，最终将帝位授予舜而非自己的儿子丹朱，做到了"终不以天下之病而利一人"。可见，尧帝生活十分节俭，也注重在人民中树立道德典范，用道德来治理天下。

舜接受了尧帝禅让的天下，也成为中国古代传诵的道德楷模。舜帝继承了尧帝的德治传统，"慎徽五典，五典克从"，也即教导臣民将父义、母慈、兄友、弟恭、子孝五种美德贯彻到自己行动中，臣民都听从舜的教导而不违背。舜帝具有勤俭谦让的美德，并且来到哪里便将这些美德撒布在哪里。《史记·五帝本纪》记载："舜耕历山，历山之人皆让畔；渔雷泽，雷泽上人皆让居；陶河滨，河滨器皆不苦窳。一年而所居成聚，二年成邑，三年成都。"一方面，舜直接从事"耕种、捕鱼、制陶"等生产劳动，体现出他具有勤劳的美德；另一方面，人们对他"让畔、让居"，恰恰是因为舜自身懂得节制谦让，并使"历山之人、雷泽上人"感化于节制谦让的美德。《淮南子·原道训》也有类似的记载："昔舜耕于历山，期年而田者争墝埆，以封壤肥饶相让；钓于河滨，期年而渔者争处湍濑，以曲隈深潭相予。"① 人们之所以争着去贫瘠的山地

---

① 《淮南子（上）》，陈广忠译注，北京：中华书局2012年版，第22页。

耕种,去水流湍急的地方钓鱼,把肥沃的田地和多鱼的深潭让给别人,并不是因为舜向他们进行了劝说,而是被舜的德性感化所致。

　　舜帝还将节制运用到治理天下的实践中,提出"修五礼、五玉、三帛、二生、一死贽"(《尚书·尧典》),制定公、侯、伯、子、男五等礼节和相应的五种信圭,规定了诸侯、卿大夫和士朝见时朝贡品的等次;"以五采彰施于五色作服"(《尚书·皋陶谟》),即五种图案和颜色不同的服饰来区别天子、诸侯、大夫、士、庶人的等级以及表彰他们的不同的德行。也就是说,不同等级的人必须按照礼节来穿着、朝见、朝贡,不得逾越。此外,舜帝也非常痛恨奢靡放纵的行为,对尧的儿子丹朱的"惟慢游是好,傲虐是作。罔昼夜頟頟,罔水行舟。朋淫于家",舜给予了严厉的惩戒,灭绝了丹朱的后代,使其父子不得相继,以达到警戒世人的效果。舜对丹朱奢靡淫乐的行为进行惩戒,是有文字记载的、最早的惩戒奢靡的道德行为,标志着中华民族"崇俭抑奢"的道德生活传统的开启。

(三) 奢侈起源的考古证据

　　由于生产力水平低下,原始社会的物质生活资料匮乏,生存环境非常恶劣,生活条件十分艰苦,原始先民依靠稀缺的物质生活资料维持生存是一种客观的、普遍的生存状况。如果将"节俭"看成是一种生活方式,那么在原始社会的很长一段时间里,它都只是一种无意识的、迫于生存压力的自发被动的生存模式。随着生产力的发展,当物质生活资料出现富余,"节俭"才成了少数先民的自觉道德意识,并逐步向社会道德的方向发展,节俭的生活才成为一种道德化生存模式。总的来说,原始社会"节俭"还尚未形成一种社会化的道德意识和普遍化的道德规范，它还处在"客观的艰难生存状况"与"少数先民的自觉道德意识"的混合状态中。但恰恰是在这种状态中，新石器时代中后期奢侈现象在少数掌握社会财富的人群中出现了。

1. 剩余产品与奢侈生活萌芽

从消费的角度来看，奢侈是节俭的对立面。在原始社会中，有一段漫长的时间原始先民共同劳动，共同消费，以群居共食的组织形式同自然界作斗争。由于生活资料仅能勉强维系种群的延续，在所有制和分配制度上氏族采用的是原始公有制和平均分配，因而也不可能出现私有财产和贫富分化的问题，也就不可能出现少数人的奢侈生活。在原始社会中期以前，氏族内部的物质生活还是平等的，实行共食，遗址中发现的陪葬品较少，而且基本都是生活、生产用具，如石铲、石镰、石斧、陶碗、陶壶等。河南新郑县裴李岗墓葬遗址中的随葬品主要包括劳动生产工具、生活用具和装饰品，其中劳动工具有石斧、石铲、石镰、石矛、石磨盘等，生活用具有陶鼎、陶罐、陶壶、碗，少量松绿石饰和骨簪等装饰品。[①] 同样，在河南密县莪沟北岗新石器时代遗址中的随葬品主要是石器和陶器两种，其中石器有石铲、石斧、石镰、石磨盘，陶器有双耳壶、深腹罐、三足钵等。[②] 这都表明：在新石器时代中期以前，氏族成员之间还不存在财产差别，先民们普遍都过着简陋、贫寒的生活。

到新石器时代中后期，生产力的发展使生活资料逐渐出现剩余，私有财产和贫富分化几乎同步登上历史舞台，少数人的奢侈生活也自此成为民族生活史的一部分。首先，农业和手工业的发展使生产日益发达，

---

① 李友谋：《裴李岗文化墓葬初步考察》，载《中原文物》，1987年第2期，第86—92页。

② 河南省博物馆、密县文化馆：《河南密县莪沟北岗新石器时代遗址发掘报告》，载《河南文博通讯》，1979年第3期，第30—46页。

剩余产品变得丰富起来，一些氏族首领开始将氏族的集体财产占为己有，因而出现了私人占有的财产；其次，由于物质生活资料增加，原始先民的物质生活随之改善，以往的绝对平均主义的共食制变得不再适宜；再次，父系社会氏族公社的人口增加，而且出现了一夫一妻的对偶家庭，氏族公社开始分化为若干以男子为中心的家庭，绝对平均主义的共食在操作上难以为继。随着氏族向家庭过渡，分食取代共食，贫富分化和少数家庭的"奢侈"生活由此开始。大汶口文化中晚期、龙山文化早期、良渚文化早期，都发现了私有财产和贫富分化的迹象。龙山文化晚期、良渚文化晚期、齐家文化时期，考古遗址中都能找到奢侈生活的痕迹。

2. 原始先民的生活分化证据

贫富分化在生活上表现为节俭生活与奢侈生活的分化。随着私有财产和剩余产品增多，原始社会中的氏族贵族打开了奢侈生活世界的大门。贵族们奢侈生活的痕迹可以根据考古遗址中的随葬品来进行推论。

以山东胶县三里河文化遗址为例，在发掘出的160多座墓葬中，有些墓葬没有放置随葬器物，有些墓葬放置有1—2件或3件随葬物品，有些墓葬随葬品相当丰富。在三里河文化遗址的一座墓中随葬有30多个私人的猪下颚骨，明显具有私有财产的意义，反映出氏族成员之间的分配不平等现象已经出现。[①] 曲阜西夏侯、邳县刘林、邹县野店、襄汾县陶寺等遗址中的墓葬都有随葬猪下颌骨、猪头、整猪的情况。其中，陶寺遗址被许多考古学者认为是尧帝的都城所在，这表明在尧帝时代就已经出现了贫富分化的现象。为死者随葬猪下颌骨、猪头、整猪这是一种象征，它所释放出的信息是：死者生前私人占有较多的猪，既可以供生

---

① 吴汝祚：《山东胶县三里河遗址发掘简报》，载《考古》，1977年第4期，第262—271页。

前享用，又可以用以死后随葬。青海乐都柳湾遗址的 318 座马厂类型墓葬中，随葬品在 5 件以下的有 69 座，占 21.7%；6 件至 30 件的 186 座，占 58.5%；30 件以上的 63 座，占 19.8%；其中 197 号、211 号、564 号三座墓的随葬品最多，前两者均有 66 件，后者有 95 件。① 另外，在陶寺遗址的有些墓葬中还发现了来自大汶口文化和屈家岭文化的陶器、良渚文化的玉器，都反映出墓主人对奢侈生活的追逐心理。

更有趣的是，在新石器晚期文化的墓葬随葬陶器中，彩陶壶占的比重很大。青海乐都柳湾遗址 197 号、211 号、564 号三座墓分别随葬有 54 件、49 件、73 件彩陶壶。从功能上看，彩陶壶被认为是史前时代的酒器。还有学者指出，大汶口文化、龙山文化、仰韶文化、屈家岭文化、大溪文化遗址中发现的陶缸、尊、瓮、鬶、单耳杯、高柄杯等都是酒器，而且酒器被先民们视为最珍贵的一种随葬器物。② 对酒器的珍视足见原始社会富庶家庭将饮酒区别于一般的社会生活，大量的酒器随葬品表明酗酒在贵族中已经较为流行，酗酒是奢侈生活的表征之一。在这种贫富分化的趋势中，等级的观念或已出现。

从考古发现的房屋遗址也可以推断原始社会中晚期已经出现贫富分化，氏族贵族过着相对优越的生活。北方新石器晚期的龙山文化、齐家文化遗址中发现的房屋多为半地穴式、半土窑式和土窑式建筑，多是 10 平方米左右的小型房屋，大型房子很少见，这和中期有显著区别。如三里河第一期文化，出土房屋四座，其中保存较完整的 F201 房屋呈椭圆形，面积近 8 平方米，有以浅槽为基的土墙建筑。③ 南方新石器晚期的

---

① 青海省文物管理处考古队、中国科学院考古研究所青海队：《青海乐都柳湾原始社会墓地反映出的主要问题》，载《考古》，1976 年第 6 期，第 365—381 页。

② 王树明：《考古发现中的陶缸与我国古代的酿酒》，载《海岱考古》，1989 年第 1 期，第 370—391 页。

③ 吴汝祚：《山东胶县三里河遗址发掘简报》，载《考古》，1977 年第 4 期，第 262—271 页。

良渚文化、屈家岭文化遗址中发现的房屋多为干栏式、地面式建筑。除此之外，在新石器晚期文化遗址中还存在相当数量的城堡式建筑。以龙山文化为例，目前经考古发现的城堡就有 30 余座，如平粮台、寿光城、王城岗等。王城岗城堡由东西两个小城组成，西城是一座边长约 92 米的四方形小城堡，面积约 8500 平方米，只有平粮台古城（面积约 34200 平方米）的四分之一左右。① 相比之下，良渚古城的规模要大得多，其城墙南北长约 1800 至 1900 米，东西宽约 1500 至 1700 米，总面积约 290 余万平方米，城墙现存较好的地段高约 4 米。② 这些城堡通常是以宫室、宗庙等大型建筑为中心，还包括城区、壕沟、卫戍等设施，在其附近还发现有若干部落遗址。可以推断，在新石器晚期，先民们已经形成由都城、邑以及部落组成的居住网络。城堡是都城的氏族贵族的居住地，也是社会财富的聚敛地，氏族贵族在城堡中过着超越绝大多数人的奢侈生活。

总之，氏族贵族的奢侈生活反映出在新石器时代中晚期私有制的出现和贫富分化现象的存在。但是，氏族贵族的奢侈也从反面说明炎黄尧舜的节俭出自于自觉的道德意识。因为作为部落联盟的首领，炎黄尧舜具备了过奢侈生活的物质条件，但他们却选择了节俭生活，这既是一种道德自觉，也是一种对绝大多数人的艰苦生活的同情。在炎黄尧舜身上我们可以看到节俭作为德性的美：对欲望的自觉节制，勤俭"只为苍生不为身"。

---

① 董琦：《王城岗城堡遗址分析》，载《文物》，1984 年第 11 期，第 69—72 页。
② 浙江省文物考古研究所：《杭州市余杭区良渚古城遗址 2006—2007 年的发掘》，载《考古》，2008 年第 7 期，第 3—10 页。

二　夏商社会的节俭生活画面

从道德生活史的角度来看，原始社会先民的道德生活是中华民族道德生活的初步奠基时期，夏商时期则是中华民族道德生活进入阶级社会的重要时期。① 由于缺少相关的文字记载，夏一直是传说中的朝代。相传是禹的儿子启建立的氏族封建制王朝②，是中国历史上第一个"家天下"阶级政权。先秦时期的一些典籍对夏有较多描述，其中相当一部分是关于历代夏王奢侈享乐的事情，最终夏桀被商汤所灭，从此成为奢侈亡国的反面教材。汤建立商朝后，经过多代贤君的治理，商朝国势兴盛，形成了具有等级属性的殷礼和神道主义伦理价值观。商朝末年，国君纣王无道，奢靡淫乱、放纵声色，最终被周武王所灭，也成为后世君王警醒自己节俭治国和思想家们崇俭抑奢的典型案例。

（一）夏商统治者的俭与奢

舜帝去世后，夏族的首领禹继承了帝位，一方面是因为禹治水有

---

① 王泽应：《中华民族道德生活史：先秦卷》，上海：东方出版中心2014年版，第104页。
② 在古史分期研究中，以往将夏商西周划分为奴隶制王朝，但近年越来越多的史学研究将夏商两代划分为氏族封建时代，本书持后一种观点。参见晁福林：《夏商西周史丛考》，北京：商务印书馆2018年版，第187—191页。

功,另一方面是因为禹是德性典范。夏禹之后,启改禅让制为世袭制,开创了中国历史上家天下的先河。从夏启开始,历史文献中对夏朝统治者的记载多是奢靡放纵的一面。

1. 克勤克俭的创业者

《尚书·大禹谟》记载了舜帝和禹、益、皋陶等人的对话,从对话中可以看出禹所处的时代是提倡节俭的,禹自身也具有节俭的美德。治国安民的关键在于推行德政善政,这首先需要君主具有优秀的品德。益曰:"吁!戒哉!儆戒无虞,罔失法度,罔游于逸,罔淫于乐。"禹曰:"於!帝念哉!德惟善政,政在养民。水、火、金、木、土、谷,惟修;正德、利用、厚生、惟和。"① 孔颖达疏:"正义曰:'正德'者,自正其德,居上位者正己以治民,故所以率下人。'利用'者,谓在上节俭,不为糜费,以利而用,使财物殷阜,利民之用,为民兴利除害,使不匮乏,故所以阜财。'阜财'谓财丰大也。'厚生'谓薄征徭,轻赋税,不夺农时,令民生计温厚,衣食丰足,故所以养民也。"② 由是观之,益和禹都是在告诫舜帝不要沉湎在游玩安逸之中,不要生活在过分的享乐之中,德政才是善政。推行德政要求君主具有优秀道德品质,而节俭则是推行德政所需的美德之一。善政还需要"养民",而"养民"不仅需要君主整治好水、火、金、木、土、谷等物质方面,保证人民有充足的物质生活资料,还要使人民修德为善,提升人民的道德素质。舜帝在禹的身上就看到了勤俭的美德,并说:"来,禹!降水儆予,成允成功,惟汝贤。克勤于邦,克俭于家,不自满假,惟汝贤。"(《尚书·大禹谟》)在舜看来,禹的"贤"主要表现在两个方面:一是禹完成了誓言,成功

---

① 《尚书》,王世舜、王翠叶译注,北京:中华书局2012年版,第354—355页。
② [汉]孔安国、[唐]孔颖达:《尚书正义》,廖明春、陈明整理,北京:北京大学出版社1999年版,第89页。

治理了水患；二是禹具有勤俭、不自满自大的高尚美德。

《韩非子·五蠹》还记载："禹之王天下也，身执耒臿以为民先，股无胈，胫不生毛，虽臣虏之劳，不苦于此矣。"① 禹尽管执掌帝位，却能吃苦在前，累到大腿肌肉消瘦了，小腿汗毛也磨掉了，克制自己而人民谋求福祉。同样，在司马迁笔下，禹也是一个集仁爱、勤勉、机敏、节俭等众多美德于一身的道德楷模："为人敏给克勤；其德不违，其仁可亲，其言可信；声为律，身为度，称以出；亹亹穆穆，为纲为纪。"而且，在治水的过程中，禹"居外十三年，过家门不敢入。薄衣食，致孝于鬼神。卑宫室，致费于沟淢。"② 可见，禹的节俭具有明显的倾向性，即将节省下来的财物用于祭祀鬼神、修筑沟淢，而做这两件事都是为民谋福祉。自身的勤俭，再加上治水的功绩，顺理成章地使禹获得了舜的青睐，最终成为禅让制下的最后一位君主。

殷商的开创者同样也具有勤俭的德性。商汤灭夏之后，吸取了帝桀亡夏的教训，敬顺天命，以仁德治理天下。《竹书纪年》记载了殷商成汤时期的这样一些事件："二十年，大旱。夏桀卒于亭山。禁弦歌舞。"③ 这些事件表明成汤仁爱体恤民情，能够节制欲望，禁止弦歌鼓舞的享乐。

成汤之后，商朝的多位君主都是贤君，其中最有名望的当属盘庚和武丁。盘庚在位期间，多次告诫自己和臣民要"猷黜乃心，无傲从康"，"无戏怠，懋建大功"，即去掉私心，不要放纵怠惰、贪图安逸玩乐，要努力完成重建家园的大业。盘庚还和诸侯、大臣、官员讲："朕不肩好货，敢恭生生，鞠人谋人之保居，叙钦。"（《尚书·盘庚》）这明确了诸侯、大臣、官员的选拔任用标准，不任用那些贪财聚货的人，而任用

---

① 《韩非子》，高华平、王齐洲、张三夕译注，北京：中华书局2010年版，第700页。
② ［汉］司马迁：《史记》，南京：江苏古籍出版社2002年版，第8页。
③ 张春玉：《竹书纪年译注》，哈尔滨：黑龙江人民出版社2002年版，第141页。

那些能使臣民生财致富、安居乐业的人。除了盘庚节俭爱民之外，在《尚书·无逸》中，周公还提到殷王太戊能够"严恭寅畏，天命自度，治民祗惧，不敢荒宁"，武丁"时旧劳于外，爰暨小人。不敢荒宁，嘉靖殷邦"，祖甲"爰知小人之依，能保惠于庶民，不敢侮鳏寡"。这表明在周公眼里，太戊、武丁和祖甲三位殷王都严格节制自身，不敢贪图安乐，能够了解小民的疾苦并施惠于小民。

2. 纵欲奢靡的守成者

在禹的身上，我们仍可以看到"大道之行也，天下为公"的原始的德政善政痕迹。但是，禹的儿子启继位之后，帝位的继承法由禅让制转变为世袭制，"家天下"时代正式开启。私有制取代原始公有制，天下的公产成为了一家的私产，奢侈享乐、挥霍无度便成为众多暴君、昏君、庸君的生活日常，对奢侈生活的批评和反思也由此开始。中华民族崇俭抑奢的道德传统就是在对奢侈生活的批评和反思中形成和发展的。

夏朝从禹到桀，共经历 14 代，17 后（帝）。历史文献对夏朝的事迹记载并不多，17 后（帝）中大部分没有具体事迹的记载，有历史记载君主中，除禹以外，其他许多君主都有一个共同的问题，即奢侈享乐、荒废政事。夏启在继承天子之位后，就成为了中华民族进入阶级社会后的第一位以奢侈享乐留恶名于青史的君主。墨子在论述制乐的不合理性时就讲道："于《武观》曰：'启乃淫溢康乐，野于饮食，将将铭，苋磬以力，湛浊于酒，渝食于野，万舞翼翼，章闻于大，天用弗式。'"① 屈原在《离骚》中提到，"启《九辩》与《九歌》兮，夏康娱以自纵"；在《天问》屈原再次强调，"启棘宾商，《九辩》《九歌》"②。这些记载都在告诉我们：启继任帝位之后纵欲放荡，沉迷歌舞，酗酒玩乐，恣意

---

① 《墨子》，方勇译注，北京：中华书局2011年版，第281页。
② 《楚辞》，林家骊译注，北京：中华书局2010年版，第16、81页。

堕落，荒废政务。

夏启死后，太康继位，依旧抛弃了夏禹的节俭传统，贪图安逸享乐，而且盘游无度。《尚书·五子之歌》是这样形容帝太康的："太康尸位，以逸豫灭厥德，黎民咸贰。乃盘游无度，畋于有洛之表，十旬弗反。"很显然，帝太康虽位居天子，却尸位素餐，贪图安逸和游乐，并沉醉其中而无所节制，去洛河之南打猎，一百天也不回朝，完全丧失了天子的品德，因此人民抛弃了他，权力落入有穷氏首领后羿手中，这就是夏王朝历史上著名的"太康失国"事件。后羿操控了帝仲康、帝相两位君主，在帝相时期，后羿也因沉迷游猎玩乐，被臣子寒浞所杀，寒浞还杀了帝相自立。同样地，寒浞又因为放纵欲念不肯放弃糜烂生活，每天沉浸于燕舞笙歌浑然忘我，最终被夏的旧臣伯奢所杀。屈原在《离骚》中形容后羿是"淫游以佚畋兮，又好射夫封狐"，寒浞和儿子过浇"纵欲而不忍""日康娱而自忘兮"，最终都因奢靡纵欲被人所杀，身首异处。

夏朝的第十四任君主帝孔甲也是一位荒淫无道的君主。司马迁指出，帝孔甲"好方鬼神，事淫乱"，夏王朝从帝孔甲开始走向衰落。最后一代君主帝桀更是历史上有名的暴君：一方面帝桀不行德政而行暴政，"不务德而武伤百姓，百姓弗堪"（《史记·夏本纪》），还杀掉了贤相关龙逄，最终引起了百官贵族和老百姓的不满和反对；另一方面帝桀纵欲淫乐，奢侈无度。《淮南子·本经训》说："桀为璇室、瑶台、象廊、玉床。"① 另据《竹书纪年》的记载，帝桀为了与琬、琰二妃享乐，抛弃原配妻子，先"筑倾宫"，后"于倾宫饰瑶台居之"②。正是在这种情况下，商汤兴兵伐桀于南巢，最终把他拘禁在夏台这个地方，夏朝灭亡。

---

① 《淮南子（上）》，陈广忠译注，北京：中华书局2012年版，第396页。
② 张玉春：《竹书纪年译注》，哈尔滨：黑龙江人民出版社2003年版，第132页。

殷商的守成之君也不乏纵欲奢靡之辈，在殷王祖甲之后，历史文献中的殷商统治者基本也都是沉醉于享乐了。《尚书·无逸》是这样说的："自时厥后立王，生则逸！生则逸！不知稼穑之艰难，不闻小人之劳，惟耽乐之从。"祖甲之后的殷王沉湎于奢侈享乐、醉生梦死，不仅使殷商日渐衰微，也使自己的寿命和执政时间大大缩短，多只有3—10年不等，不像太戊在位75年，武丁在位59年，祖甲在位33年。殷商的最后一位君主是帝辛，也就是殷纣，他也是历史上有名的暴君，比夏桀有过之而无不及。相关典籍中对商纣奢靡无度的事迹记载较多。韩非说："纣为象箸而箕子怖，以为象箸必不盛羹于土铏，则必将犀玉之杯，玉杯象箸必不盛菽藿，则必旄象豹胎，旄象豹胎必不衣短褐而舍茅茨之下，则必锦衣九重，高台广室也。称此以求，则天下不足矣。"①司马迁在《史记·殷本纪》中还颇费笔墨来呈现这位末日暴君的所作所为："好酒淫乐，嬖於妇人。爱妲己，妲己之言是从。于是使师涓作新淫声，北里之舞，靡靡之乐。厚赋税以实鹿台之钱，而盈巨桥之粟。益收狗马奇物，充仞宫室。益广沙丘苑台，多取野兽蜚鸟置其中。慢于鬼神。大聚乐戏于沙丘，以酒为池，悬肉为林，使男女倮相逐其间，为长夜之饮。"《淮南子·本经训》也对商纣的暴虐和奢靡简单明了地进行了概括："纣为肉圃、酒池，燎焚天下之财，罢苦万民之力。剖谏者，剔孕妇，攘天下，虐百姓。"从这些描述来看，殷纣的失德主要表现为：其一，放纵淫欲，奢侈无度，以酒池肉林、女色靡乐填饱物欲；其二，加重赋税，与民争利，以天下财物充盈鹿台宫廷；其三，暴虐昏聩，道德沦丧，以虐杀忠良、残害万民延续堕落权威。由于纣王失德无道，周武王会同八百诸侯共伐之，最终纣王兵败鹿台而自焚，身死国灭。

---

① 《韩非子》，高华平、王齐洲、张三夕译注，北京：中华书局2010年版，第231页。

（二）批判奢靡的社会舆论

与夏商统治者奢靡相伴的有反对的谏言、严厉的惩戒，也有带着怨恨的呐喊。在一定程度上可以推论，夏商社会已经形成批判奢靡行为的社会舆论。这种舆论既有统治者内部的理性反思，也有来自底层被压迫者的无奈谴责。

1. 警示与抱怨

夏朝的帝太康执政，贪图安逸游乐，五个弟弟都埋怨他，并根据禹的训诫写下了《五子之歌》。《五子之歌》的第二首就说："训有之，内作色荒，外作禽荒。甘酒嗜音，峻宇雕墙。有一于此，未或不亡。"这是提醒君主，只要沉迷于女色、游猎、美酒、音乐、峻宇、雕墙等奢侈享乐事物中的一样，就没有不灭亡的。在帝仲康时期，"羲""和"两位官员荒废职务，酗酒享乐，帝仲康命大臣胤对他们进行了讨伐。《尚书·胤征》记载了这件事："羲和废厥职，酒荒于厥邑。胤后承王命徂征。"① 《史记·夏本纪》也说："帝中康时，羲、和湎淫，废时乱日。胤往征之，作《胤征》。"② 足见《胤征》不仅是对讨伐"羲""和"的事件进行记述，更重要的警示统治者不要酗酒享乐。

同样地，对于帝桀的奢靡享乐，贤相关龙逄也曾力阻和警示。关龙逄手捧"皇图"进谏说："古之人君身行礼义，爱民节财，故国安而身寿。今君用财若无穷，杀人若恐弗胜。君若弗革，天殃必降，而诛必至

---

① 《尚书》，王世舜、王翠叶译注，北京：中华书局2012年版，第374页。
② ［汉］司马迁：《史记》，南京：江苏古籍出版社2002年版，第13页。

矣，君其革之。"① 一方面，关龙逄劝谏夏桀效法先王，像夏禹一样节俭爱民，则能长寿且国安；另一方面，又警示夏桀如果继续挥霍财物，大开杀戒，天将降祸殃于其身、于其国。不幸的是，这些谏言并未被夏桀采纳，关龙逄自己也被夏桀所杀。从此以后，无人再敢劝谏夏桀，夏桀更加骄横，四处用兵，劳民伤财，最后众叛亲离。商汤在讨伐夏桀的战争动员令中说道："时日曷丧，予及汝皆亡。"（《尚书·汤誓》）反映出夏桀一直聚敛民财、征用民力，老百姓已经对其极为不满，以致都期待夏朝的灭亡，甚至愿意与夏桀同归于尽。

2. 惩戒与批评

商朝成汤和太甲时期的大臣伊尹认为，对君主和官员沉湎歌舞、奢侈逸乐的行为应制定惩戒条例。这些条例的作用就是警告在位者，"敢有恒舞于宫，酣歌于室，时谓巫风；敢有殉于货色，恒于游畋，时谓淫风"。而巫风淫风"卿士有一于身，家必丧；邦君有一于身，国必亡。臣下不匡，其刑墨"（《尚书·伊训》）。孔颖达疏："正义曰：'巫风二，舞也，歌也；淫风四，货也，色也，游也，畋也。舞及游、畋，得有时为之，而不可常然。歌则可矣，不可乐酒而歌。巫以歌舞事神，故歌舞为巫觋之风俗也。货色人所贪欲，宜其以义自节，而不可专心殉求。心殉货色，常为游畋，是谓淫过之风俗也。'"② 依照这个解释的话，歌舞、游乐、畋猎等享乐活动可以偶尔为之，但决不可成为常态；歌唱也是可以的，但不可在家酣酒高歌；追求财物和美色则是人的贪欲，应该依据义理加以自我节制，不可沉醉其中。值得注意的是，伊尹在此特别提到了一点，那就是劝谏君主节制私欲，并对君主的奢侈逸乐行为发出警

---

① ［汉］韩婴：《韩诗外传集释》，许维遹校注，北京：中华书局1980年版，第130页。
② ［汉］孔安国、［唐］孔颖达：《尚书正义》，廖明春、陈明整理，北京：北京大学出版社1999年版，第205页。

示，乃是臣子的职责之一。如果臣子放任君主的奢侈逸乐行为，应该被罚以墨刑——在脸上刺字并染上墨色。因此，在辅佐太甲的过程中，伊尹就不断地告诫太甲"慎乃俭德，惟怀永图"（《尚书·太甲上》），谨慎地保持节俭美德，深谋远虑，推行德政实现天下大治。

面对商纣的侈靡淫乐，大臣祖伊、微子、父师、比干等都极力反对，并批评其抛弃成汤以来的俭德传统。祖伊说："天子，天既讫我殷命。格人元龟，罔敢知吉。非先王不相我后人，惟王淫戏用自绝。故天弃我，不有康食。不虞天性，不迪率典。"（《尚书·西伯戡黎》）祖伊所要表达的意思有这样几层：首先，殷商的危机来了，多次占卜都无吉兆，上天将降灾祸给殷商；其次，危机的原因是纣王沉湎于酒乐之中，抛弃了先王的节俭美德和德政传统；再次，坚持节俭和推行德政符合天性，纣王沉湎于酒乐的行为是不遵守常法，有违天性。另外，微子若曰："我用沉酗于酒，用乱败厥德于下。"父师若曰："天毒降灾荒殷邦，方兴沉酗于酒。"（《尚书·微子》）同样是反对纣王酗酒无节制，批评他抛弃成汤的德政传统，导致政治腐败混乱，天将灾祸、人民群起反抗。

（三）等级礼制的初步形成

中国历来都有"礼仪之邦"的美誉。先秦文献不乏对"礼"的讨论和宣扬，而且都着眼于礼治。荀子说："礼者，人之所履也，失所履，必颠蹶陷溺。所失微而为乱大者，礼也。"① 简言之，礼就是人们行为的依据。一个人失去这个依据，就会跌倒沉溺；一个国家失去这个依据，

---

① 《荀子》，方勇、李波译注，北京：中华书局2011年版，第443页。

就会造成混乱。纵观先秦史我们还会发现，礼并不是阶级社会里才有的，在中华民族进入阶级社会之前，礼的意识就已萌芽。

1. 等级礼制从萌芽到雏形

根据《尚书·尧典》的记载，新石器晚期的舜帝"修五礼、五玉、三帛、二生、一死贽。"① 舜帝制定公、侯、伯、子、男五个等级的礼节，公执桓圭、候执信圭、伯执躬圭、子执谷璧、男执蒲璧上朝，诸侯用红、黑、白三种颜色的丝织品朝贡，卿大夫用羔羊和雁朝贡，士则用死雉朝贡。而且，这"五礼"并非是舜帝主观的个人意志，而是"天"对君臣、父子、兄弟、夫妇、朋友之间的伦常次序所做的规制。对于礼的用途与合理性，舜帝的大臣皋陶说："天秩有礼，自我五礼有庸哉！同寅协恭和衷哉！叫天命有德，五服五章哉！"（《尚书·皋陶谟》）意思是"天"或"上帝"为了区分人与人之间的等次而制定了天子、诸侯、大夫、士和庶人分别应遵从的礼节，天子的职责在于推行这五种礼节。同时，"上帝"还按照等级分别制定了天子、诸侯、大夫、士和庶人的服饰，以分别表彰他们的德行。舜帝还对夏禹讲："予欲观古人之象，日月星辰山龙华虫作会，宗彝藻火粉米黼黻絺绣，以五采彰施于五色作服，汝明。"（《尚书·皋陶谟》）不难推知，舜帝是想根据日、月、星辰、山、龙、华虫（五色纹彩的虫类）、宗彝（祭器上的虎和长尾猿图案）、水藻、火、白米、黼（黑白相间的斧形图案）、黻（黑白相间的弓形图案）等图形进行刺绣，制作不同颜色和图案的衣服，并要夏禹去完成这件事，通过衣服的颜色和图案来表示地位高低。最终，夏禹按照舜的想法制作出来的衣服是这样的：天子的礼服要绘画并刺绣这十二种图形，公的礼服要绘刺山龙以下九种图形，侯的礼服要绘刺华虫以下七

---

① 《尚书》，王世舜、王翠叶译注，北京：中华书局2012年版，第16页。

种图形，子的礼服要绘刺藻火以下五种图形，卿大夫的礼服则绘刺粉米以下三种图形。

  礼，在夏代可以说已经以一种粗线条的方式存在。《史记·夏本纪》记载，夏禹在治水期间"薄衣食，致孝于鬼神"。从礼的起源上看，向鬼神献祭便是最原始的礼。《左传·哀公七年》中也提到：禹合诸侯于涂山，执玉帛者万国。① 禹的时候虽然还没有形成正式的国家，但已经具备某种特殊的权威，手执玉帛便是诸侯朝见"帝"的礼。之所以说夏礼还是一种粗线条式的存在，是因为它还不成体系，是一些零散、不十分严格的行为规范。《墨子·节葬下》以禹死后的节葬节丧来阐明节俭符合圣王之道。墨子说："禹东教乎九夷，道死，葬会稽之山，衣衾三领，桐棺三寸，葛以缄之，绞之不合，通之不埳，土地之深，下毋及泉，上毋通臭。既葬，收余壤其上，垄若参耕之亩，则止矣。"② 相比后世君王的陵寝，禹的安葬显得十分简陋，与其"帝"的身份难以匹配。尽管夏礼还是粗线条的，但礼的等级意味已基本呈现。《仪礼·士冠礼》就明确指出："公侯之有冠礼也，夏之末造也。天子之元子，犹士也，天下无生而贵者也。继世以立诸侯，象贤也。以官爵人，德之杀也。"③ 只有公侯、天子的世子行士冠礼，士冠礼也就成为了尊贵的象征。

  到殷商时期，等级礼制的雏形基本形成，祭祀之礼、丧葬之礼、朝聘贡巡之礼、昏礼等无不体现出等级。等级礼制是由殷商社会经济状态和政权组织形式所决定的。在这种等级制统治秩序下，商王是殷商的最高统治者，拥有王国内主要的生产资料——土地的所有权，甲骨文中称为"王"，他的兄弟支庶是"王族"，子侄是"子族"，共同构成剥削阶

---

① 《左传（下册）》，郭丹、程小青、李彬源译注，北京：中华书局2012年版，第2270页。
② 《墨子》，方勇译注，北京：中华书局2011年版，第205页。
③ 《仪礼》，彭林译注，北京：中华书局2012年版，第35页。

级即统治阶级。在商王国内，从事农业生产的叫"众人"，从事手工生产的叫"百工""多工"；奴隶则称为"臣"，他们参与农业和畜牧业及其他劳动，如"牛臣刍"专为饲养牲畜割刈刍草；比"臣"地位还低下的是"仆"，他们被用于农业和征伐，有时被用于人牲；除此，奴隶还有奚、妾等，相关卜辞记载他们被用于人牲。① 众人和百工、多工构成平民，臣、仆、奚、妾构成奴隶，平民和奴隶共同构成被剥削阶级即被统治阶级。阶级不同，从事的活动不同，遵守的行为规范不同，所获取的生活资料和生活状况自然也有天壤之别。

2. 夏商遗址中的等级差异

来自考古发掘的证据可以大体还原夏商时期等级礼制的面貌。考古学界基本认定：二里头文化是夏文化。二里头遗址发掘出的一号宫殿基址的台基东西长约108米、南北宽约100米，中部殿堂东西长30.4米、南北宽11.4米；二号宫殿东西长约58米、南北宽72.8米，中心殿堂台基北边长32.75米、南边长32.6米、东边宽12.4米、西边宽12.75米。值得注意的是，在台基中部的几个灰坑还有多座墓葬，里面都有人骨架，如H80口部的三座墓葬，一座是躬身屈肢葬，两座是俯身葬。② 这些宫殿遗址都表明，夏朝的贵族统治者已经营造大型宫室建筑来彰显尊贵和权威，并且在建筑过程中还用人来奠基，通过奠基仪式强化等级制度。二里头遗址中的墓葬也有大中小三种：大型墓，东西长5.20—5.35米、南北宽4.25米、深6.10米，有二层台，墓室内有装有狗骨架的红漆木盒，其他陪葬品已被盗；中型墓，长在2米以上，宽1米以上，深

---

① 晁福林：《夏商西周的社会变迁》，北京：北京师范大学出版社1996年版，第316—321页。

② 中国科学院考古研究所二里头工作队：《河南偃师二里头早商宫殿遗址发掘简报》，载《考古》，1974年第4期，第234—252页。

不超过 1 米，随葬品都青铜器、玉器、绿松石器、漆器、陶器；小型墓，长不足 2 米，宽不足 1 米，深不到 0.5 米，除少数墓内有青铜器，大部分墓的随葬品均是罐、盆、盉等陶器。① 从墓葬的规模、随葬品的材质和数量推测，大型墓、中型墓多属于上层贵族，小型墓是平民墓。还有一些散见于坑穴、灰层之中的墓葬，骨架残缺不全，或身首异处，或上下肢分离，或若干具骨架叠层埋葬，也没有随葬品，应该是奴隶墓。

相比夏礼，殷商已更为齐备，但在这种等级礼制下，阶级差异更加显著，阶级压迫更加深重。以房屋建筑和居住设施为观察视角，我们可以发现：商王邑、方国邑、诸侯邑以及其他类型邑的宫室与普通民居存在明显的等级差异。商代前期王邑偃师商城遗址中的宫城面积有 4.5 万平方米，郑州商城的宫城面积约 50 余万平方米，洹北商城的宫城面积有 10 万平方米，殷墟王邑的宫城面积则高达 70 万平方米。殷墟王邑不仅建制比偃师商城、郑州商城、洹北商城要大得多，而且布局组合复杂，主次有别。其中，著名的甲组基址，有的宫室铜础立柱，显得非常庄重尊贵，应是商王的居所、治所，还有的宫室内有灶台，应是商王近亲或僚属住所；乙组基址以北边的方形高台为中心，附近密布祭祀坑，应是宗庙朝堂建筑群；丙组基址大多有台无础，土台上有祭祀痕迹。可以说，殷墟王邑宫室建筑形制的奢靡庄重与浩大气势，代表着商代后期首屈一指的国家级建筑层次。②

方国邑、诸侯邑一级的宫室宅院王邑宫室要小很多。如，陕西清涧李家崖商代城邑内的主体建筑群，面积约 1000 平方米；又如，山西垣曲商城内的宫城有两座宫室，第一进宫室基址的面积约 390 平方米，第

---

① 杨锡璋：《由墓葬制度看二里头文化的性质》，载《殷都学刊》，1987 年第 3 期，第 17—23 页。

② 宋镇豪：《夏商社会生活史（上）》，北京：中国社会科学出版社 1994 年版，第 83—84 页。

二进宫室基址的面积稍大一些。①虽然建制存在差异,但商王和贵族的宫室建筑也有许多共同点:房屋规模大,布局复杂,建筑工序严格,室内设施齐全;用人畜做建筑仪式祭品的现象相当普遍,如安阳殷墟 F1 基址前的祭祀坑埋有人骨架 3 具的有 7 座,4 具的有 2 座,在祭祀坑被杀死的人不少于 29 人②;上层贵族集团的宫室已经发展为集居住、祭祀、治理为一体的大型建筑群,并朝着尊贵、奢侈、舒适、壮观的规模发展。

与贵族阶级的宫室相比,夏商时期的民居显得十分简陋。山西夏县东下冯遗址中的民居有三种:地面式建筑、半地穴式建筑和窑洞式建筑。其中,半地穴式建筑面积在 4—5 平方米左右,窑洞式建筑面积分别有 3—4、7—9、13 平方米三种规格。③ 郑州商城城西北制陶窑址周围的 17 座简陋的半地穴式住宅,都是单间,面积仅 5 平方米左右,多数没有床台,个别有床台。河北藁城台西中商遗址的居址,有一半都是半地穴式简陋居室,面积在 4 平方米左右,通常为单室带灶坑,比较像下层平民或隶仆的居所;还以一部分地面式双室房屋,面积在 8 平方米左右,可能属于中层以上平民的居所。④ 山东平阴朱家桥晚商遗址,在 230 平方米的区域里,竟然分布着 21 座半地穴窝棚式小型居址。这些居址在结构上有方形、圆形、曲尺形三种,面积大的不到 12 平方米,小的 7 平方米,建筑甚为简单,连地基都未经夯打,室内除陶制生活器皿,其他基本都是农具、渔具。从这些遗址来看,夏商时期的平民或隶仆的居

---

① 佟伟华:《垣曲商城宫殿区再次发掘明确整体形状和布局》,载《中国文物报》,2003年6月27日。

② 中国社会科学院考古研究所安阳工作队:《河南安阳殷墟大型建筑基址的发掘》,载《考古》,2001年第5期,第18—27页。

③ 中国社会科学院考古研究所:《夏县东下冯》,北京:文物出版社1988年版,第52—60页。

④ 河北省文物研究所:《藁城台西商代遗址》,北京:文物出版社1985版,第102页。

所也有许多共同点：房屋规模较小，布局和构筑均比较简单；室内设施多是生活用具、劳动用具，很少有享乐用具、装饰用具；功能较为单一，多用于生活起居，也很少发现有建筑仪式的痕迹。从房屋居住条件可知，夏商时期平民生活简朴贫寒，生活质量较低。

等级尊卑、阶级差异、贫富悬殊在除房屋住所以外的生活其他方面都有体现。以殷商王邑发现的墓地为例，就其性质而言，可以分为王陵墓地、贵族家族墓地、一般族氏组织墓地、平民墓地、奴隶墓地等。安阳殷墟五号墓被一些学者认为是殷王武丁的配偶"妇好"——庙号"妣辛"的墓葬，其配套设施、形制、随葬品都很讲究、很奢侈。五号墓的墓圹上压有房基，应是有意识地建筑房屋，即祭祀"妣辛"的宗庙；墓圹为长方竖井形，墓口长5.6米、宽4米、深7.5米；墓具有木椁、木棺，棺木上有约1.5厘米厚的红色、黑丝漆皮；随葬的至少有殉人16个个体，殉狗6只，随葬品包括铜器400多件、玉器590多件、骨器560多件、石器70多件、象牙雕刻品和陶器数件、蚌器10多件、海螺2件、大海贝1件，另有海贝约7000枚。[①] 如此丰富的随葬品足以证明墓主人生前身份的尊贵，生活的奢华。在山东平阴朱家桥晚商遗址发现的墓地和安阳殷墟五号墓比起来相去不啻天渊，基本都是小型土坑墓，基本没有随葬品。此外，贵族阶级与平民、奴隶在饮食、服饰、交通方式和工具等方面都存在巨大的阶级差异：贵族生活奢侈，平民生活简朴，奴隶生活艰难。

总之，随着殷商时期王权政治的强化，氏族封建制统治体制日渐成熟，等级礼制涵盖的面越来越多，并开始朝制度化的方向发展。不过，在某种程度上殷商等级礼制所代表的道德观念是一种具有极端蒙昧性和非人道性的道德。因为，这种道德观念把迷信盲从、残民事神、浪费财

---

① 中国社会科学院考古研究所安阳工作队：《安阳殷墟五号墓的发掘》，载《考古学报》，1977年第2期，第57—134页。

物视为美德，使死物变成人的主宰，使广大奴隶沦为牲畜。① 可能正是在这样一种蒙昧性和非人道性的道德观念的压迫和统治之下，节俭更显得难能可贵，才使得中华民族在不断反思少数人的奢侈生活的过程中形成了崇俭抑奢的民族理性。

---

① 罗国杰：《中国伦理思想史（上卷）》，北京：中国人民大学出版社2008年版，第40页。

三　西周礼制下的等级化生活

西周是在殷商之后的中国第三个封建制朝代，由周武王灭纣后建立。不过武王时期的分封还是以夏商时代流传下来的分封为基础，周公东征以后大规模的封邦建国才是周代分封制的真正开始。① 与夏商的氏族封建制不同的是，西周采取的是宗法封建制。西周的封建制度，一方面有个人的承诺与约定（如会盟），另一方面又有血族姻亲关系加强其固定性。② 周人重视宗法传统，西周前期统治者便继承和发展了祖先的德政仁义传统。但是，从周穆王后统治者多耽于享乐，荒废政事，后期虽有"宣王中兴"也未能逆转颓势，醉心于淫靡享乐的周幽王一出烽火戏诸侯便将自己送上了断头台，葬送了西周政权。作为第三个封建制王朝，西周将宗法制和等级制相结合形成了比殷商时期更加系统、完善、严格的等级礼制。而且，在这套等级礼制系统中，还有专门关于节用财物的制度安排。依靠这套等级礼制系统，"周人在克商之后兢兢以德治为务，奠定了中华民族道德生活的制度和价值基础"。③ 或许正是这个原因，以孔子为代表的儒家才将西周的德政视为政治理想，孔子更是终其

---

① 晁福林：《夏商西周史丛考》，北京：商务印书馆2018年版，第835页。
② 许倬云：《西周史（补增二版）》，北京：三联书店2018年版，第192页。
③ 王泽应：《中华民族道德生活史：先秦卷》，上海：东方出版中心2014年版，第122页。

一生提倡恢复周礼。

（一）成由勤俭败由奢的场景再现

从夏商统治者的生活态度和生活实际来看，王朝之初的创业者往往能节俭克制、勤政爱民，之后的守成者往往是纵欲奢靡。基于这一变化，我们可以找到"成由勤俭败由奢"的最早佐证。但这一结论所揭示的是不是一种会重复出现的历史规律呢？在西周统治者的身上，"成由勤俭败由奢"的历史景象确有再现，西周的兴衰与周王的俭奢在时间线上基本吻合。

1. 勤俭克制与周初盛世

周人的祖先生活在偏僻的陕北一带，到武丁时期才进入商人的文化圈和势力圈。在周人的发展历程中，公刘、古公亶父、公季等先祖对德政仁义传统的形成起了重要作用。据《史记·周本纪》记载，公刘继位后使"行者有资，居者有畜积"①，周人的政治德业从此开始兴隆，而这都有赖于其善政德行。古公亶父继位后积德行义，北方戎狄来进攻，为了让民众避免战乱，主动将财物给予戎狄。过了不久，戎狄第二次来犯，民众都很愤怒准备开战，但古公亶父却说："民欲以我故战，杀人父子而君之，予不忍为。"（《史记·周本纪》）于是，古公亶父带着私家的徒属迁徙到岐下定居下来，许多民众知道古公亶父的仁爱都纷纷来归服于他。古公亶父的儿子季历继位后，修治古公留下的理政办法，笃诚地实行仁义，许多诸侯都顺服于他。总结起来，公刘、古公亶父、公

---

① ［汉］司马迁：《史记》，南京：江苏古籍出版社2002年版，第21页。

季的理政办法的精义就是君主自我节制，不与民争利，让利于民，爱惜民众甚于爱惜君位。

公季去世后，儿子昌继位，昌就是西伯——后来的周文王。文王遵循了先辈的事业，效法古公亶父、公季的理政办法，"笃仁，敬老，慈少"（《史记·周本纪》）。文王具有仁爱的美德。《尚书》中对于文王的仁爱提到了这样两点：一是"徽柔懿恭，怀保小民，惠鲜鳏寡"①，即文王心地仁慈、和蔼恭谨，爱护民众，并且常常施惠于那些鳏寡孤独、无依无靠的人。对此，孟子也曾提到，"文王之囿方七十里，刍荛者往焉，雉兔者往焉，与民同之"②。意思是说，文王虽然有一个方圆七十里的狩猎场，但是割草砍柴的能去，捕鸟猎兔的也能去，做到了让利于民，与民共享。二是"克明德慎罚"（《尚书·康诰》），即推行德政，慎用刑罚。同时，文王还具有勤俭的美德。他既从事过整理道路、耕种田地等卑微的劳动，在治理国家的时候又具有废寝忘食的精神。更重要的是，"文王不敢盘于游田，以庶邦惟正之供"（《尚书·无逸》），不敢把各邦国供来的赋税用于个人的游猎玩乐，而是用于"咸和万民"。

周武王在位期间，师法修治文王开创的业绩，继续推行德政，也保持了勤勉节俭的美德。武王伐纣时，与八百诸侯在孟津会师，历数殷纣的罪行：其一，"沉湎冒色"（《尚书·泰誓上》），即沉迷酒色；其二，"敢行暴虐，罪人以族"（《尚书·泰誓上》），即刑罚残酷；其三，"官人以世"（《尚书·泰誓上》），即世袭任人；其四，"惟宫室、台榭、陂池、侈服，以残害于尔万姓"（《尚书·泰誓上》），即为满足奢靡横征暴敛；其五，"焚炙忠良，刳剔孕妇"（《尚书·泰誓上》），即残害忠良，杀害无辜；其六，"郊社不修，宗庙不享，作奇技淫巧

---

① 《尚书》，王世舜、王翠叶译注，北京：中华书局2012年版，第258页。
② 《孟子》，方勇译注，北京：中华书局2010年版，第23页。

以悦妇人"(《尚书·泰誓下》),即不祭祀天地宗庙,却耗费财物制作奇异怪巧的东西取悦女人。殷纣奢靡无度的行径引起"皇天震怒",文王和武王伐纣就是在执行上天的惩罚命令。武王深刻地认识到奢靡享乐的恶果,在伐纣成功后并未将殷商的财富占为己有,而是"散鹿台之财,发钜桥之粟,大赉于四海,而万姓悦服"(《尚书·武成》)。后来,召公奭还告诫武王,圣明的君王应该敬慎德性,避免"玩人丧德,玩物丧志",懂得"不役耳目,百度惟贞;不作无益害有益,功乃成;不贵异物贱用物,民乃足;不宝远物,则远人格"(《尚书·旅獒》)的道理,勤勉修德才能让百姓安居乐业。

这里的"不役耳目"是指不要沉迷于耳目等感官所好,"不贵异物贱用物"是指不要重视珍贵奇物而轻视实用物品,"不宝远物"是指不要贪恋远方的珍宝财物,其核心思想是要武王懂得节制自身欲望,修养节俭美德。

文王和武王推行德政,勤俭治国,推翻了殷商腐败的政治统治,建立了周朝政权,天下诸侯归顺,国力日渐强盛。武王之后,成王和康王在周公、召公、毕公等人的辅佐和告诫下,传承了文王和武王的德性与理政办法,出现了"天下安宁,刑错四十余年不用"的盛世景象。成王去世之后,召公和毕公率领诸侯,带着太子钊瞻仰周朝先王祖庙,"申告以文王、武王之所以为王业之不易,务在节俭,毋多欲,以笃信临之"(《史记·周本纪》),告诫太子钊要节俭,克制欲望,用笃厚诚信的态度登临王位。太子钊继位就是康王。《竹书纪年》里记载,"康王六年,齐太公望卒。晋侯作宫而美,康王使让之。"[①] 可以推断,康王应该有铭记召公和毕公的告诫,在生活和治理中遵循节俭之德。有学者说,正是成王和康王务从节俭,克制多欲,以缓和阶级矛盾,才形成了周初

---

① 张玉春:《竹书纪年译注》,哈尔滨:黑龙江人民出版社2003年版,第31页。

安定强盛的政治局面即"成康之治"。① 不难发现，从周朝的创立到走向兴盛，历代周王都具备节俭美德。

2. 纵欲无节与西周没落

西周王朝从穆王开始转折，走下坡路。穆王登上王位的时候已经五十岁了，急功近利，征伐犬戎，无功而返，后又周游四方荒废政事。《穆天子传》记录了公元前965年到公元前959年穆王的主要事迹，其中主要的活动是巡守。公元前965年，穆王要征伐犬戎，大臣祭公谋父反对，认为征伐只能炫耀武力而不能显示德行，更重要的是违背了文王、武王的德治仁爱传统。但是，穆王最终还是出兵征伐了犬戎，得到了犬戎本来就要进贡的四只白狼、四只白鹿，结果导致了荒服地区的民族再也不来臣服，得不偿失。在巡守途中，穆王所做的事情主要就是游乐狩猎：庚辰，天子乃奏广乐；癸未，雨雪，天子猎于钘山之西阿；甲辰，天子猎于渗泽；丙午，天子饮于河水之阿；丙寅，以饮于枝洔之中，积石之南河。② 穆王在巡游昆仑、中原以及西征、东返的过程中，饮酒游乐、田猎钓弋的次数也非常多。而且，穆王还非常宠爱盛姬，专门为她修建了"重璧之台"。盛姬病逝后，穆王为其举行了隆重的丧礼、祭礼，用丰盛的食物进行献祭："肺盐羹、载脯、枣酏、醢、鱼腊、糗、韭百物。陈腥俎十二、干豆九十、鼎敦壶尊四十器"（《穆天子传·卷六》），即腌肺肉粥、大块干肉、枣粥、肉酱、干鱼、韭菹、十二盘生肉、九十盘干肉等食物以及四十件盛粮食和酒的鼎敦、壶尊等器物；下葬的时候，穆王又"使嬖人赠用文锦明衣九领，丧宗伊扈赠用变裳，女主叔娞赠用茵组"（《穆天子传·卷六》），即命令众宠妃、百官卿士赠送锦绣丧衣丧服、褥垫、丝带等埋于盛姬的墓室。

---

① 王泽应：《中华民族道德生活史：先秦卷》，上海：东方出版中心2014年版，第122页。
② 《穆天子传》，高永旺译注，北京：中华书局2019年版，第4—42页。

穆王之后是共王，共王之后是懿王。懿王之世，兴起无节，号令不时，挈壶氏不能共其职，于是诸侯携德（《竹书纪年》）。可见，懿王是一个毫无节制的君主，发布的政令违背时节，使掌管节气的挈壶氏都无法履职，各国诸侯更是与周王室离心离德。

西周后期的厉王贪婪暴虐、幽王昏庸荒淫，加速了西周的覆灭。《史记·周本纪》对厉王的评价是"好利"且"暴虐侈傲"。厉王在位期间还重用贪财好利的荣夷公，大夫芮良夫劝谏无果。国内有老百姓议论厉王，厉王便找人监视并杀掉那些议论者，最终引发了"国人暴动"。幽王也是历史上著名的昏君，任命"善庾好利"的奸臣虢石父为卿，放纵其巧取豪夺，侵占民利，致使"国人皆怨"。《诗经·大雅·瞻卬》对这位弄得天怒人怨的昏君放纵无节制的行为进行了痛斥：一是指责幽王"人有土田，女反有之。人有民人，女覆夺之。此宜无罪，女反收之。彼宜有罪，女覆说之。"① 即强占民利，残害无辜，倒施逆行；二是指责幽王宠溺褒姒，醉心于享乐与淫泆；三是指责幽王造成了"如贾三倍，君子是识。妇无公事，休其蚕织"（《诗经·大雅·瞻卬》）的纲纪败坏，即幽王放任贪得无厌的商人主持行政，任由搬弄是非的女人干预国事。后来，幽王为搏褒姒一笑，竟然演出了一幕烽火戏诸侯的闹剧，亲自点燃了焚毁周王朝的导火线。

纵览西周历代君王大臣节俭与奢侈的行为轨迹，我们发现：西周初期的君主大臣基本都具有节俭美德，并有意识地在治理中提倡节俭、践行节俭，开创了盛世；西周中后期则有更多的君臣追求奢侈享乐，不能节制自身的物欲、情欲等，加速了王朝的衰败和灭亡。"成由勤俭败由奢"的历史现象在夏商周三代的统治者身上都有体现，其规律性已初见端倪。

---

① 《诗经（下）》，刘毓庆、李蹊译注，北京：中华书局2011年版，第799—800页。

(二) 等级礼制下等级消费合法化

孔子说:"吾学周礼,今用之,吾从周。"① 孔子所谓的"周礼",实际上就是周公始创的礼制。相比夏商时期的礼制,西周的礼制已经更加系统、完善、严格。这种礼制具有更为浓厚的等级色彩,崇俭抑奢对不同等级的人有着明确的差异化要求。各个等级均须按照礼制的规定消费,对贵族阶级来说,只要遵循礼制,即使其消费水平是底层百姓无法实现的奢望,仍可算得上节俭。西周礼制使消费的等级性具有了合法性,统治阶级可以依礼维持高消费,被统治阶级则只能依礼艰难地维持生存。

1. 等级秩序衍生等级礼制

周礼是宗法制和等级制相结合的产物,在成王之前严格的宗法制度还未形成,成王之后以"嫡长子继承制"为核心的宗法制度基本确定下来,周礼也由此成熟。根据《史记·周本纪》的记载来推测,古公亶父在选择继承人的时候还没有"嫡长子继承制"。古公曰:"我世当有兴者,其在昌乎?"长子太伯、虞仲知古公欲立季历以传昌,乃二人亡如荆蛮,文身断发,以让季历。②"季历"是古公的第三个儿子,"昌"就是后来的文王。武王临死前也曾召唤其弟叔旦并留下遗言:"旦!汝维朕达弟。……乃今我兄弟相后,我筮龟其何所?即今用建庶建。"③ 由于

---

① 《礼记(下)》,胡平生、张萌译注,北京:中华书局2017年版,第1034页。
② [汉]司马迁:《史记》,南京:江苏古籍出版社2002年版,第22页。
③ 黄怀信、张懋镕、田旭东:《逸周书汇校集注》,上海:上海古籍出版社2007年版,第478页。

太子诵（后来的成王）年幼，武王决定让贤达的弟弟叔旦继承王位，认为传位不必拘泥于嫡长，而应该选贤达者继任。由此可见，周初武王在位期间，"嫡长子继承制"仍未严格执行。在周公制礼、返政成王之后，父子相传、立嫡以长的制度才得到实施，从此分昭穆、定宗法而使天下宗周。

除了宗法制，等级制的形成对礼制的完善也功不可没。等级分明的统治序列在周初已非常明确，即"王者之制禄爵，公、侯、伯、子、男，凡五等。诸侯之上大夫卿、下大夫、上士、中士、下士，凡五等。"①《左传·昭公七年》中也提到了十个等级："天有十日，人有十等，下所以事上，上所以共神也。故王臣公，公臣大夫，大夫臣士，士臣皂，皂臣舆，舆臣隶，隶臣僚，僚臣仆，仆臣台。"②在贵族统治阶级中，有王、公、大夫、士等等级；奴隶阶级中又有皂、舆、隶、僚、仆、台六种身份。在贵族阶级和奴隶阶级之间还有庶民，庶民比奴隶地位要高，但也是被统治阶级。

周礼的实质就是以氏族血缘关系为纽带建立起来的，一个严密的从天子到诸侯、卿大夫、士、庶民、奴隶的金字塔式的等级统治秩序，也可称之为"宗法等级统治体制"。贵族阶级的道德就是对宗法等级关系的直接反映，是为巩固这一制度为设置的。换言之，正是在宗法等级制的基础上，产生了西周的一套宗法道德规范和伦理思想，并决定了周人道德意识的特点。③因此，在很大程度上，遵循和恪守这一"宗法等级统治体制"或周礼即美德。根据《仪礼》的记录，周礼主要包括士冠礼、士昏礼、士相见礼、乡饮酒礼、乡射礼、燕礼、大射礼、聘礼、公食大夫礼、觐礼、丧葬礼、既夕礼、士虞礼、特牲馈食礼、少牢馈食礼

---

① 《礼记（上）》，胡平生、张萌译注，北京：中华书局2017年版，第240页。
② 《左传（下册）》，郭丹、程小青、李彬源译注，北京：中华书局2012年版，第1677页。
③ 朱贻庭：《中国传统伦理思想史（增订本）》，上海：华东师范大学出版社2003年版，第6页。

等。这些"礼"虽然形式各异,但它们都是根据血缘关系和等级身份,分别制定的不同身份的人应该遵行的礼仪和行为规范,构成了宗法等级制度的依据和标准。① 周天子有专门的登基礼、封国礼、祭祀天神地祇之礼、祭祀祖先之礼,而天子以下各等级则各遵其礼。

2. 等级礼制下的差等生活

根据周礼,不同等级的人在服饰、饮食、居所、丧葬、祭祀等方面也都有着严格的等级规定。

在服饰方面,衣服的颜色、纹饰、材料等都有严格的等级规定。在颜色上,《尚书·顾命》有云:"王麻冕黼裳,由宾阶隮。卿士邦君麻冕蚁裳,入即位。太保、太史、太宗皆麻冕彤裳。"② 这里指出了三种不同等级的礼服,即王穿着有花纹的礼服,重要官员和诸侯国君穿着黑色礼服,太保、太史和太宗则穿着红色礼服。在纹饰上,"天子龙衮,诸侯黼,大夫黻,士玄衣纁裳。天子之冕,朱绿藻,十有二旒,诸侯九,上大夫七,下大夫五,士三。"(《礼记·礼器第十》)"衮"就是礼服,有两种:一种十二章,即衣服上绘绣有日、月、星辰、山、龙、华虫(五色纹彩的虫类)、宗彝(祭器上的虎和长尾猿图形)、水藻、火、白米、黼(黑白相间的斧形图案)、黻(青黑相间的弓形图案)等十二种花纹图案;另一种是九章,即去掉十二章中的日、月、星辰三种花纹图案的衣服。周天子在祭天的时候穿十二章之衮,祭先王的时候穿九章之衮。除此之外,天子祭祀穿的衣服还有:鷩③服,即九章之衮去掉龙和山,并将华虫改为锦鸡,也称七章之服;毳服,即七章之服去掉华虫和火,

---

① 戴木才、王艳玲:《中国传统核心价值观的源流发展及其启示》,载《湖南师范大学社会科学学报》,2019 年第 4 期,第 1—16 页。
② 《尚书》,王世舜、王翠叶译注,北京:中华书局 2012 年版,第 311 页。
③ 鷩:赤雉,即锦鸡。

也称五章之服；絺服，即五章之服去掉宗彝和藻，也称三章之服；玄服，即上衣无图纹，下裳绣黻纹。十二章之衮是天子祭天专用，其余服饰，上公可穿九章之衮，侯、伯可穿鷩服，子、男可穿毳服，孤卿可穿絺服，大夫可穿玄服。"玄衣纁裳"就是玄色上衣、浅红色下裳；"旒"悬垂于冕上的玉串。由此可见，在服饰色彩上，按照礼制，有尊卑贵贱的区分。① 除色彩、纹饰以外，制作服饰的材料也有严格的等级规定。《礼记·玉藻》中讲"士不衣织"，即士不能穿绸缎服饰；天子祭天的时候穿黑羔皮裘，诸侯国君穿狐白裘和素锦裼衣，大夫和士可穿狐青裘和青色丝绢裼衣、麂裘和苍黄色裼衣，庶人则穿狗皮裘、羊皮裘。庶人穿的是最次级的裘，说明了在西周的等级序列中，庶人和狗皮裘、羊皮裘一样都是低贱的。这些都表明，服饰已经超出作为"衣服"的自然功能，融为社会体制的一部分，具有了维护封建等级统治的社会功能。②

  在饮食方面，周王的伙食由膳夫掌握，"食用六谷，膳用六牲，饮用六清，羞用百二十品，珍用八物，酱用百有二十瓮。王日一举，鼎十有二，物皆有俎"③。供周王享用的主食有粟、黍、稷、粱、麦、菰等六谷，肉食有马、牛、羊、鸡、犬、猪等六牲，饮品有水、浆、醴、凉、医、酏等六清，还有数量繁多的山珍海味。膳夫每天都要杀牲为周王准备盛馔，陈列各种肉食、珍馐十二鼎之多。自周王以下的各级贵族，在饮食方面都依据等级而下降。《仪礼·公食大夫礼第九》中提到的诸侯国君以食礼款待使者时设食的规格："上大夫若九，若十有一，下大夫则若七，若九。上大夫，庶羞二十，加于下大夫，以雉、兔、鹑、鴽。"④ 也就是款待上大夫级别的使者用九鼎或十一鼎盛装美食，款待下

---

① 陈绍棣：《两周风俗》，上海：上海文艺出版社2017年版，第91页。
② 张怀承、蒋建辉：《略论传统服饰流变中的伦理权变》，载《湖南师范大学社会科学学报》，2015年第1期，第61—66页。
③ 《周礼（上）》，徐正英、常佩雨译注，北京：中华书局2014年版，第77页。
④ 《仪礼》，彭林译注，北京：中华书局2012年版，第335页。

大夫级别的使者则用七鼎或九鼎，为上大夫级别的使者准备的美食的种类多了野鸡、兔子、鹌鹑和鴽①鸟。《礼记·礼器第十》中也有对从天子到下大夫的各等级就餐时盛放菜肴的器具（豆）的明确规定，"天子之豆二十有六，诸公十有六，诸侯十有二，上大夫八，下大夫六"。

在居所方面，"天子之堂九尺，诸侯七尺，大夫五尺，士三尺"（《礼记·礼器第十》），而且只有天子和诸侯才可以建筑台门，以彰显高贵。陕西岐山县凤雏村遗址中的甲组宫室建筑基址房基南北长45.2米、东西宽32.5米，共计1469平方米，包括影壁、门堂、中院、前堂、东西小院、过廊、后室、东西厢房等部分组成，其中中院的东西长18.5米、南北宽12米，东西厢房各8间。② 与该宫室建筑基址相比，陕西沣西张家坡、河北磁县下潘汪发现的西周房基要小得多，而且都是半地穴式建筑。在张家坡遗址西区探沟4第六层发现的房子东西长5.8米、南北宽3.8米，呈椭圆形③；下潘汪遗址发现的五座西周房址（编号F2－F6），F4为长方形，东西长3.98米、南北宽2.47米，F2近似瓢形，长3.4米、宽2.13米，其余三座面积稍小。④ 不过，有学者推测，在西周大致是最穷的人住这种半地穴的居室了。⑤ 目前，有关的西周考古发掘都未发现关于平民居住的地面房屋建筑的遗址，只能根据殷商时期的平房建筑推测，西周平房应该在殷商的基础上有所改进。但总的来说，贵族阶级的宫室和平民、奴隶的居室还是存在巨大差别的。

在丧葬方面，等级色彩也是非常鲜明的。首先在"死"的称谓上就

---

① 鴽：古书上指鹌鹑类的小鸟。
② 陕西周原考古队：《陕西岐山凤雏村西周建筑基址发掘简报》，载《文物》，1979年第10期，第27—37页。
③ 何汉南、唐金裕：《陕西长安沣西张家坡西周遗址的发掘》，载《考古》，1964年第9期，第441—451页。
④ 唐云明：《磁县下潘汪遗址发掘报告》，载《考古学报》，1975年第1期，第73—137页。
⑤ 许倬云：《西周史（增补二版）》，北京：三联书店2018年版，第265页。

明确了等级差异,"天子曰崩,诸侯曰薨,大夫曰卒,士曰不禄,庶人曰死"(《礼记·曲礼下》)。之所以要给"死"冠以不同的称谓,无非就是要将不同等级的尊卑贵贱加以区分。在棺材的尺寸上,"君大棺八寸,属六寸,椑四寸。上大夫大棺八寸,属六寸。下大夫大棺六寸,属四寸。士棺六寸"。在棺椁的材质上,"君松椁,大夫柏椁,士杂木椁"(《礼记·丧大记》)。除了这些方面存在等级差异,其他与丧葬相关物品的材质、数量以及丧礼和葬礼的仪式等也都严格按照死者的身份地位来执行。山西绛县横水横北村发现的两处墓葬(编号:M1、M2),根据随葬品和铜器上的铭文推测是西周中期的倗伯这位贵族的墓葬。M1 的墓主人身上佩戴了大量玉饰,随葬品主要有:车马器,其中车具有辖、銮铃,马具有马镳、当卢;陶器 30 多件;漆木器有豆、壶、盒、几案、俎等;青铜礼器有鼎 5 件、簋 5 件、甗 1 件、鬲 1 件、盂 1 件、盘 2 件、盉 2 件、提梁壶 1 件、贯耳壶 1 件、觯 1 件、甬钟 5 件,共计 25 件;玉器 25 件,其中包括 10 串玛瑙珠海贝串饰、三联璜玉组佩、玉柄形器、玉束发器、玉发饰等。① 河南三门峡李家窑遗址中的 M34 墓葬的墓主是元士一级的贵族,其随葬品包括:陶器 16 件,种类有鬲、豆、壶、盂、罐和器盖;铜礼器 3 件,有鼎、盘、匜三种;玉器 3 件,有玦、玲两种;石器 83 件,有戈、圭、贝三种;管形骨器 3 件。② 这两座墓葬的墓主身份存在等级差异,"伯"的爵位高于"士",因此在倗伯墓中发现的青铜器和玉器明显要多,而且车马器也是 M34 中所没有的。这种随葬物品的差异实际上表明:尊和卑、贵和贱、循礼与非礼之间存在明确的界限,身份卑微、地位低贱的人不能逾礼,更不能突破等级制统治秩序。

---

① 山西省考古研究所:《山西绛县横水西周墓发掘简报》,载《文物》,2006 年第 8 期,第 4—20 页。

② 河南省文物考古研究所:《河南三门峡李家窑西周墓发掘简报》,载《文物》,2014 年第 3 期,第 4—18 页。

在祭祀方面，不仅宗庙分等级，祭祀供品的档次和数量也分等级。依据《礼记·王制第五》中的记载："天子七庙，三昭三穆，与大祖之庙而七。诸侯五庙，二昭二穆，与大祖之庙而五。大夫三庙，一昭一穆，与大祖之庙而三。士一庙。庶人祭于寝。"从天子到士，宗庙由七座减为一座，庶人则没有宗庙，直接在正寝中祭祀祖先。在祭祀灶神和谷神的贡品使用上，"天子社稷皆大牢，诸侯社稷皆少牢，大夫、士宗庙之祭，有田则祭，无田则荐。庶人春荐韭，夏荐麦，秋荐黍，冬荐稻。"(《礼记·王制第五》)"大牢"是指牛、羊、猪三牲，"少牢"是指羊、猪二牲，"荐"是指献上新熟的五谷、瓜果等物。庶人则按照四季分别献祭韭菜、麦子、黍、稻子。

相比殷礼，周礼是系统的、完善的、严格的，从而备受孔子推崇。但是，周礼也有一个被今人诟病的地方，那就是"礼不下庶人"(《礼记·曲礼上》)，把庶人排除在礼之外。当然，这里并不是绝对意义上讲庶人无"礼"可循。"礼不下庶人"中的"礼"字不是一个无所不包的概念，而是有特定所指及其适用范围的词语。① 可以说，从周礼的各种具体礼制来看，它们大部分都只涵盖了从天子到士的处在统治地位的群体，对庶人及以下等级的被统治阶级并未提出具体要求。值得注意的是，没有具体的要求并不是说庶人及以下等级的人可以不遵守周礼所维护的统治秩序，而仅仅意味着他们没有资格按照周礼的规定参与政治生活和享受物质生活。以食物为例，《礼记·王制》提道："诸侯无故不杀牛，大夫无故不杀羊，士无故不杀犬豕，庶人无故不食珍。"庶人如果不是祭祀或宴请连美食都不能享用。《仪礼·士相见礼》还讲到，"庶人见于君，不为容，进退走。士大夫，则奠挚再拜稽首，君答壹拜"。庶人比奴隶地位要高，可以见到国君，但是进退要疾走，国君无须行答拜

---

① 丁四新：《"礼不下庶人，刑不上大夫"问题检讨与新论》，载《江汉学术》，2020年第4期，第92—101页。

礼；士大夫见国君，把礼物放在地上后，再拜叩首，国君必须行答拜礼。可见，庶人及以下的人，被压迫在社会底层，甚至连人身自由都没有，当然就没有向高踞于社会上层的贵族行礼的资格。①"礼不下庶人"也意味着，作为劳动者的社会底层没有资格享受好的物质生活，而作为统治者的贵族则可以根据自己在统治序列中的地位享受极大地优于底层劳动者的物质生活。因此，节俭对于这两个阶级来说有着不同的意蕴：对底层劳动者来说，节俭可能更多的是通过节衣缩食生存或生活的稍好；对贵族阶级来说，遵循礼制就能算得上节俭。在这个意义上，周礼以及在此基础上产生的宗法道德规范是极不公平的。

（三）节用财物的政治制度安排

为了与完整的礼制体系相适应并使礼落到实处，西周统治者还建立起了一套较为完整的政治制度。这套政治制度上以神权观念为庇护，下以王权政治为主体，涵盖政治、经济、教育、风俗、军事等多方面的制度。根据《周礼》中记载的西周官府及其职官职能的设置，我们能大体了解到西周政治制度的样貌。从职能上看，西周的国家机构分为天官、地官、春官、夏官、秋官、冬官六大部门。其中，天官是"治官"，掌管邦治，协助天子治理国政，设 63 个官职；地官是"教官"，掌管邦教即教育，设 78 个官职；春官是"礼官"，掌管邦礼，设 70 个官职；夏官是"政官"，掌管邦政，即管理军政，设 70 个官职；秋官是"刑官"，执掌刑法，设 66 个官职；冬官是"事官"，掌管事典，设 30 个官职。在这些官职中，许多官职的职能就是执行周王朝的等级礼制，或者监督礼制的

---

① 陈戍国：《中国礼制史：先秦卷（第 3 版）》，长沙：湖南教育出版社 2011 年版，第 34 页。

执行，有些官职的职能则与节用财物或防止不节、僭越直接相关。

1. 天官序列与节俭

天官序列的官是"治官"，其职责是执掌"邦治"，也就是治国理政。在天官序列中，"大宰""小宰""膳夫""大府""内宰"等官职的职责与节俭相关。

"大宰"的职责是"掌建邦之六典，以佐王治邦国"，其中有两项具体职责与维护等级礼制、节用财物相关。第一项：依据八种制度治理王畿内的采邑和食邑，确保公卿大夫依照爵位尊卑行事，没有僭越泛滥。这八种制度是："一曰祭祀，以驭其神；二曰法则，以驭其官；三曰废置，以驭其吏；四曰禄位，以驭其士；五曰赋贡，以驭其用；六曰礼俗，以驭其民；七曰刑赏，以驭其威；八曰田役，以驭其众。"① 大宰要用祭祀制度控制公卿大夫不僭越淫祀，用宫室、车服等级的制度监督公卿大夫不僭上越级，用废置制度避免官吏的随意任免，用禄位制度让学士人尽其才，用赋贡制度调节财税以便开源节流，用礼仪风俗约束民众，用刑赏制度控制威视以免擅自作威作福，用田役制度避免民力被随意征调。简言之，这八种制度主要是用来节制公卿大夫和民众，不让他们逾级越礼。第二项：大宰使用九种法规来节用财物、平衡用度。这九种法规是："一曰祭祀之式，二曰宾客之式，三曰丧荒之式，四曰羞服之式，五曰工事之式，六曰币帛之式，七曰刍秣之式，八曰匪颁之式，九曰好用之式。"（《周礼·天官冢宰第一》）这就要求大宰在祭祀、接待、治丧和荒年赈灾、天子的饮食车服、制造器物、聘问置备礼品、饲养牛马、群臣俸禄和天子赏赐诸侯臣下等事项中注意节约使用财物，实际上也就是要严格遵循礼制的规定，不能僭越等级行礼。

---

① 《周礼（上）》，徐正英、常佩雨译注，北京：中华书局2014年版，第30页。

"小宰"的主要职责之一就是辅佐大宰,"以均财节邦用"(《周礼·天官冢宰第一》)。

"宰夫"的一项职责是考核所有官府、采邑和公邑的治理绩效,其中关键的指标是钱粮财物的收支情况,对"失财用、物辟名者"即钱粮财物支出失当、账目不实者加以惩治,对"足用、长财、善物者"即钱粮财物充足、生财有道、物产丰饶者予以奖赏。

"膳夫"主要负责王、王后和太子的饮食,其中有一项职责是"王燕食,则奉善、赞祭"《周礼·天官冢宰第一》。"燕食"就是王自己一个人吃午餐、晚餐,有别于礼食和朝食盛馔。到王进午餐、晚餐的时候,"膳夫"为王奉进早餐剩的饭菜。

"大府"根据相关制度颁发财物,也就是根据收入合理安排支出,保证专款专用。特别值得一提的是,"大府"在安排王国的财物支出时,要以"式贡之余财,以共王玩好之用"(《周礼·天官冢宰第一》),即更具赋税收支的结余情况来安排王收集玩好的财物开支。

"内宰"有一项职责是用"妇人之礼"教九嫔,"正其服,禁其奇邪"《周礼·天官冢宰第一》,严禁九嫔做奢侈奇邪的事情。

2. 地官序列与节俭

地官序列的官是"教官",其职责执掌"邦教",除了教育还负责掌管土地和人民。在地官序列中,"大司徒""司市""禀人"的职责与节俭相关。

"大司徒"要负责"施十有二教"来教化民众。"大司徒"所要实施的十二个方面的教育是:"一曰以祀礼教敬,则民不苟。二曰以阳礼教让,则民不争。三曰以阴礼教亲,则民不怨。四曰以乐礼教和,则民不乖。五曰以仪辨等,则民不越。六曰以俗教安,则民不偷。七曰以刑教中,则民不暴。八曰以誓教恤,则民不怠。九曰以度教节,则民知足。十曰以世事教能，则民不失职。十有一曰以贤制爵，则民慎德。十有二曰以庸制禄，则民兴功。"（《周礼·地官司徒第二》）这十二个方面的教育虽然内容各异，但其主旨基本一致，那就是教人修养德性，而践行的路径就是行礼。第五条和第九条都是特别强调用礼仪来教导民众分辨尊卑等级差别、保持节制，保证他们不会举止僭越。

"司市"管理市场，"以政令禁物而均市"。用现在的经济学话语来说，"司市"通过行政手段禁止奢侈品销售，以维持物价稳定。因为奢侈品贵而无用，但购买者众多，会导致实用的货物滞销，引起价格下降，故禁售奢侈品才能维持物价稳定。

"廪人"掌管"九谷之数"，依据年成好坏计算好万国的粮食开支，并制定具体的适用于丰年或荒年的用粮计划。如果出现歉收的下等年成，也就是当每人每月的口粮低于二釜，"廪人""则令邦移民就谷，诏王杀邦用"。（《周礼·地官司徒第二》）一方面安排饥民往产粮多的地方迁移，另一方面告诉周王节省国家的支出费用。

3. 春官序列与节俭

春官序列的官是"礼官"，其职责是执掌"邦礼"，负责执行或监督执行周礼。在春官序列中，"大宗伯""小宗伯""典命""大司乐"的职责与节俭相关。

"大宗伯"的职责之一是区分王国内的贵贱等级：一是"以玉作六瑞，以等邦国"（《周礼·春官宗伯第三》），即用镇圭、桓圭、信圭、躬圭、谷璧、蒲璧六种玉瑞，区分王与公、侯、伯、子、男的不同爵位等级；二是"以禽作六挚，以等诸臣"（《周礼·春官宗伯第三》），用兽皮裹饰的束帛、羔羊、鹅、野鸡、鸭、鸡等禽兽做见面礼，区分孤、卿、大夫、士、庶人、工商阶层的身份等级。

"小宗伯"负责监督，"辩吉凶之五服，车旗宫室之禁"（《周礼·

春官宗伯第三》），即执掌王和公、卿、大夫、士的五等服装、车旗、宫室的禁令，禁止僭上逼下。

"典命"专门掌管"诸侯之五仪，诸臣之五等之命。"（《周礼·春官宗伯第三》）按照郑玄的解释，"五仪"就是公、侯、伯、子、男五等诸侯的礼仪。上公是三公（八命）中的有德者，加一命为九命，出任方伯即一方诸侯之长。自上公以下，侯、伯是七命，子、男是五命，他们的都城面积、宫室大小、车旗衣服、礼仪的规格分别以九、七、五为节度。五等诸侯的臣属也有各自的等级：公的孤卿、卿、大夫、士的等级分别为四命、三命、再命、一命，侯、伯的卿、大夫、士的等级分别为三命、再命、一命，子、男的卿、大夫、士的等级分别是再命、一命、不命（非正式任命的士，等级低于命士一等），他们的宫室大小、车旗、衣服、礼仪的规格也以其命数等级为节度。

"大司乐"要负责乐教，在建立诸侯国的时候，由其"禁其淫声、过声、凶声、慢声"（《周礼·春官宗伯第三》），避免淫乱的乐曲、哀乐失节的乐曲、不详的亡国乐曲、惰慢不恭的乐曲助长国内的奢靡享乐之风。

4. 秋官序列与节俭

秋官序列的官是"刑官"，其职责是执掌刑法。在秋官序列中，"大行人"主要负责接待，其职责与节俭有交集。

"大行人"掌管有关诸侯、孤、卿来朝的接待礼仪。"大行人"的主要职责和"典命"有交集，不过"典命"更多的是负责确定五仪五等的规范，而"大行人"负责具体的操作执行。"大行人"要用九种礼仪区别来朝诸侯、诸臣的爵命等级的高低贵贱，以统一各诸侯国的礼仪规格，并依此接待来朝的诸侯国宾客。九种礼仪是指接待上公、侯、伯、子、男、大国之孤、诸侯之卿、大夫、士的礼仪。以上公之礼为例，上公来朝时"执桓圭九寸，缫藉九寸，冕服九章，建常九斿，樊缨九就，贰车九乘，介九人，礼九牢，其朝位，宾主之间九十步，立当车轵，摈者五人，庙中将币，三享；王礼，再祼而酢，飨礼九献，食礼九举，出入五积，三问三劳"。(《周礼·秋官司寇第五》) 这些具体的操作可以分为两类：一类是对来朝的上公的礼仪要求，即上公手执九寸长的桓圭，配有九寸长的彩绘圭垫，穿九章之服，车旗上饰九条垂旒，装饰马的樊、缨都用五彩毛织品缠绕九圈，随从副车九驾，陪同副宾九人，在始祖庙中将桓圭呈送给王，并三次向王进献方物；第二类是接待来朝上公的礼仪要求，包括用九牢大礼接待，上公的朝位与王距离九十步，王派出五名摈相迎接，用祼礼（向公进献郁鬯香酒两次）、飨礼（向公行献酒礼九次）、食礼（向公举牲肉劝饭礼九次）款待，在朝期间安排五次供给粮草牲牢，行问礼、劳礼各三次。侯、伯、子、男来朝，分别按其命数等级接待。大国孤卿来朝按小国之君的等级接待，诸侯的卿按诸侯国君的等级再降低二等接待，诸侯的大夫、士按卿的等级再降低二等接待。

综上，通过具体的官职设置和明确的职能划定，西周的统治者建立起了一套完整的执行等级礼制和监督等级礼制执行的政治制度体系。这套政治制度体系的运转与周王的权威紧密联系在一起，在强势王权的支撑下，它能有效地将统治序列中各等级的行为约束、节制在命数等级规定的范围之内，对建构和维护西周的等级秩序发挥了重要作用。值得一提的是，从"大宰""小宰""内宰""大司徒""司市""禀人"等官职的设置来看，西周统治者直接从政治制度层面对节约使用财物、抑制奢侈消费进行了规范和管理，可以说是在客观上开创了"崇俭抑奢"的政治生活的制度化先河。

四　春秋战国的俭奢社会图景

周平王东迁后，周王室的实力大为削弱，西周时期建立的等级礼制也渐渐失灵。按照西周礼制，天子每五年要去各诸侯国"巡狩"一次，考察诸侯政绩；各地诸侯也要定期来朝见天子"述职"，天子重新宣布一次诸侯的爵位。这"一去一来"实际上反映出天子的权威与实力。但是，平王东迁后，王室衰微，天子权威大不如前，桓王和郑伯之间还发生了战争，结果"王卒乱，郑师合以攻之，王卒打败"①。从此诸侯就不再按原来的"比年一小聘，三年一大聘，五年一朝"②的规定向天子述职朝贡。恰好相反，周天子反而对诸侯聘问，如《左传·隐公六年》记载"天王使凡伯来聘"，《左传·桓公五年》记载"天王使仍叔之子来聘"，甚至出现了天子向诸侯"求赙"（《左传·隐公三年》）、"求车"（《左传·桓公七年》）的情况。在这种周王权威不断弱化的过程中，"礼崩乐坏"成为了东周时代的最大特点。礼制的规定被冲垮后，社会上乱礼、僭礼的现象愈演愈烈，奢靡之风吹遍列国。与此同时，有人却逆风高呼"俭，德之共也；侈，恶之大也"，也有人自律节制、勤俭治国，让利于民、与民同乐，以图霸业。

---

① 《左传（上册）》，郭丹、程小青、李彬源译注，北京：中华书局2012年版，第125页。

② 《礼记（上）》，胡平生、张萌译注，北京：中华书局2017年版，第249页。

(一) 礼崩乐坏下的奢靡放纵

春秋战国是百家争鸣的时代。之所以会出现百家争鸣,一个很重要的原因就是建立在周礼基础上的统治秩序被打破,经济权威、政治权威多元化,思想理论、道德观念也呈现分化趋势。道德上的两极分化是明显的,贪婪与淳朴、重利与重义共存并立。逐步丧失了原来西周那套等级礼制的约束,再加之各诸侯国经济的发展和财富的积累,统治阶级中穷奢极欲的行为与日俱增。

1. 欲望宛如脱缰烈马

如果用现代的眼光来审视,周礼是等级制的,固然不可取。但是,在等级制的统治秩序之下,周礼在一定程度上确实起到了节制欲望的作用,即将统治序列中的每个等级的消费水平控制在其所属等级的既定范围之内,每个等级都不能僭越礼制去追求更高层次的消费享乐。春秋战国是最好的时代,皆因思想自由,出现了百家争鸣、人才辈出的盛况;春秋战国也是最坏的时代,由于礼崩乐坏,出现了诸侯混战、世风日下的乱世。奢靡之风在春秋战国的诸侯贵族中可谓是越吹越盛。周礼就像一根缰绳,礼崩乐坏正是这根缰绳的断裂。奢侈享乐的欲望则如同一匹烈马,没有周礼缰绳的束缚,它便泛滥无节制。因此,在春秋战国时期,我们可以在历史文献中找到许多贪婪逐利、奢侈享乐的人物和事件。

鲁国有庄公、昭公僭越礼制。鲁庄公二十三年,"秋,丹桓宫楹"。庄公二十四年,"春,王三月,刻桓宫桷"。[①] 这里所记载的就是鲁庄公

---

① 《春秋穀梁传》,徐正英、邹皓译注,北京:中华书局2016年版,第172—173页。

僭越礼制装饰鲁桓公的寝庙。匠师庆希望鲁庄公停止美化桓公的寝庙，对鲁庄公说："今先君俭而君奢，令德替矣。"① 直言鲁庄公抛弃了鲁国先君的美德，但鲁庄公没有听从。除此，鲁庄公还在"三十有一年，春，筑台于郎。夏，筑台于薛。秋，筑台于秦"（《春秋谷梁传·庄公三十一年》）。在外部没有诸侯侵扰，内部没有国家大事的时候，过度征调民力服劳役修筑高台，只为满足个人享乐。鲁昭公也是僭越礼制奢侈享乐的代表。昭公想杀掉僭越公室已久的季氏，其臣属子家驹则指出，不仅是大夫僭越诸侯，诸侯僭越天子也已经很久了。"昭公曰：'吾何僭矣哉？'子家驹曰：设两观，乘大路，朱干、玉戚以舞《大夏》，八佾以舞《大武》，此皆天子之礼也。"② 除庄公和昭公，《春秋公羊传》和《春秋穀梁传》还记载了鲁国单伯的淫乱行为。鲁文公十四年，"冬，单伯如齐，齐人执单伯"（《春秋公羊传·文公十四年》）。为什么单伯会被齐国人抓捕呢？《春秋公羊传》和《春秋穀梁传》传文的解释是单伯"淫于齐""道淫也"，即在齐国与人私通淫乱。鲁国君臣的这些行为，都表明周礼失去权威后，诸侯贵族的行为开始放纵无节，个体道德出现堕落的倾向。另外，鲁国的下卿叔孙宣子、大夫东门子也都生活奢侈（《国语·周语中》）。

齐国有襄公、景公、庆封等人追求奢靡享乐。齐襄公在位时，生活奢靡腐化，沉湎于畋猎淫乐，荒废国政，导致齐国"不日引、不月长"，即不能日新月异地进步。《诗经·齐风·载驱》就描述齐襄公与同父异母之妹文姜私通淫乱的一幕："载驱薄薄，簟茀朱鞹。鲁道有荡，齐子发夕。四骊济济，垂辔濔濔。鲁道有荡，齐子岂弟。"这描写的就是齐襄公肆无忌惮地公然以盛装车服，大摇大摆地与文姜招摇过市，与自己的妹妹纵淫的丑事人尽皆知，却丝毫不觉得惭愧和羞耻。齐桓公在谈到

---

① 《国语》，陈桐生译注，北京：中华书局2013年版，第160页。
② 《春秋公羊传》，黄铭、曾亦译注，北京：中华书局2016年版，第670页。

这位先祖时是这样描述的:"昔吾先君襄公筑台以为高位,田、狩、罼、弋,不听国政,卑圣侮士,而唯女是崇。九妃、六嫔,陈妾数百,食必粱肉,衣必文绣。戎士冻馁,戎车待游车之裂,戎士待陈妾之余。"(《国语·齐语》)可见,齐襄公不仅是个人生活奢侈无度,而且还将个人享乐置于治理国政之上。从齐桓公的这段话就能看到这样两点:一是齐襄公看不起圣贤,侮辱士人,只崇尚女色;二是不顾战士冻饿,将侍妾吃剩的食物分给战士,将游乐车辆改为战车。因此,即使说齐襄公荒淫无道也不为过。后来的齐景公在执政前期,重用晏婴等人,算是一位贤明的国君,但执政后期也是生活奢侈、贪图享乐、厚赋重刑、劳民伤财。根据《晏子春秋》的记载,齐景公纵欲酗酒,经常出现"公饮酒,日夜相继""景公饮酒,七日七夜不止"①的情况,毫无节制。在生活上,齐景公更是奢靡无度,"景公为履,黄金之綦,饰以银,连以珠,良玉以絇"(《晏子春秋·内篇谏下第二》),一双鞋就用到了黄金、白银、珍珠、美玉为装饰。其实,不仅景公自己和嫔妃宫女饮食奢侈,而且他的马都吃着国库里的粮食,宠物狗吃着牛羊猪肉,比老百姓吃的要好得多。齐景公还喜欢修筑宫室、高台以满足其享乐,如"柏寝之室""长庲之台""路寝之台",更重要的是修筑这些宫室高台需要加重赋税,经常"使国人起大台之役",弄得民不聊生、怨声载道。庆封是齐景公执政早期的相国,崔杼被杀后,庆封专揽齐国朝政,但专政却不理事,耽于酒色淫乐。《左传·襄公二十八年》传文对庆封其人其事是这样描述的:齐庆封好田而耆酒,与庆舍政,则以其内实迁于卢蒲嫳氏,易内而饮酒。② 庆封喜好的是田猎饮酒,身为相国却将政务交给儿子庆舍,自己则带着妻妾财宝到卢蒲嫳家寻欢作乐。庆封的政敌就是趁他沉湎于

---

① 《晏子春秋》,汤化译注,北京:中华书局2015年版,第10—12页。
② 《左传(中册)》,郭丹、程小青、李彬源译注,北京:中华书局2012年版,第1440页。

酒色之机，剥夺了他的权力。

楚国奢侈享乐的典型有灵王、子常等。楚灵王是位荒淫无道的国君，被楚国公子比弑杀，原因就是"灵王为无道，作乾谿之台，三年不成"（《春秋公羊传·昭公第十》）。楚灵王的此种行为和鲁庄公是相似的，三年不让役夫回归田地家园，只为一己之欲而滥用民力。在《晏子春秋》中，晏子就用到了楚灵王罔顾民生建宫筑台的事例来劝谏齐景公节用民力："昔者楚灵王作顷宫，三年未息也；又为华章之台，五年又不息也；乾溪之役，八年，百姓之力不足而息也。灵王死于乾溪，而民不与归。"（《晏子春秋·内篇谏下第二》）三年、五年又八年地役使百姓，劳民伤财，耗损国力，被百姓所抛弃自然就在情理之中。

郑国的卿伯有也是耽于饮酒享乐的典型代表。《左传·襄公三十年》的传文说："郑伯有耆酒，为窟室，而夜饮酒，击钟焉。朝至，未已。"伯有嗜好饮酒，还专门建造了间地下室，通宵达旦在里面饮酒作乐，众大夫来朝见他，他还不停杯。和齐国的庆封一样，伯有也是耽于酒乐而不理政事，结果给了政敌报复的机会。后来，伯有的政敌子晳率领甲士攻打伯有家，并放火烧了伯有的家。伯有逃到雍梁，酒醒了才知道发生了什么事。

陈国有陈佗放纵不节、陈灵公纵欲淫乐。陈国之君被蔡国人杀害，《春秋公羊传·桓公第二》的传文解释说："陈佗者？陈君也。陈君，则曷为谓之陈佗？绝也。曷为绝之？贱也。其贱奈何？外淫也。恶乎淫？淫于蔡，蔡人杀之。"传文不仅没有对陈国之君被杀抱有同情，反而认为他本就该被诛绝，原因是他品行下贱，在外国淫乱。称陈国之君为"陈佗"，意思就是要诛绝他，他和他的子孙都不配拥有陈国。《春秋谷梁传·桓公六年》的传文则说："陈侯憙猎，淫猎于蔡，与蔡人争禽。蔡人不知其是陈君，而杀之。"虽然和《春秋公羊传》的解释有差异，但也可看出陈侯是一个耽于田猎游乐，不懂谦逊礼让的人，与《春秋公羊传》所说的"外淫也"有一个共同点，即放纵不节。对于陈灵公的纵欲淫乐，《国语·周语中》里说他不顾宗法血缘伦常，"弃其伉俪妃嫔，而帅其卿佐以淫于夏氏"①。为什么说陈灵公是不顾宗法血缘伦常淫乱呢？因为夏氏的父亲御叔是陈灵公的从祖父，陈灵公的淫乱行为是违背伦常、亵渎同姓。

上述纵欲奢靡的人物和事件仅是史料中的一部分。通过这些人物和事件，我们可以推断：春秋战国时期许多王公贵族纵欲享乐，他们在饮食、服饰、住房、交通工具、丧葬等方面的奢靡程度，即使到现在也到了令人瞠目结舌地步。从《楚辞》的《招魂》《大招》两篇中，屈原记录下了为楚怀王招魂的奢靡宴席盛况。其中，供怀王灵魂享用的菜肴就包括十一道：一是"肥牛之腱"，即肥牛的肌腱；二是"陈吴羹"，即吴地风味的肉羹；三是"胹鳖炮羔"，即笼蒸鱼鳖烧烤羊羔；四是"鹄酸臇凫，煎鸿鸧些"，即风干天鹅和野鸭，烹煮大雁和鸧鹒；五是"露鸡臛蠵"，即凉制风鸡煎煮龟羹；六是"内鸧鸽鹄，味豺羹只"，即肥美的鸧、鸽子、天鹅，调和着豺肉做的羹汤；七是"鲜蠵甘鸡，和楚酪只"，即新鲜的大龟和肥鸡，调和了楚地的乳酪；八是"醢豚苦狗，脍苴蓴只"，即乳猪做成的肉酱和胆汁浸渍的狗肉；九是"吴酸蒿蒌"，即吴人腌制的蒿菜和蒌菜；十是"炙鸹烝凫，煔鹑陈只"，即烤鸹鸟、蒸野鸭、煮鹌鹑；十一是"煎鰿臇雀"，即煎鲫鱼、煮雀肉。②除此之外，还有各种甜品和美酒。其他的一些细节，如："肴羞未通，女乐罗些"，佳肴和珍馐还未上齐，歌妓乐舞就已列队伺候；"被文服纤，丽而不奇些"，歌妓们身着纹饰斑斓轻缓的娟素，雍容华贵而纷繁富丽，都说明了这场招魂盛宴的奢侈程度。

---

① 《国语》，陈桐生译注，北京：中华书局2013年版，第79页。
② 《楚辞》，林家骊译注，北京：中华书局2015年版，第219、230页。

2. 跟随考古寻找真相

上述历史文献中的记载，也能得到考古证据的支持。在山西长治市北郊分水岭发现的一座大型战国墓（编号126），其椁室长6.24米、宽4.9米、高2.5米，棺迹长2.65米、宽1.42米、高0.92米，棺壁内涂有朱漆彩绘，并贴有金箔。该墓出土的随葬器物共计700多件，其中铜容器有鼎、鬲、豆等10种，乐器有编钟、编磬2种，兵器有戈、戈鐏、矛、镞、剑5种，车马器有环、衔、铃、当卢等19种，骨器有管、角饰等9种，装饰品及其他有璜、壁、金镶玉、珍珠、水晶珠、琉璃珠等26种，铁器有锛、铲共3件。从这些随葬器物，我们可以看到战国时期统治阶级的奢侈淫逸的生活和对劳动人民残酷压榨的情景。① 不过，相比湖北随县曾侯乙墓，编号126这座战国墓的随葬品要少得多，其墓主身份应该比诸侯低，可能是卿或大夫。

随县擂鼓墩一号墓出土的青铜器物上，几乎都有"曾侯乙"的铭文，因此能断定该墓的墓主是战国时曾国的国君曾侯乙。曾侯乙墓残存墓口东西长21米、南北宽16.5米，椁顶铺木炭10—30厘米，约63000多斤。曾侯乙墓出土的遗物有：一是乐器类，包括编钟、编磬、鼓、瑟、琴、笙、排箫、横笛等124件；二是青铜礼器、容器、杂器类，包括鼎、簋、尊、壶、豆、鬲等140件；三是兵器类，包括戈、矛、戟、弓、箭、盾、甲等4500余件；四是车马器，包括车伞盖、马衔、马镳、马饰等1000多件；五是木、竹用具，如箱、案、几、盒等；六是金玉服饰类，其中主棺内有金缕玉璜、壁、佩、梳、玦等200多件；七是金制小器皿，有盏、勺、杯、器盖等；八是竹简，有200多枚；九是其他，如丝麻制品、金属弹簧形器、陶器等。曾侯乙墓规模之大和随葬品

---

① 边成修：《山西长治分水岭126号墓发掘简报》，载《文物》，1972年第4期，第38—49页。

中有显示身份等级的九鼎八簋之类的铜礼器以及编制庞大的编钟、编磬等，与当时礼崩乐坏情况下列国诸侯僭用天子之礼的葬仪，情况是相符的。①

其他地方发掘的一些春秋战国时期的墓葬，虽然墓主不是国君，如山西太原金胜村晋卿墓出土铜鼎 25 件（其中有 7 件升鼎），长治分水岭的 M14 号墓、陕西后川 M2040 号墓（墓主大概是上大夫）都出土了 7 件升鼎，都充分反映出礼崩乐坏情况下贵族阶级内部各等级僭礼奢侈的景象。

（二）奢靡世风里的节俭操守

与一些人的奢靡放纵相反，节俭有度在许多士人的道德风尚中依然占重要地位。他们始终坚守节俭美德，或在个人生活中节约用度、节制谦逊，或在政治生活中劝谏君主节用爱民、治国以俭。东周的单靖公、齐国的晏婴、晋国的赵盾、郑国的子产、伯张以及宋国的子罕等人，都是在奢靡世风里坚守节俭美德，为民树立俭德典范的杰出代表。

1. 践行俭德的典范

东周的单靖公守礼节俭。晋国大夫羊舌肸到东周王室聘问，单靖公设宴招待了他。单靖公的宴会俭朴而恭敬，接待羊舌肸的礼节、赠送的礼物、饯别的酒宴，都比照自己爵位高的人的规格执行。临别时，羊舌肸向单靖公的家臣说："单子之贶我，礼也，皆有焉。夫宫室不崇，器无彤镂，俭也；身耸除洁，外内齐给，敬也；宴好享赐，不逾其上，

---

① 随县擂鼓墩一号墓考古发掘队：《湖北随县曾侯乙墓发掘简报》，载《文物》，1979 年第 7 期，第 1—31 页。

让也；宾之礼事，放上而动，咨也。"① 从羊舌肸的话语中，我们可以得知，单靖公在接待中遵守和执行了周礼的规定。而且，家里宫室不高大，家具没有朱红雕镂，说明他生活俭朴；持身恭敬修洁，在家在朝都是如此，说明他行动恭敬；宴饮酬宾不超过比自己地位高的人，说明他德行谦让；接待宾客的礼节仿效比自己等级高的规格去执行，说明他处事善于咨询。最后，羊舌肸还评价到：单靖公的俭朴、恭敬、礼让、善问"以应成德"（《国语·周语下》），即可以称得上具有周成王那样的美德，即使他不能振兴周王室，也可以让子孙兴旺发达，被后世所铭记。

鲁国的季文子以俭为荣。鲁国的季文子做了鲁宣公和鲁成公两朝国相，但他家里侍妾不穿丝绸，马不吃粮食，生活俭朴。大夫仲孙它认为，季文子如此这般俭朴会被人认为是吝啬，有损鲁国形象。季文子知道后表示他也愿意让侍妾穿丝绸衣裳，用粮食喂马，但是看到鲁国人"父兄之食粗而衣恶者犹多矣，吾是以不敢。人之父兄食粗衣恶，而我美妾与马，无乃非相人者乎！且吾闻以德荣为国华，不闻以妾与马"（《国语·鲁语上》）。作为国相，季文子确实有条件让侍妾穿丝绸衣裳，用粮食喂马，但他却心系鲁国"食粗而衣恶者"而不敢奢华，俭朴的生活是为了告诫自己身为国相应该关怀和帮助国中"食粗而衣恶者"。而且，季文子并不认为国相节俭会有损鲁国形象，相反节俭美德的道德光辉会给鲁国带来荣华。《国语·周语中》也有记载，季文子、孟献子皆俭。

齐国的晏婴是身体力行节俭的道德榜样。晏婴是齐国的上大夫，历任齐灵公、齐庄公、齐景公三朝，辅政长达50多年。难能可贵的是，这样一个位极人臣的上大夫没有恃宠而骄、纵欲享乐，而是生活俭朴，

---

① 《国语》，陈桐生译注，北京：中华书局2013年版，第123页。

为人谦恭。《晏子春秋》对晏婴在个人衣食住行方面的节俭有细节性的描述。作为齐国的相国，晏子在饮食方面非常俭朴，"食脱粟之食、炙三弋、五卵、苔菜耳矣"①，即吃的是小米饭、三只烤鸟、五个蛋和海苔，齐景公看到后感叹："先生的家境这么贫穷啊！真实寡人的罪过。"在穿衣和出行方面，"晏子衣缁布之衣、麋鹿之裘，栈轸之车，而驾驽马"（《晏子春秋·内篇杂下第六》），而且是穿着这种黑布朝服、麋鹿皮衣，乘着劣马牵引的破旧车子上朝。在居住条件方面，晏子住着先辈留下的一处靠近集市，狭小潮湿、喧闹尘杂的住宅，被齐景公认为此宅"不可以居"。晏婴的父亲晏弱去世，"晏婴粗缞斩，苴绖、带、杖，菅屦，食鬻，居倚庐，寝苫，枕草"②。晏婴穿粗麻丧服，头系麻带，腰系麻绳，手拄竹杖，脚穿草鞋，喝粥，住草棚子，睡草席子，用草当枕头，非常节俭的举行父亲的丧礼。晏婴的家臣觉得丧礼太过简朴，不像是大夫的丧礼。晏婴却自谦说："唯卿为大夫。"意思是自己还够不上大夫的身份，因而也不能用上大夫的规格来为父亲举行丧礼。晏婴的节俭获得了司马迁的高度评价："事齐灵公、庄公、景公，以节俭力行重于齐。既相齐，食不重肉，妾不衣帛。"③ 可见，晏婴能在齐国辅政三朝，一方面是他具有节约俭朴的美德，另一方面则是他尽力为齐国办事。

晋国的卿大夫赵盾生活节俭。《春秋公羊传》中有关于赵盾的这样一个事迹：晋灵公在高台以弹弓弹射诸大夫取乐，又杀害并肢解了未烧熟熊掌的膳宰。赵盾因气愤罢朝而去，晋灵公便派一个勇士刺杀赵盾。勇士来到赵盾家里，"俯而窥其户，方食鱼飧勇士，勇士曰：'嘻。子诚

---

① 《晏子春秋》，汤化译注，北京：中华书局2015年版，第440页。
② 《左传（中册）》，郭丹、程小青、李彬源译注，北京：中华书局2012年版，第1234页。
③ [汉] 司马迁：《史记》，南京：江苏古籍出版社2002年版，第507页。

仁人也。吾入子之大门，则无人焉；入子之闺，则无人焉；上子之堂，则无人焉；是子之易也。子为晋国重卿，而食鱼飧，是子之俭也'"①。这位勇士因看见这位晋国重卿在家生活俭朴，认为赵盾是一个仁义有德之人，不忍杀害，但又无法向晋灵公交差，便刎颈自杀了。

2. 艰苦清贫的底层

与上述有历史记录的社会贤达相比，更多的默默无闻的底层民众虽未能在青史中留下节俭美名，却是实实在在的生活俭朴。墨子的弟子在没去宋国做官之前，穿的是"短褐之衣"，吃的是"藜藿之羹"②；孔子的得意门生颜回"一箪食，一瓢饮，在陋巷"③，可以说都生活艰苦。在社会最底层的奴隶就更加不用说了，其生活条件更是极为艰苦清贫。《诗经·魏风·葛屦》中魏国女奴的生活便是这样的："纠纠葛屦，可以履霜？掺掺女手，可以缝裳？"④ 该诗描写的是一位女奴穿着葛麻绳编制的凉鞋，还要在结霜的地上行走；双手已经瑟瑟发抖，还要为主人缝制衣裳。

一些考古发现也表明，春秋战国时期社会底层的劳动者确实生活极为简陋。在山西侯马牛村古城遗址中发现房屋17座，分为两类：竖穴式，通常面积在6—7平方米；窑洞式，一般高0.9米、宽0.92—2.2米左右。可见，到春秋战国时期，民众仍然有穴居、半穴居的情况。这些房屋都有一个共同的特点，那就是结构简陋，没有发现灶和柱洞，四壁和地面都没有经过涂抹或作其他处理。⑤ 根据这些房屋周围发掘出来的

---

① 《春秋公羊传》，黄铭、曾亦译注，北京：中华书局2016年版，第420页。
② 《墨子》，方勇译注，北京：中华书局2011年版，第460页。
③ 《论语·大学·中庸》，陈晓芬、徐儒宗译注，北京：中华书局2015年版，第66页。
④ 《诗经（上）》，刘毓庆、李蹊译注，北京：中华书局2011年版，第262页。
⑤ 侯马市考古发掘委员会：《侯马牛村古城南东周遗址发掘简报》，载《考古》，1962年第2期，第55—62页。

铸造铜器的陶范、完整的铜锭等遗物判断，房屋应该属于铜器手工作坊的一部分，可能是作坊手工工人的住宅。可见，这些手工工人的居住条件极为简陋，可谓是家徒四壁，生活清贫近乎悲惨。

（三）治国理政中的节俭之道

节俭不仅是一种个人美德，也能成为一种治理之德，即节俭治国。在春秋战国时期，一些诸侯国因君臣的奢侈而加速衰弱甚至灭亡，但也有一些诸侯国因君臣力行节俭而强大。在晋悼公推行新政、越王勾践励精图治、李悝改革变化的治国理政实践中，我们会看到：节俭或者被作为一项内在德性，统治者自觉节制自身欲望，提升自我德性；或者被作为一项治理方略，通过克己自律、节用惠民来实现国富民强。

1. 晋侯治国节俭惠民

这里的晋侯是晋悼公，其爵位为侯，于公元前573年至公元前558年在位。晋厉公被弑后，晋国高层动荡，政策混乱，民众困苦。悼公即位之后，惩乱任贤，整顿内政，中兴晋国，使晋国再次成为诸侯领袖。除了肃清厉公一朝的奸佞之臣，悼公出台了一系列的新政，包括：命百官，施舍、己责，逮鳏寡，振废滞，匡乏困，救灾患，禁淫慝，薄赋敛，宥罪戾，节器用，时用民，欲无犯时①。概括起来大致有这样几条：一是任命百官，各司其职；二是施惠于民，救贫帮困；三是起用贤良，招揽人才；四是禁止邪恶，节约器用；五是使民以时，不违农时。在任命百官时，晋悼公还专门任命荀家、荀会、栾黡、韩无忌为公族大夫，

---

① 《左传（中册）》，郭丹、程小青、李彬源译注，北京：中华书局2012年版，第1047页。

让他们教育众卿的子弟恭敬、节俭、孝顺、有爱。在这些措施的共同作用下，晋国"所以复霸也"。

鲁襄公十九年冬，晋悼公伐郑回国后，想谋求与民休养生息的方略。魏绛建议施以恩惠，将积聚的财物都拿出来借给民众。晋悼公听从了魏绛的建议，于是"自公以下，苟有积者，尽出之。国无滞积，亦无困人。公无禁利，亦无贪民。祈以币更，宾以特性，器用不作，车服从给。行之期年，国乃有节。三驾而楚不能与争"（《左传·襄公九年》）。一方面，自晋悼公以下，有积蓄的，全部拿出来帮助困乏的民众，国家不禁止人们牟利，也就没有贪婪的民众；另一面节用财物，包括祈祷时用钱币代替牺牲，招待宾客只用一种牲畜，不再制作新的器物，车马服饰不求多只求够用。实施了这两个方面的治理方略，晋国又走上了正轨，连三次出兵伐晋的楚国也不能与晋国抗衡。

2. 越王勾践克己节俭

越王勾践于公元前496年至公元前464年在位，他卧薪尝胆的故事至今仍被人们所传颂。在复国伐吴的过程中，勾践被后世所称颂不仅因其是春秋时期最后一位霸主，更因其入吴为奴仍坚守复国志向、身临艰难更注重克己拼搏。忍辱负重需要忘掉身份、放下尊严，没有高度自觉的自我克制是不可能完成的。勾践在入吴为奴期间，夫妻二人穿着居住如奴，一起为吴王夫差养马。《吴越春秋》中有这样的记载："越王服犊鼻，着樵头。夫人衣无缘之裳，施左关之襦。夫斫剉养马，妻给水、除粪、洒扫。三年，不愠怒，面无恨色。"[①] 为了获得夫差的信任，在夫差生病的时候，勾践还请求尝一下夫差的粪便以识别病情、判断凶吉。在夫差问起时，勾践回应道"今者臣窃尝大王之粪，其恶

---

① 《吴越春秋》，郭崔冶译注，北京：中华书局2019年版，第185页。

味苦且楚酸","王之疾至乙巳日有瘳，至三月壬申病愈"。(《吴越春秋·勾践入臣外传第七》)后来，夫差果真如勾践所说的那样病愈，因此改变了对待勾践的态度，最终赦免勾践回国，并在蛇门之外为其送别饯行。

勾践回到越国之后，并没有因重登国君之位而放纵自己，而是更加注重内修德行。为了复兴越国，勾践命范蠡仿效紫微宫的布局，筑成小城作为都城，并于丙午日登上明堂，治理国事，布施恩惠，颁发政令，安抚百姓。治理越国的过程中，勾践在朝廷内"翼翼小心，出不敢奢，入不敢侈"以内修德行，在朝廷外施行教化、爱护民众。勾践还采纳了文种"无夺民所好，则利之；民不失其时，则成之；省刑去罚，则生之；薄其赋敛，则与之；无多台游，则乐之；静而无苛，则喜之"的"爱民"谏言(《吴越春秋·勾践归国外传第八》)，放宽刑罚，减轻处罚，节制享乐，减少税收，使人民殷实，国家富足。到勾践十五年，越国的父老兄弟都向勾践请命："昔夫差辱吾君王于诸侯，长为天下所耻，今越国富饶，君王节俭，请可报耻"。(《吴越春秋·勾践伐吴外传第十》)最后，勾践灭掉了吴国，和齐国、晋国等各国诸侯会盟于徐州，成为春秋五霸之一。

3. 李悝变法惩罚淫侈

李悝是战国初期法家的代表人物，魏国安邑人。魏文侯执政期间，李悝曾任魏相，主持魏国变法，成为战国变法第一人，其思想主张对商鞅、韩非等法家人物影响较大。在魏国变法期间，李悝主张惩罚淫侈，禁止技巧。这一变法主张在李悝《法经》中有所体现。《法经》今虽不传，但《晋书·刑法志》指出，李悝编集各国刑法写成了《法经》，其内容大致包括《盗》《贼》《囚》《捕》《杂律》《具律》六篇。在这六篇中，"其轻狡、越城、博戏、假借不廉、淫侈、逾制以为杂律一篇，又以具律具其加减"①。可见，李悝已经将赌博、淫乐、侈靡视为违法行为，并规定了具体的惩治办法。

此外，李悝还主张"禁技巧"。《说苑》中记载了魏文侯和李悝的这样一段对话："魏文侯问李克曰：'刑罚之源安生？'李克曰：'生于奸邪淫泆之行。凡奸邪之心，饥寒而起，淫泆者，久饥之诡也；雕文刻镂，害农事者也；锦绣纂组，伤女工者也。农事害，则饥之本也；女工伤，则寒之源也。……故上不禁技巧，则国贫民侈，国贫穷者为奸邪，而富足者为淫泆。'"②依照李悝的逻辑，刑罚起源于禁止"奸诈邪恶"和"恣纵逸乐"的行为。因为要满足一些人的"恣纵逸乐"，就需要许多原本从事农业、手工业生产的劳动者来从事"雕文刻镂"和"锦绣纂组"的工作，这样就会损害农业生产和手工业生产，导致民众的饥寒。如果国家不能禁止这些奇技淫巧的活动，国家会变得贫穷，民风会变得侈靡，而贫穷的人会做奸诈邪恶的事，富足的人会做恣纵逸乐的事。刑罚的作用就是从源头上禁止奇技淫巧，以避免国民变成奸诈邪恶、恣纵逸乐的人。魏文侯采纳了李悝的变法主张，制定了相关的刑律，使魏国在战国初年成为了一个"强匡天下，威行四方"的大国。

---

① [唐] 房玄龄：《晋书（一）》，北京：中华书局2017年版，第600页。
② 《说苑（下）》，王天海、杨秀岚译注，北京：中华书局2019年版，第1105页。

五　崇俭生活传统源起之历史必然

从现实道德生活的层面看，在先秦时期节俭的生活方式经历了由最开始少数人的自觉选择到多数人的自觉选择的发展过程。通过对原始社会和夏商周三代人们的生活状态的总体考察，我们发现先秦社会崇尚节俭的生活方式有其历史必然性。也正是在这种崇尚节俭的生活方式及其必然性规律的支配下，节俭思想才能发育繁荣。用历史唯物主义的话语来说，社会存在决定社会意识，先秦社会物质生活上的节俭倾向以及形成这种倾向的必然性规律决定了先秦社会思想领域的崇俭抑奢的总体倾向。

（一）落后物质生产方式下的理性考量

作为一种特殊的社会意识形态的道德，受社会经济结构即社会的生产关系的决定和制约，而生产关系又受生产力的决定和制约。生产力和生产关系共同构成了生产方式。马克思和恩格斯就指出，人们按照自己的物质生产率（生产方式）建立相应的社会关系，正是这些人又按照自己的社会关系创造了相应的原理、观念和范畴。[①]"节俭"就是人们按照

---

① 《马克思恩格斯文集（第一卷）》，北京：人民出版社2009年版，第603页。

自己的生产方式创造的一种生活方式、道德观念、伦理范畴。

1. 生产力落后与资源有限的理性选择

人类求得生存、追求美好生活，不断获得自身的解放与发展，都依赖于一定的物质生产方式。因此，人类的第一个历史活动便是生产满足自身需要的物质生活资料，人能成为什么样的人，也取决于生产这些物质生活资料的条件和方式。马克思说："各种经济时代的区别，不在于生产什么，而在于怎样生产，用什么劳动资料生产。"[1] 因此，按照马克思主义历史唯物主义的观点，生产力是人类社会生活与全部历史的基础。要了解中华民族在先秦时期为什么要创造节俭的生活方式和道德观念、伦理范畴，我们也必须从生产力的角度来考察和分析。从根本上说，是落后的社会生产力决定了中华民族在先秦时期开创节俭的生活方式和道德传统。

表 5 – 1　原始社会的生产力状况

生产力	时期	
	旧石器	新石器
劳动资料	①石器：石斧、石锤 ②骨器：骨针 ③木器：弓箭、木矛等	①石器：锄、铲、杵、镞、犁、镰刀、手磨盘、耜等 ②骨器：笛、针、镞、锥、锄、刀、枪、鱼镖等 ③陶器：灶、瓶、罐、釜、鬲、瓮、鼎、甑、盆、钵、碗、彩陶壶、薄胎高柄杯等 ④木竹器：碗、桶、盆、筷、筒、勺，耒、耜等 ⑤货币：贝、玉片、玉瑗、实物 ⑥纺织器：骨梭、陶纺轮
劳动对象	天然的劳动对象	土地、农作物、家禽家畜、工艺品
劳动者	血缘家庭成员	氏族公社成员

---

[1]《马克思恩格斯文集（第五卷）》，北京：人民出版社 2009 年版，第 210 页。

(续表)

生产力	时期	
	旧石器	新石器
科学技术	人工取火、打磨和钻孔技术	制陶、纺织、烹饪（烧烤、蒸、煮）
物质生活资料获取方式	渔猎、采集	农耕、饲养、渔猎、手工生产、采集品加工（研磨、捣）
可获得的物质生活资料	①食：野果、野兽、水 ②衣：兽皮、树叶 ③饰：贝类、石珠、兽牙	①食：水稻、粟、黍，猪、牛、羊、鸡等家畜家禽，梅花鹿等野兽，鸟类、鱼类、白菜、芥菜、茶、乳、酒等 ②衣：树叶、兽皮、野麻布、羽毛、绵羊毛等 ③房：半地穴式、干栏式、宫 ④饰：骨项链、石坠、玉佩、玉镯等
道德状况	无道德	原始道德

资料来源：根据《中国通史》（范文澜）和《原始社会风俗》（宋兆麟）整理。

旧石器时代的人类才从动物界脱离出来，学会了简单地使用石器、骨器工具，生活来源依靠渔猎和采集。从表5-1看，旧石器时代人们的食物非常简单，就是野果、野兽和水，衣服是用兽皮或树叶（简单缝制后）包裹身体，有少量贝类、石珠、兽牙做装饰。旧石器时代与恩格斯描述的蒙昧时代基本相符，"由于食物来源经常没有保证，在这个阶段上大概发生了食人之风，这种风气，此后保持颇久"①。为了脱离动物状态，在残酷的自然环境中生存，这一时期的人"以群的联合力量和集体行动来弥补个体自卫能力的不足"，群居群婚状态中"杂乱的性关系"意味着"道德观念"尚未出现。进入新石器时代——恩格斯说的野蛮时代，家庭这一社会单元出现，普那路亚家庭排除了父母和子女之间相互的性关系，对偶制家庭排除血缘亲属结婚，这都意味着原始的道德观念已经形成。农耕、饲养的发展带来了相对稳定的食物来源——水稻、

---

① 《马克思恩格斯文集（第四卷）》，北京：人民出版社2009年版，第33页。

粟、黍等粮食和猪、牛、羊、鸡等家畜家禽，并能提供超出氏族成员自身消费的若干剩余产品。只有当食物能基本满足生存需要，特别是出现剩余产品可供有计划地分配使用时，节约的观念才得以出现。

节约观念一开始可能是少数人基于有限的生活资源所进行的理性选择，即如何让氏族成员能尽可能地在恶劣的自然生存环境中存活下来，尚未形成一种道德上的自觉意识，更不可能成为一种普遍的道德观念。这些少数人可能是氏族酋长、部落首领、军事领袖，在很大程度上是由他们组成的部落议事会决定着剩余产品的分配和使用，尽管部落成员也可以参与议事会的讨论和发表意见。这个时候的原始道德没有等级之分，"他们彼此完全没有差别，他们都还依存于——用马克思的话说——自然形成的共同体的纽带"[1]。到新石器时代的中晚期，剩余产品的丰富和财富的增加，"一方面使丈夫在家庭中占据比妻子更重要的地位；另一方面，又产生了利用这个增强了的地位来废除传统的继承制度使之有利于子女的原动力"[2]。于是，原始社会进入父系社会时代，私有制诞生了，实行一夫一妻制的专偶制家庭也诞生了，节约的观念可能也随着财富进入家庭而渐渐变成家庭成员的一种自觉。因此，我们在典籍中能够看到对炎黄尧舜的节俭美德的记载。但总的来说，私有制还尚未普及，节俭的观念仍停留在少数人的层面。值得注意的是，在已经具有私有财产的家庭中，奢侈的观念也已悄然出现。

随着农业、畜牧业、家庭手工业的发展，它们能提供的超过维持劳动力生存所必需的产品也渐渐多起来，这使得氏族、家庭公社、个体家庭每个成员的每日的劳动量也增加起来，吸收新的劳动力便成为人们向往的事情。通过战争或交换的方式获取奴隶，成为了获取新的劳动力的主要方式。由于生产工具、劳动产品都归男子所有，奴隶自然也归男子所

---

[1]《马克思恩格斯文集（第四卷）》，北京：人民出版社2009年版，第112—113页。
[2]《马克思恩格斯文集（第四卷）》，北京：人民出版社2009年版，第67页。

有，男子在家庭中的独裁地位被确认，以男子为核心的个体家庭成为能对抗氏族的力量，成为社会的经济单位。除了自由民和奴隶的差别以外，又出现了富人和穷人的差别——随着新的社会分工，社会又出现了新的阶级划分。① 劳动力向农业、畜牧业、家庭手工业分流是第一次分工，一部分人成为平民或奴隶从事劳动，另一部分人不参与生产，这是"新的社会分工"，即第二次分工使社会分裂为两个阶级：剥削者和被剥削者。道德也由原始道德进入等级道德时代，成为阶级社会上层建筑的一部分。

表 5-2　夏商两周的生产力状况

生产力和道德	时期	
	夏商	两周
劳动资料	①石器和骨器（殷商时已较少使用） ②陶器：炊器罐、鬲、鼎、甑、甗等，酒器斝、爵、盉、觚、杯、瓿、罍等，食器豆、钵、簋、盘等，盛储器瓮、盆、大口尊、深腹罐、壶、缸，食品加工器擂钵 ④木竹器：漆制木制品增多 ③货币：贝、石贝、铜贝、锡贝、实物 ③纺织器 ⑥青铜器：爵、斝、觯、觚、尊、鼎、盉、觥、彝、铙，兵器、农具等	①石器和骨器（已较少使用） ②陶器和木竹器 ③货币：贝、铜贝、铜钱、玉、实物 ④纺织器 ⑤青铜器：炊器鼎、鬲、甗、鏊等，食器豆、簋、簠、敦、盂、铺、盆、鉴、匕等 酒器尊、壶、爵、角、觚、觯、斝、杯、罍等，礼器镬鼎、升鼎、羞鼎，农具 ⑥铁器：农具耜、犁等（春秋开始广泛使用），兵器刀、剑等
劳动对象	土地、农作物、家禽家畜、工艺品	土地、农作物、家禽家畜、工艺品
劳动者	平民（众人）、奴隶	平民、农奴、奴隶，春秋战国出现自耕农（私有）、农民（租种），工商
科学技术	制陶、纺织、建筑、青铜冶炼、储藏、烹饪、酿酒、甲骨文、历法	制陶、纺织、建筑、冶铁、煮盐、雕刻、储藏、烹饪、酿酒、金文、历法、医学

---

① 《马克思恩格斯文集（第四卷）》，北京：人民出版社 2009 年版，第 183 页。

(续表)

生产力和道德	时期	
	夏商	两周
物质生活资料获取方式	渔猎、牧畜、农业、工艺、商贾	渔猎、樵采、农业、畜牧、手工、商业
可获得的物质生活资料	①食：稻、粟、黍、麦、高粱、大豆，猪、狗、牛、羊、兔、马、鹿等家畜，鸡、鸭、鹅等家禽，虎、狼、梅花鹿等野兽，鸟类、鱼、鳖、螺、蚌、捞贝等水产类，鲸鱼等海产，木叶、树菜、水芹、菁、土英等蔬菜，茶、乳、酒、醴、酏、果酒、药酒等，桃、李、梅、杏、枣、栗、桔、桂等果类 ②衣：葛、麻、丝织品、棉织品、毛织品 ③房：宫，半地穴式、干栏式、地面式、窑洞式 ④交通：舟、骑马、马车（商） ⑤饰：头饰、服饰使用玉器、骨器、石器	①食：稻、粟、黍、麦、高粱、大豆，菽、赤豆、薏苡，猪、狗、牛、羊、兔、马、鹿等家畜，鸡、鸭、鹅等家禽，象、虎、豹、狼、鹿等野兽，鸟类，鱼、鳖、螺、蚌、捞贝等水产类，葵、韭、藿、葱、芸、笋、芹等蔬菜，水、茶、乳、酒、醴、酏浆、醴凉、医、酏等饮品，桃、李、梅、杏、棘、梨、桔、柚、枣、栗、桂等果类 ②衣：葛、麻、皮裘、丝织品、棉织品、羊毛织品等 ③房：宫，半地穴式、干栏式、地面式 ④交通：舟、骑马、马车 ⑤饰：头饰、佩饰原料使用金、银、铜、铁、玉、玻璃、骨、石，春秋时有佩剑，女性化妆逐渐流行
道德状况	等级道德	等级道德

资料来源：根据《中国通史》（范文澜）、《夏商风俗》（宋镇豪）和《两周风俗》（陈绍棣）整理。

节俭在剥削者一方成为了一种被意识到的美德，具备这一美德，剥削者往往成为贤明的统治者；不具备这一美德时，剥削者往往就走向了对立面奢侈，成为奢靡昏聩的统治者。而且，节俭的道德要求对剥削者和处于被统治地位的平民和奴隶是不一样的，剥削者按照其所处的等级爵位进行消费，平民和奴隶则是按照实际的财富状况进行消费。从表5-2可见，夏商时期陶器和青铜器大量使用，特别是青铜生产工具的使用提高了社会生产力，衣食住行等方面的生活资料也丰富起来。在夏商考古遗址的贵族墓中发现猪、狗、羊等随葬品，在一些中上层平民墓也发现有牛羊腿或鱼类随葬品，都证明了这一点。不过，总体而言，肉类食物成为侈享的消费品，大量见诸权贵的日常饮食生活及王家宴飨赏赐等场合。①平民虽然拥有一定数量的私有财产，但多数平民拥有的私有财产也仅能勉强维持家庭成员的生存，节俭的观念因此在平民中逐渐普遍化，节俭生活成为多数平民的生活传统，成为一种习俗。奴隶不拥有可供自由支配的财产，生存状况堪忧，不太可能形成节俭的自觉意识。

殷商时期构成平民阶级的是"众"或"众人"——王族和子姓族的族众，以及从事手工生产的"百工""多工"。西周时期的平民包括国都城内及郊内拥有一定数量的土地的"国人"、自食其力的劳动者"庶人"以及工商业者。②春秋战国时期，随着土地的私有化，宗族公社瓦解，一些没落贵族、"国人"和"庶人"逐渐转化为自耕农、农民，他们同工商业者共同构成了平民。但从春秋后期开始，工商业者的社会地位进一步提高，他们的上层完全进入统治阶级，甚至"国君无不分庭与之抗礼"③。春秋时期铁器的推广使用，物质生活资料相比西周及以前的时代要丰富得多，但物质生活水平依然是相对低下的。《礼记·王制》记载："羹食，自诸侯以下至于庶人，无等。"也就是说，"羹食"是每日常食之物，各个等级没有差别。但据《国语·楚语下》楚国大夫观射父所讲，"天子举以大牢，祀以会；诸侯举以特牛，祀以大牢；卿举以少牢，祀以特牛；大夫举以特牲，祀以少牢；士食鱼炙，祀以特牲；庶人食菜，祀以鱼"。即天子祭祖用牛、羊、猪一太牢，祭祀用三太牢；诸侯祭祖用一头牛，祭祀用一太牢；卿祭祖用羊、猪一少牢，祭祀用一头

---

① 宋镇豪：《中国风俗通史：夏商卷》，上海：上海文艺出版社2001年版，第145页。
② 晁福林：《夏商西周的社会变迁》，北京：北京师范大学出版社1996年版，第373—375页。
③ 顾德荣、朱顺龙：《春秋史》，上海：上海人民出版社2003年版，第343页。

牛；大夫祭祖用一头猪，祭祀用一少牢；士平时吃鱼肉和烤肉，祭祀用一头猪；庶民平时吃菜，祭祀用鱼。可见，庶民日常生活连鱼肉都吃不到，仍然相当简朴。战国初期，诸侯国间的冲突较少，农民获得某种程度的休养生息，但小农百亩的收入也不敷一家的支出；战国中后期，各诸侯国之间的战争越来越多，小农在国内须负担沉重的赋税、徭役、兵役，"民之所食，大抵豆饭藿羹"（《战国策·韩策一》），也已经是很幸运的了。① 可以说，夏商两周时期生产力发展带来的成果大部分被剥削阶级占有，平民的生活水平较前一历史阶段虽好，但相比剥削阶级总是简朴得多，节俭生活便是在艰苦的生存条件中的理性选择。出于对理想社会的憧憬以及对缓和阶级矛盾的需要，一些统治者以及统治阶级内部的思想家，如周文王、周公、晏子、孔子、老子、管子等，也正是在这样一种历史背景下构造并提出了自己的俭德思想。

2. 王有制下资源分配不均的现实困境

漫长的原始社会一直到母系社会阶段，氏族公社实行原始公有制，氏族成员共同从事生产，平均分配劳动产品。由于生产力水平低下，很多时候这些产品都不足以维持生计，没有剩余产品可供有计划地分配使用，节俭的自觉意识难以形成。原始社会晚期，生产力水平提高，剩余产品增多，私有制的出现使得有产家庭能够对剩余产品进行自主分配使用，节俭才成为少数人的明确意识。随着私有制的渐渐成熟，核心家庭在氏族公社内部发育出来，并成为重要的经济单元，节俭意识也逐渐开始从少数人向多数人扩展。

马克思指出，随着新的生产力的获得，人们便改变自己的生产方式，而随着生产方式的改变，他们便改变所有不过是这一特定生产方式

---

① 陈绍棣：《两周风俗》，上海：上海文艺出版社2017年版，第50页。

的必然关系的经济关系。① 这个"经济关系"的核心便是所有制,马克思所说的"改变"在中国的原始社会末期就是指原始公有制被私有制所取代。剥削阶级的奢靡和平民的节俭在其所处的时代都表现为一种社会风尚和风气,而"一切风尚和风气的变化,归根到底是由于社会经济关系的转变,以及建立在该基础之上的人们社会关系的变化"②。因此,奢靡现象随着生产资料私有制的出现而成为一种社会风气,特别是流行于在经济上占统治地位的剥削价级之中。

夏王朝是中国历史进入以私有制(王有制)为基础的阶级社会后的第一个王朝,这段时期是国家萌芽向国家的完备形态发展过渡的时期。按《尚书·禹贡》的记载,禹将天下分为九州:冀州、兖州、青州、徐州、扬州、荆州、豫州、梁州、雍州,并将九州之内的土地分封给诸侯,同时赐予诸侯姓氏。夏王名义上是九州的共主,是土地的所有者,但其实际控制的领地"甸服"并没有这么大:"五百里甸服。百里赋纳总,二百里纳铚,三百里纳秸服,四百里粟,五百里米"(《尚书·禹贡》)。夏王实际控制的领地是王城外围方圆五百里的区域,该区域里夏王分封的诸侯向夏王朝贡纳,从王城由近至远分别贡纳全部庄稼、穗头、带秸的谷物、粟、米。甸服向外五百里称"侯服",诸侯按百里、二百里、三百里三个档次分别为夏王服所有劳役、规定的劳役、戍守;侯服向外五百里称"绥服",诸侯按三百里、两百里两个档次分别推行文教、熟练武事,以便保卫夏王;绥服以外五百里称"要服",要服的三百里以内的诸侯要遵守与其他地方大体相同的政令,三百里以外的诸侯可以依此减轻赋税;要服以外五百里称"荒服",夏王的影响力已经很小,荒服三百里以外的诸侯百姓可以流动迁徙。夏王和各地诸侯成为了一个不直接从事生产劳动的剥削者阶级,成为国家的统治者;平民和

---

① 《马克思恩格斯文集(第十卷)》,北京:人民出版社2009年版,第44页。
② 陈瑛:《论"风尚"》,载《求是》,2008年第11期,第52—55页。

奴隶则是从事生产劳动的被剥削者阶级，成为国家的被统治者。从甸服五百里的贡纳情况来看，该区域内生产的劳动产品大部分都贡纳给夏王了，资源分配极其不均。

殷商时期商王的权力要大一些，但殷商政权的集权性仍不成熟、不稳定，且规模有限，政权在结构上存在中央贵族和本土贵族上下两个阶级。殷商政权所掌握的领土，被分封给诸侯作为其食禄之来源，殷商的"多侯"既负责其封土的军事事务，镇压、安抚各领地内的抗争活动，亦负责其封土的年收，也就是受赋之事，同时，又以自己的军队与其他诸侯辖下兵力，共同组成国家军队。① 可见，地方诸侯拥有较大的自主权——在经济、治权、军事方面都相对独立，只要向商王贡纳和服役即可，对商王朝并没有太大的依附。不过从安阳殷墟出土的实物来看，各种资源（谷物、野兽、受工业品）向商王国流入的量都相当大，以谷物为例，商王能分享王国内四成的谷物收成。可以肯定，商王国的资产流动极不平衡，一致地流向商代社会的上流阶层和聚落网中的大型城邑（尤其是它们中最大的城邑国都）。② 据此推论，商王国社会底层的"众人"和奴隶虽然是劳动的主要力量，但仅占有少部分资源。

周王朝是建立在分封制度的基础上。不过，周代的分封制度和夏商的分封制度还是存在较大的差异，夏商时期分封制度还只是方国联盟的一种补充，夏商时期社会结构的基本格局是在强大的夏商王朝周围凝聚着若干方国部落。周代分封制度则已经成为社会结构的主体，它是在发挥强盛的周王朝的凝聚力的同时，分封子弟亲戚，让他们去周人势力所能达到的最广大区域建立新的国家。通过这种分封制，西周时周王的权力比殷商时商王的权力要大许多。周礼中有一种非常重要的礼仪——策

---

① 郭静云：《夏商周：从神话到史实》，上海：上海古籍出版社2013年版，第183页。
② [美]张光直：《商文明》，张良仁、岳红彬、丁晓雷译，北京：三联书店2019年版，第260页。

命礼，经由这个典礼，周王对其臣属，赏赐种种恩命，一次又一次地肯定了主从关系。① 这种主从关系在土地制度上也有所体现。

周王室将土地分为三个部分：一是王畿地区由王室派官员征集各宗族的庶民直接经营的王田，也称籍田；二是在王畿之外分封给诸侯以建立封国的土地；三是周王赏赐给王朝卿士和一些具有特殊身份的贵族的领地。《诗经·小雅·甫田》有诗曰："倬彼甫田，岁取十千，我取其陈，食我农人。"这里的"甫田"便是周王的籍田，"庶民终于千亩"（《国语·周语上》），即庶民耕种千亩籍田，尽管每年收获千万石粮食，堆积的庄稼"如茨如梁"，储存粮食的谷仓"如坻如京"，但与耕种的庶民无关，他们仅能分到一些陈年储存的旧粮。分封给诸侯的土地采用井田制。井田制规定，王国内所有土地都归周王所有，周王将土地分封给诸侯，诸侯可再将土地分赐给子弟、臣属，但他们都没有土地的所有权。井田制实际上是一种以王有制为主体的多层次的宗族贵族占有制。在井田制下，土地被分为"公田"和"私田"。孟子对井田制有这样的描述：方里而井，井九百亩，其中为公田，八家皆私百亩，同养公田，公事毕，然后敢治私事，所以别野人也（《孟子·滕文公上》）。井田制就是将方约九百亩的土地以"井"字形划分为九块，中间一块为公田，周围八块为私田。童书业先生认为，"公田"似是公室的田，"私田"大约是贵族们和自由农民的田，西周和春秋时土地大部分在国君和贵族手里。② 《国语·晋语四》中说："公食贡，大夫食邑，士食田，庶人食力"，士以上的贵族都有土地，这些土地都是按籍田的方式耕种，大部分庶民没有土地，只能替贵族们耕种，食他们自己的力气。有私田的少部分庶人则按照"彻"法缴纳赋税，包括缴纳劳役地租和实物地租两部分，实物地租根据孔子的说法是"出稷禾、秉刍、缶米"（《国语·鲁语

---

① 许倬云：《西周史（增补二版）》，北京：三联书店2018年版，第184页。
② 童书业：《春秋史》，上海：上海古籍出版社2003年版，第61页。

下》），即要出六百四十斛小米、一百六十斗饲料和十六斗大米，约占总收入的十分之一。总的来说，周王和公室贵族获得了国内农业生产的大部分收成，耕种的庶人收获甚少。

  从春秋到战国，西周的宗族封建制和井田制开始逐渐瓦解。随着铁器和牛耕的使用，农业技术全面发展，社会生产力有了较大的提高，小家庭或个体生产成为可能。《论语·微子》中孔子和子路遇到两位隐士"长沮、桀溺耦而耕"以及独自耕种的荷蓧丈人一家，反映出春秋时期一家一户的个体农民已经存在。这使得井田制开始瓦解，一个直接的表现便是"公田"的衰落和"私田"①的增加。公田"岁取十千"的繁荣景象不再，出现了"无田甫田，维莠骄骄"（《诗经·齐风·甫田》）——公田鲜有人耕种，田中莠草丛生——的破败景象。随着私田不断扩大，甚至在数量上远远超过了公田，而且在相当长的时期内不向国家交税，这使拥有大量私田的私家逐渐富庶起来。各诸侯国纷纷通过"书土田""初税亩""作丘赋"等赋税制改革，承认了这种私有土地的合法性，战国初期自耕农生产已经成为各国政权的基础。但随着连年征战，再加上统治者的残暴，自耕农既要按田亩纳税，又要按人口纳税，还要服兵役和徭役，负担十分沉重。有些自耕农为了逃避繁重的赋税，宁愿附托到豪强地主之下，甘愿做佃农。《韩非子·备内》就说："徭役多则民苦，民苦则权势起，权势起则复除重，复除重则贵人富。"反映出有权势的贵人产生后，被免除的徭役赋税就多了，他们就会凭借免除徭役赋税的特权驱使更多农民归附其门下，成为他们剥削和奴役的对象。还有些自耕农抛弃田地转入工商业，或者因兼并、高利贷等原因失去耕地后流入城市做雇工或伙计，其境遇也不容乐观。

---

  ① 此处的"私田"和西周的"私田"有所不同，西周"私田"的所有权归周王，周王可以收回，春秋时"私田"的所有权已归土地的实际拥有者，可以自由买卖。

(二) 社会生活道德化催生的自觉追求

节俭之为道德德性,首先就要求节俭之行为是出于主体的自觉意识,是主体自觉自愿、自主自决进行选择的结果。任何道德行为选择都必须依据一定的道德价值标准。也就是说,在节俭成为先秦社会所提倡的道德行为和道德德性之前,先秦社会中已经存在某种道德规范体系——可能还不是完善的道德规范体系,或者可能还只是有一些禁忌、图腾组成的行为规范。在这些规范的约束和引导之下,先秦社会生活逐渐道德化,多数社会成员选择节俭生活的自觉便生成于这一道德化进程中。

1. 先秦社会生活的道德化演进

劳动是道德起源的首要前提。道德生活是人类特有的一种生活状态,因而劳动首先是创造了作为道德主体的人。用恩格斯的话来说:"劳动是整个人类生活的第一个基本条件,而且达到这样的程度,以致我们在某种意义上不得不说:劳动创造了人本身。"① 随着完全形成的人的出现,"社会"也诞生了,人在"社会"中形成的社会关系也逐步成形并完善。道德正是为调节这些社会关系,使人从杂乱无序状态中进入和谐有序状态的必然产物。在原始社会的早期,剩余产品较少,财产关系或经济关系在社会生活中的作用较小,道德主要由亲属关系决定,它的基本规范表现为图腾和禁忌。如在对偶制家庭中,男女"同居期间,多半都要求妇女严守贞操,要是有了通奸的情事,便残酷地加以处罚"②。"通奸"被禁止,因为它危害亲属关系,这一禁忌的作用是抑

---

① 《马克思恩格斯文集(第九卷)》,北京:人民出版社2009年版,第550页。
② 《马克思恩格斯文集(第四卷)》,北京:人民出版社2009年版,第58页。

制、战胜杂乱的性关系，保护亲属关系的生存和发展。在私有制出现后，道德变成了调节个人与个人、个人与氏族、个人与社会之间利益关系的主要社会规范。至此，社会生活道德化既有了调节利益关系的现实需要，也有了逐渐完善的道德规范体系提供的基本遵循。

原始社会的炎黄尧舜便是因为具备优秀道德品质被推举为帝，同时也继续实施德政，使"百姓昭明，协和万邦"。以尧帝为例，他的治理方略主要是两条：一条是"克明俊德，以亲九族"，即举用同族中德才兼备的人，使族人都亲密团结起来；另一条是"九族既睦，平章百姓"，即在族人团结起来后，又考察百官中有善行者，加以表彰和鼓励。可见，德政就是依靠道德进行治理，使社会生活道德化，建立起一种道德秩序。夏商周时期，君臣、父子、兄弟、夫妇、朋友之间的伦常次序以及天子、诸侯、大夫、士、庶人的等级次序逐渐清晰，夏礼、殷礼、周礼在很大程度上就是对伦常次序和等级次序的确认和维护，它们是体系化、规章化的道德。节俭以及其他诸多道德行为，便是人们依据具有道德价值标准意义的"礼"所进行的道德行为选择。可以说，倡导节俭生活和培育节俭美德只是先秦社会生活道德化的环节之一。

2. 由少数人到多数人的自觉意识

道德行为是道德德性的基础，没有道德行为的积累，是不可能形成道德德性的。节俭美德的形成自然也是如此，没有节俭行为的积累，节俭美德不可能形成。而且，要真正成为美德，节俭行为必须出于自觉。就道德本身的产生来看，道德在根本上便始于自觉。道德作为人类的独创，既是人的主动选择，也是人理性觉察后选择的结果。[①] 最初人们选择节俭的生活方式，就是根据资源有限的物质生活条件做出的理性选

---

① 宋晔、牛宇帆：《道德自觉·文化认同·共同理想——当代道德教育的逻辑进路》，载《教育研究》，2018年第8期，第36—42页。

择——一种基于自觉意识的行为选择。我们说节约或有计划地使用物质生活资料是氏族酋长、部落首领以及私有制出现后是有产家庭的男性家长基于自觉意识的行为，是因为：一方面他们对节约或有计划地使用物质生活资料的行为本身有自觉意识，另一面对这种行为的价值有所意识，即认识到了这种行为对氏族、部落成员和家庭成员的持续生存的价值。当节约或有计划地使用物质生活资料的自觉自主行为在这部分人的行为整体中表现为稳定的行为特征和倾向时，节俭便成为了他们的美德。简言之，节俭先是由少数人的明确意识变成少数人的个人德性。

随着社会生产力的发展，剩余产品增多，私有制取代原始公有制，核心家庭在氏族公社中发育出来并发挥着重要作用，节俭行为从少数人的自觉自主行为变为多数家庭及其成员的自觉自主行为。当节俭的自觉自主行为成为多数家庭及其成员的行为整体中表现出的行为特征和倾向，节俭才成为一种社会生活的传统，成为众多个体家庭所提倡的美德。节俭成为一种家庭美德，我们可以从它是否成为家庭教育的重要内容来进行判断。《诗经·周南·葛覃》就讲述了一个关于女子婚前教育的故事："葛之覃兮，施于中谷，维叶莫莫。是刈是濩，为絺为绤，服之无斁。言告师氏，言告言归。薄污我私，薄浣我衣。害浣害否，归宁父母。"这个故事大意是："女子将蔓延山谷的葛藤割回来，用锅煮烂获得其中的纤维，然后将其织成粗细不同的布料，再做成衣服。同时，女子还要向老师请教为妇的技艺，如何用灰水清洗内衣的油腻，如何用清水洗涤弄脏的外衣，如何区分哪些该洗哪些不该洗。掌握了这些技艺出嫁，父母便能安心。"不难发现，这个故事中女子在婚前教育中所学习的不仅是治葛织布制衣的技艺，更重要的是学习勤俭的美德，既要懂得及时清洗保持清洁，又要掌握洗涤的分寸，爱惜葛衣，以免因过多洗涤导致葛衣提前烂掉。《毛诗正义》对《葛覃》一篇主题便做出了这样的解释："《葛覃》，后妃之本也。后妃在父母家，则志在于女功之时，躬俭节用，服瀚濯之衣，尊敬师傅，则可以妇安父母，化天下以妇道也。"① 可以说，"躬俭节用"是当时社会对女性提出的一项具有普遍意义的道德要求，意味着女性在出嫁前能做到"身自俭约、谨节财用"，出嫁后更要对这一道德要求修而不改。

综上，经过长期的生活实践和理性考量，不论是作为生活观念的"节俭"，还是作为道德德性的"节俭"，都发生了质的飞跃。概言之，在社会意识层面，节俭由少数人的明确意识变为多数人的自觉意识；在道德德性层面，节俭由少数人的个人德性变为个体家庭的家庭美德，甚至突破家庭成为调节统治者与被统治者、人与自然关系的社会德性。

（三）上层贵族奢靡风激发的社会矛盾

中华民族节俭美德传统在先秦时期形成，可以说是全民族理性反思的结果。《尚书》记载的最早的奢侈生活的始作俑者是尧的儿子丹朱。此后，夏商周三代的一些君主、贵族成为了先秦社会奢靡之风的直接推动者。底层民众对这种奢靡之风的抱怨与反对，促使贤明的政治家和睿智的思想家理性审视奢靡之行，并提出将节俭的理念运用到治理实践。可以说，节俭美德传统是在先秦社会底层民众的节俭生活现实与统治阶级内部贤明的政治家和睿智的思想家自上而下的提倡和践行节俭的综合作用下形成的。

1. 上层贵族愈演愈烈的奢靡之风

在原始社会的晚期，随着私有制的出现，奢侈现象就已经出现。当

---

① ［汉］毛亨、［汉］郑玄、［唐］孔颖达：《毛诗正义（上）》，龚抗云等整理，北京：北京大学出版社1999年版，第30页。

社会发展到出现剩余财产之后，这些财产就具有了巨大的魅力，刺激人们的贪欲，也开始追求能够谋取上述财产的手段，如公职、权势，并出现了奢侈的生活。① 丹朱的奢靡腐化是先秦文献中最早关于奢靡生活的记载。夏启是将公职据为己有的第一人，他结束了原始社会的禅让制，建立了"家天下"。从夏启开始，夏有启、太康、桀，商有冯辛、庚丁、武乙、帝辛，西周有穆王、懿王、厉王等君主沉溺于奢靡，给其执政的政权带来了灾难。春秋战国时期，由于礼制的崩塌，各诸侯国贵族在奢靡程度上更是令人瞠目结舌。总的来说，这些奢靡行为大致可以分为这样几类：第一类是个人生活的奢靡，如丹朱，《尚书·皋陶谟》说他是"朋淫于家"；第二类是君主纵欲奢靡，荒废政事，消耗财政，增加底层民众的负担，上述君主的奢靡行为便属于这一类，如夏桀"率竭众力"、商纣"暴殄天物，害虐烝民"等；第三类公卿贵族僭越礼制、奢侈消费，如季孙子"八佾舞于庭"、鲁庄公"丹桓宫楹"等。

从夏商周三代统治者的奢靡行为中我们还可以大致看出一个这样的规律：开创基业的君主多节俭自律，后期继任的君主则开始奢靡享乐。帝禹夏后氏，殷商的成汤、盘庚、武丁，西周的文王、武王、成王、康王，都是具有节俭美德的帝王，或开创了基业，或打造了盛世。先秦时期贤明的政治家和睿智思想家提倡节俭，是在俭与奢、盛与衰的对比反思中得出的理性结论。正如习近平强调，功成名就时做到居安思危、保持创业初期那种励精图治的精神状态不容易，执掌政权后做到节俭内敛、敬终如始不容易，承平时期严以治吏、防腐戒奢不容易，重大变革关头顺乎潮流、顺应民心不容易。② 俭德传统就像长鸣的警钟，时刻提醒历代统治者做到节俭内敛，防腐戒奢。

---

① 宋兆麟：《原始社会风俗》，上海：上海文艺出版社2017年版，第69页。
② 习近平：《推进党的建设新的伟大工程要一以贯之》，载《求是》，2019年第19期，第3—7页。

2. 奢靡背后的贫富分化与阶级矛盾

从消费的角度来看，奢侈消费是一种对非必需品的消费，它超出了正常消费水平和收入的承受范围。奢侈需要用一定的物质财富为基础。因此，先秦社会上层贵族愈演愈烈的奢靡之风实际上反映出一个社会问题，即大量的社会财富集中在上层贵族手中，或者说先秦社会存在严重的贫富分化。作为剥削阶级，上层贵族并不从事劳动生产，其财富无非是来自对底层民众的剥削。

《诗经·豳风·七月》就清楚了记述了西周时期三个社会阶级的不同生活境况：

第一个阶级是诗歌中的"公子"，他们是国中的贵族子弟，无须劳作，却能锦衣玉食。这首诗歌中对"公子"的描述不多，直接提到"公子"仅有"载玄载黄，我朱孔阳，为公子裳""一之日于貉，取彼狐狸，为公子裘"两句，但反映出他们衣裳、皮袄都是用的上好的衣料，而且是有专人为他们制作。"公子"们代表的是整个社会上层的贵族，他们不需要从事生产劳动，却能"朋酒斯飨，曰杀羔羊"，时常会餐且有美酒美食。

第二个阶级是诗歌的作者，即诗歌中的"我"，代表的是从事生产劳动的农民，生活条件相当清贫。在服饰方面，虽然他们"八月载绩""九月授衣"，从事纺织和制衣的劳动，但自己却"无衣无褐"，没有外衣短褂来熬过寒冬。在食物方面，虽然他们"三之日于耜，四之日举趾""八月其获""二之日其同，载缵武功"，即从事耕种、收割、打猎等劳动，但"言私其豵，献豜于公"，大部分劳动成果要先给国公。在居住方面，他们"七月在野，八月在宇，九月在户，十月蟋蟀入我床下。穹窒熏鼠，塞向墐户"。其意思就是他们七月露宿田野，八月睡于屋檐之下，九月天凉睡屋内，但屋内却是蟋蟀吵闹、老鼠为患、门窗透风，条件非常艰苦。

第三个阶级是"农夫"，是"我"手下从事农业生产的奴隶。相比于"我"这一阶级，农夫的命运似乎更加悲惨，他们是进行无偿劳动，不能分享任何劳动成果。农夫们的饮食情况是这样的："六月食郁及薁，七月亨葵及菽，八月剥枣，十月获稻，为此春酒，以介眉寿。七月食瓜，八月断壶，九月叔苴，采茶薪樗，食我农夫。"大致来说，六月份的食物主要是郁李、野葡萄，七月份是秋葵、豆子、瓜，八月份是枣、青葫芦，九月份是麻籽、苦菜、臭椿，几乎没有像样的粮食和菜品。除此之外，农夫们"九月筑场圃，十月纳禾稼。黍稷重穋，禾麻菽麦。嗟我农夫，我稼既同，上入执宫功。昼尔于茅，宵尔索绹。亟其乘屋，其始播百谷"。这里提到四项主要劳动：一是筑平菜圃做谷场，晾晒黍、稷、谷、麻、豆、麦等农产品；二是将谷物等收入粮仓；三是为国公修盖房屋；四是春耕。可以说，农夫们是从年头忙到年尾，从白天干到夜晚，几乎不能安休。

西周社会相对稳定，处于被剥削地位的阶级尚且生活如此艰难。春秋战国时期诸侯混战，横征暴敛，底层民众的生活境况可想而知。墨子说的"厚作敛于百姓，暴夺民衣食之财"，孟子说的"布缕之征，粟米之征，力役之征"，反映的就是统治者为满足奢靡私欲或对外征战对底层民众的残酷剥削。其实，夏商周社会的贫富两极分化在社会生活的方方面面都有体现，可以说上层贵族在衣食住行等生活各方面与底层民众都有着天壤之别。从夏商陶制品两极分化的情况来看，作为一般平民使用者，陶器种类趋于简单化，制作粗糙，常见的无非是鬲、甑、盘、罐、瓿、觚、爵、盆等近 10 种；贵族阶级享用的陶器则趋于礼仪化，不仅造型众多，纹样别致，器类齐全，而且用料纯正，烧制工艺精良，主要器种有鼎、爵、豆、簋、尊、罍、斝、盂、瓮、壶等。① 这种消费

---

① 宋镇豪：《夏商社会生活史（上）》，北京：中国社会科学出版社 1994 年版，第 418 页。

和财富上的两极分化,其实质是两个阶级的对立,即统治阶级与被统治阶级的对立。

阶级社会被恩格斯称为"文明时代",它与原始社会有着本质差别。从物质生产方式的角度看,先秦社会由石器时代进入到青铜器时代、铁器时代,农业、畜牧业和手工业的分工得到巩固和加强,也产生了只从事产品交换的阶级——商人;从阶级关系的角度看,"文明时代"也是一个阶级压迫另一阶级的时代。占据统治地位的剥削阶级通过国家政权的形式对被剥削阶级进行残酷的压迫和剥削,以满足自身对财富的渴求和放纵的欲望。生产的每一进步,同时也就是被压迫阶级即大多数人的生活状况的一个退步。① 在统治阶级奢靡享乐的背后,是被无度盘剥的被统治阶级,是生活拮据清苦的底层劳动者。

殷商特别是殷商末期的阶级矛盾是激烈的,以至于夏桀时夏民发出了"你(桀)这个太阳呀,什么时候才能消失呢?我愿意和你一块死去!"的怒吼,殷纣时"百姓懔懔,若崩厥角"(《尚书·泰誓中》),老百姓恐惧不宁,如山崩般磕头祈求武王早日灭纣。西周建立后,贫富分化和阶级对立也是存在的,社会各个等级之间的界限也难以逾越,但宗法制度让等级关系温和了许多,统治阶级对被统治阶级的剥削被放置在温情脉脉的宗法关系的云烟氤氲之中。因此,周代阶级矛盾和阶级斗争,特别是剥削阶级和被剥削阶级之间的斗争,并不尖锐,也没有趋于激化。② 在阶级关系这个层面,先秦时期贤明的政治家和睿智的思想家反对奢侈和提倡节俭,在客观上是出于缓和阶级矛盾和阶级斗争的需要。

---

① 《马克思恩格斯文集(第四卷)》,北京:人民出版社2009年版,第197页。
② 晁福林:《夏商西周的社会变迁》,北京:北京师范大学出版社1996年版,第281页。

（四）崇俭抑奢道德场效应的基本形成

节俭美德观念的生长主要依靠两个方面：一是内心自觉；二是外在影响。就外在影响而言，从道德调控的手段来看，主要有风俗习惯、社会舆论和权威榜样等。除上层贵族以外，先秦社会的平民受物质生活条件的制约，生活简朴清贫，如颜回那样"一箪食，一瓢饮，在陋巷"的平民占多数，奴隶的生活则更加困苦。因此，就大多数平民而言，节俭就是生活的现实。那些贤明的政治家和睿智的思想家在反思奢侈的危害后，提倡节俭美德，其实很大程度上是直接针对上层贵族特别是君主，通过君主和贵族的节俭再达到上行而下效之教化目的。就对君主和贵族的影响而言，社会舆论和权威榜样的道德场效应是显著的。

1. 先秦社会崇俭抑奢的舆论场效应

社会舆论是道德调控的主要手段，其特点是广泛性和外在强制性。外在的社会舆论在人们的道德意识方面能够起到一个场效应，这个场效应可以使人的道德观念逐步发生变化。[1] 先秦社会崇俭抑奢的社会舆论来自以下六个方面：

一是君主自身对奢靡行为的谴责和对节俭行为的赞扬。如舜对尧的儿子丹朱奢靡腐化的惩罚，成汤在战争动员令中对夏桀纵欲享乐的声讨，武王与诸侯会师孟津时对殷纣奢靡淫泆的谴责。

二是贵族官员对统治者可能出现或已经出现奢靡行为的警示和劝谏。如夏帝太康贪图安逸且"盘游无度"，他的五个弟弟作《五子之歌》

---

[1] 李伟波：《中华美德现代转化与传承——北京东方道德研究所成立二十周年座谈纪要》，载《光明日报》，2015年1月16日，第16版。

加以批评；又如周公作《康诰》《酒诰》训诫即将赴殷地就封的康叔以殷纣为鉴，召公作《召诰》、周公作《无逸》告诫成王不要放纵自己，要学习文王的勤俭美德。

三是史官对君主和贵族奢俭行为的记录与评论。《春秋》三传、《国语》中就有许多对君主以及公卿奢侈行为的批评和节俭行为的褒奖，如《春秋穀梁传》说鲁庄公"丹桓宫楹""刻桓宫桷"是"非礼""非正"。

四是先秦诸子百家对崇俭抑奢道德价值标准的讨论。如孔子对季孙子"八佾舞于庭"表示"是可忍也，孰不可忍也？"的愤慨。

五是民众对统治者奢靡纵欲、横征暴敛的反对与抱怨。如夏民对夏桀的怒吼。

六是民众对勤俭美德的歌颂。如《诗经·周南·葛覃》描写的女子学习"妇德""妇功"的情景，反映出节俭已经成为女子婚前教育的一项重要内容。这表明节俭是当时社会所提倡的一项家庭美德。

可见，先秦社会崇俭抑奢的社会舆论已经形成一种场效应，对节俭美德成为一种被普遍认可的道德德性起了重要作用。确实，对于个人来说，并不是做出某一个道德行为，他（她）就已经具备与该行为相关的道德德性。道德最开始都是外在于自身的社会道德规范，只有当社会道德规范真正内化为个体稳定的品质和心理时，我们才能说他（她）已经具备某种德性。例如，我们不能因为甲某日用餐简朴就说甲是一个节俭之人，而应从甲用餐行为的整体来进行判断，看甲消费行为的整体特征是否与社会所提倡的节俭要求具有一致性。如果不具有一致性，那么甲便不是具有节俭美德之人。那些未被内化为稳定的道德品质的，为了社会、群体需要而创造的道德要依靠监督、社会舆论等外部他律来实现。①

---

① 李建华、冯昊青：《道德起源及其相关性问题——一种基于人类自演化机制的新视角》，载《中南大学学报（社会科学版）》，2007年第3期，第245—250页。

所以，当节俭的社会道德规范尚未内化为所有个体的道德德性时，社会舆论起到的场效应将有助于个体的节俭美德的形成。特别是对奢靡纵欲行为予以批判和否定的社会舆论，有助于个体的道德耻感的形成。道德耻感是对背离道德原则的行为的否定，是以否定性的方式把握善，它内含着知恶而止的意味，恶行的停止是向善行转换的起点。① 奢靡纵欲行为的停止，就是行为主体向节俭德行转化的起点。

2. 先秦社会道德权威的榜样场效应

每个社会都有自己的权威榜样。道德权威和一般权威——政治权威依靠权势，经济权威依靠财富形成威慑力量——不同，它依靠自身的高尚德性而获得社会成员的认同。道德权威的影响力不是靠权力的强制，也不是靠财富的诱惑，而是让人们心悦诚服地自觉效法。道德权威在所属的共同体内部，能产生一种榜样场效应，即通过在践行道德德性方面树立榜样，影响共同体的其他成员，使他（她）们在潜移默化中自觉不自觉地向榜样看齐，并努力成为具有与道德权威相同德性之人。

先秦时期中华民族涌现出了很多的道德权威，而且有些道德权威从原始社会到春秋战国一直被视为榜样，如炎黄尧舜。炎黄尧舜在其所处的时代因其具备的优良德性而被推选为"帝"，到夏商周时期又被称为"先王""圣人""圣王""明王"等，被称颂的也是他们所具有的美德以及他们实施的德政。在炎黄尧舜拥有的众多美德中，俭德是其一。墨子强调，在位宫室、城郭、衣服、饮食、舟船、蓄私五个方面，"圣人之所俭节也"；韩非子认为，祸害莫过于比引起人的欲望的东西更大的了，所以"圣人不引五色，不淫于声乐；明君贱玩好而去淫丽"。这都是将"圣人"视为道德权威，并希望"当今之主"能以"圣人"的节

---

① 吴根友、熊健：《传统社会的道德耻感论》，载《伦理学研究》，2017年第6期，第31—38页。

俭为榜样，沐浴"圣人"的俭德光辉，成为生活节制、俭以为民的明主贤君。可见，道德权威一旦确立，它的榜样场效应甚至可能跨越时空，对后世之人俭德的形成产生影响。

值得注意的是，历史上各阶级为了加强其对社会成员的道德调控，都非常注意树立自己阶级的权威，并赋予这些权威完善的道德属性。①例如，周公在教育和告诫成王时，便将文王作为道德权威，把文王描绘成一个集谦逊谨慎、仁慈和蔼、励精图治、施惠于民、勤俭节约等美德于一身的"完人"，并殷切希望成王以文王为榜样，也成为具有优良道德德性的君王。周公将文王作为权威榜样，对成王和周人来说更贴近现实生活，而且文王是周王朝的奠基者，成王和周人在情感上也更易于接受并形成认同，其所产生的榜样场效应必然强度更大、范围更宽、影响更深。

---

① 唐凯麟：《伦理学》，北京：高等教育出版社2001年版，第202页。

节俭美德思想传统溯源

俭，德之共也；侈，恶之大也。

——《左传·庄公二十四年》

六 中华俭德思想的开端

在中华民族的道德生活中,节俭美德可以追溯至炎黄尧舜的远古时期,不过当时的节俭美德更多地表现为少数人的明确意识,并未形成多数人的自觉道德意识。虽然《尚书·多士》说"惟殷先人,有册有典",殷商时期已有一些可靠的资料记载道德生活,但殷人"在'神道'的统治下,压抑了对'人道'的自觉,因而虽或有对道德的某些零碎、粗浅的认识,但却不能创造出有理论、成体系的伦理思想,而作为中国古代伦理思想诞生的主要标志,当推西周伦理思想的建立"①。从远古到殷商,节俭已然成为一种美德,一些贤哲也意识到节俭在修身养性、优化风俗、治国理政等方面的积极价值,却尚未形成有理论、成体系的俭德思想。中华民族的俭德思想滥觞于西周,春秋战国时期逐步发展,特别是在诸子百家的争鸣中形成了崇俭抑奢的主流思想传统。

(一) 西周俭德思想的滥觞

西周伦理思想的创立,标志着中国古代伦理思想的诞生。中国古代

---

① 朱贻庭:《中国传统伦理思想史(增订本)》,上海:华东师范大学出版社 2003 年版,第 2 页。

的俭德思想也是在西周时期随着"周礼"的成形而得到理论化。因此，中国古代的俭德思想滥觞于西周。对于西周时期的俭德思想，我们主要从《周易》《尚书·周书》的相关记载来考察。

1. 《周易》中的俭德思想

作为群经之首的《周易》，是我古代现存的最早一部哲学专著。不过，对于《周易》的作者和成书年代，《易》学史上一直存在争议。司马迁在《史记·周本纪》中提到，西伯盖即位五十年，其囚羑里，盖益《易》之八卦为六十四卦。① 后来班固在《汉书·艺文志》中也表达了类似的观点，并说："至于殷、周之际，纣在尚未，逆天暴物，文王以诸侯顺命而行道，天人之占可得而效，于是重易六爻，作上下篇。"② 同时，司马迁和班固都认为，《周易》的《彖》《系》《象》《说卦》《文言》的十篇——也称十翼，用以解释《周易》"经"文大义——是孔子所作。因此，依据司马迁和班固的说法，《周易》六十四卦的六爻都是西伯即周文王所作，当然就代表周文王的观点。

《周易》思想涉及的思想领域众多，对于节俭亦有深刻的认识。《周易》的俭德思想精粹主要集中在节卦中，其内容大致由这样两部分组成：一部分是节卦的卦义总论，包括卦辞、彖辞和卦象辞；另一部分是节卦的爻义分论，又包括爻辞和爻象辞。另外，否卦、豫卦、贲卦、颐卦和小过卦等的爻义分论也有部分关于节俭的论述。总的来说，《周易》在节俭问题上的态度是"崇俭"。《周易》共计六十四卦，却单列节卦来论述节俭，可见节俭在这部哲学著作和当时社会中的重要性。节卦就是告诫人们生活要节俭，行事应节制。但是，周文王为什么要做节卦？为什么如此看重节俭美德呢？

---

① [汉] 司马迁：《史记》，南京：江苏古籍出版社2002年版，第23页。
② [汉] 班固：《汉书》，北京：中华书局2017年版，第1353页。

从卦名上看，节卦卦名中的"节"有停止、节俭、制约的意思。正义曰："'节'，卦名也。《象》曰：'节以制度。'《杂卦》云：'节，止也。'然则节者制度之名。节，止之义。"① 简言之，"节"意味着人们在行事时应该懂得制约不流、知所停止。研究先秦学术的著名学者高亨还解释说："节，俭也。本卦节字皆俭义。古圣人贵俭。"② 依高亨之意，节卦讲的就是节俭，古代的圣人都非常看重节俭美德，故文王作节卦。

从节卦在六十四卦中的顺序来看，节卦是第六十卦。在节卦之前，有丰卦、旅卦、巽卦、兑卦和涣卦；在节卦之后，有中孚卦、小过卦、既济卦。"丰"是丰大，"旅"是行旅，"巽"是顺从，"兑"是欣悦，"涣"是涣散。从丰卦到节卦的逻辑是：穷极丰大的人必将失去安居的处所，在行旅中自然也无处容身，只能顺从于人进入客居之处；进入适宜的居所后心中欣悦；心中欣悦之后能推散其所悦，但事物又不能终久无节制地涣发离散，因而有节卦。"中孚"象征中心诚信，"小过"象征小有过越，"既济"象征事已成。节卦安排在它们之前，意思是节俭之道还需要用诚信来持守，而诚信的人必然要果决地履行职责，因而能够取得事业的成功。

从节卦的构成上看，节卦是上坎下兑。兑者说也，通悦，乃欣悦、高兴之意；坎者陷也，是险陷的意思。上坎下兑也就象征着，心情欣悦、愉快，就容易盲目地放纵自己的欲望，在生活上奢侈无度，而穷奢极欲就会使人进入危险境地，因此需要节制、节俭。节卦上坎下兑这一构成与节卦卦序的安排都释放出了相同的信息，那就是告诫人们在欣悦的时候要节制情感和欲望。

从节卦的卦象来看，上卦坎是水，下卦兑是泽，水入泽，泽满则

---

① ［魏］王弼、［唐］孔颖达：《周易正义》，李申、卢光明整理，北京：北京大学出版社1999年版，第239页。

② 高亨：《周易古经今译》，北京：中华书局1984年版，第336页。

溢,因此当加以节制和制约。节卦《象》曰:"泽上有水,节。"(《周易·节卦》)高亨将之解释为:"泽上有水,乃水泛滥于泽外,必须筑岸以节制之,是以卦名曰节。"① 不管是因"泽满则溢"而加以节制,还是因"水泛滥于泽外"而筑堤岸以节制,都是告诫人们万事都应有所节制。就其象征意义而言,水入泽中意味着节俭而积蓄力量。"泽"好比府库,民财皆入府库导致国富民穷,是十分危险的。为了避免"水泛滥于泽外",一方面应节制对民财的敛聚,另一方面则要适当用之于民。"水"也好比人们的行为,"筑岸以节制"则是制度礼教。因此,节卦的卦象也就意味着,要用礼制来规制人们的行为,即"节以制度"。

节卦倡导节制、节俭不是毫无现实依据的,而是因为"节:亨",即节制可以带来现实的好的结果——亨通。在了解节制带来的结果之前,我们有必要搞清楚节制的在节卦中的含义。《彖》曰:"节,亨",刚柔分而刚得中(《周易·节卦》)。节制意味着刚柔、阴阳上下区分且阳刚获得中道;也象征君上臣下,各守职分,君上获得正中之道。其实,节制的结果可以从两个方面来看:一是"无咎",即在消极层面避免险陷、灾难的发生。节卦的爻辞:初九,不出户庭,无咎(《周易·节卦》)。"不出户庭"是节制慎守不跨出门户,也象征谨言慎行。很显然,爻辞初九的意思就是强调,节制就没有咎害。但是,如果路途畅通、适中的时机已失,也不能拘泥于节制,"九二,不出门庭,凶"说的就是这个道理。二是"亨通",即在积极层面带来好的、善的结果。孔颖达疏:"正义曰:制事有节,其道乃亨。"② 人有节度,依节度行事,则通畅而无阻,所以卦辞说"亨"。

在节卦中,根据"节"的不同程度,还可将其分为四种不同的类

---

① 高亨:《周易大传今译》,济南:齐鲁书社1979年版,第473页。
② [魏]王弼、[唐]孔颖达:《周易正义》,李申、卢光明整理,北京:北京大学出版社1999年版,第239页。

型:"不节""安节""甘节"和"苦节"。不同程度的"节"会带来不同的结果,也需要人们做出不同的行为。

第一种是"不节"。六三,不节若,则嗟若,无咎(《周易·节卦》)。王弼注:"以阴处阳,以柔乘刚,违节之道,以至哀嗟。自己所致,无所怨咎,故曰'无咎'也。"这里的"不节"是指在生活中骄奢而不节俭,会造成财物的耗费、浪费,致人穷困。在社会生活中,"不节"还指人们不遵循礼制,而不遵循礼制则要受到责罚。依王弼的注解,违背节俭之道,就算由骄奢不能节制的行为导致嗟叹伤悔,也都是自己一手造成,不能责怪谁。但值得庆幸的是,陷入穷困或受到责罚的时候能悔改,还是可以避免咎害。因此,"六三"实际上是给骄奢不节的人发出警示。

第二种是"安节"。六四,安节,亨(《周易·节卦》)。"安节"即安于节俭,强调臣民应该安于礼制,这样才能亨通。孔颖达疏:"正义曰:'六四得位,而上顺于五,是得节之道。但能安行此节而不改变,则何往不通。'"① 六四柔正得位而顺承九五之君,安于节俭之道就有臣民安于制度、奉君上之承的意思。因此,臣民"安节"才能收获亨通。

第三种是"甘节"。九五,甘节,吉,往有尚(《周易·节卦》)。"甘节"意味着以节俭为甘,因节俭而乐,还意味着以制度为甘,乐于遵守制度行事,其结果是吉祥。王弼注:"当位居中,为节之主不失其中,不伤财,不害民之谓也。"② 这里强调的是处在九五尊位的君主应适当节俭,做到不伤财、不害民,并从这种节俭行为中感受到甘美、愉悦,才可以获得吉祥,受到人民的爱戴和尊敬。

---

① [魏]王弼、[唐]孔颖达:《周易正义》,李申、卢光明整理,北京:北京大学出版社1999年版,第241页。
② [魏]王弼、[唐]孔颖达:《周易正义》,李申、卢光明整理,北京:北京大学出版社1999年版,第241页。

第四种是"苦节"。上六,苦节;贞凶,悔亡(《周易·节卦》)。孔颖达疏:"正义曰:上六处节之极,过节之中,节不能甘,以至于苦,故曰'苦节'也。为节过苦,物所不堪,不可复正,正之凶也。若以'苦节'施人,则是正道之凶。若以'苦节'修身,则俭约无妄,可得亡悔,故曰'悔亡'也。"①"苦节"意为过分节俭,令人苦涩不堪。也就是说,过分的节俭会产生痛苦,这是有违常理的,会适得其反。可见,《周易》提倡节俭,但是也反对过分的"苦节"。尤其要注意的是,处在九五尊位的君主切忌不可用"苦节"要求处于下位的臣民,而自己则"不节",这样只会导致凶咎。但是,君主自己可以"苦节"修身,谨守俭约之道而不妄动妄为,则悔恨可以消亡。

高亨还指出:"'苦节'所以不可者,盖苦节则奢,贫而'苦节',则为盗贼而蹈刑戮。富而苦节,则荡家财或蠹邦国。"②"苦节"就是以节俭为苦,它将使人的行为导向另一个极端,即奢侈。贫穷之人如果以节俭为苦,又要奢侈地生活,就会走上偷盗违法的不归路;富有之人如果以节俭为苦,便会奢侈无度,以致荡尽家财,危害国家。总之,节卦从卦爻位置的变动,引申出四种不同类型的"节",旨在阐明节俭的正道:节俭是适当的节制,过分节俭和不节俭都是不明智的。适当的节俭是君主与臣民的协同节俭,是对礼数法度的遵循,是值得提倡的。

综上,《周易》的节俭观还有两个明显的特点:一是突出强调君主主导的、自上而下的节俭。节卦《彖》曰:"说以行险,当位以节,中正以通。"依据高亨的解释,所谓"当位以节",是指"节之上卦九五为阳爻,为刚,居阳位;六四为阴爻,为柔,居阴位;上六亦为阴爻,为柔,居阴位。三爻刚柔皆当位,象君臣各居其位,以守节度";而所谓

---

① [魏]王弼、[唐]孔颖达:《周易正义》,李申、卢光明整理,北京:北京大学出版社1999年版,第241—242页。

② 高亨:《周易古经今译》,北京:中华书局1984年版,第338页。

"中正以通"则是指"九五、九二分居上下卦之中位。象君得正中之道。君得正中之道,以行其政教,则通行无阻"①。君主坚守中正之道,力行节俭,并且君臣能各居其位,以节俭之道引导人民,所以能政通人和。贲卦六五说:"贲于丘园,束帛戋戋。吝,终吉。"(《周易·贲卦》)孔颖达疏:"正义曰:'贲于丘园'者,丘园是质素之处。六五'处得尊位,为饰之主'。若能施饰在于质素之处,不华侈费用,则所束之帛,'戋戋'众多也。……此则普论为国之道,不尚华侈,而贵俭约也。"②这就是在强调,处在尊位的君主,在宫室舆服的装饰方面,不要去追求奢靡侈费,而应居处质素、淳朴,秉承贵俭约、不尚华侈的治国之道。二是突出强调以制度来保证节俭的施行。节卦《象》曰:"节以制度,不伤财,不害民。"孔颖达疏:"正义曰:'王者以制度为节,使用之有道,役之有时,则不伤财,不害民也。'"正是强调君主要以典章制度为依据,厉行节俭,其目的就是避免节俭行为的随意性,提高其规范性。《象》曰:"君子以制数度,议德行。"(《周易·节卦》)"数度"所指的就是尊卑、差等。因此,《周易》所提倡的并非无差别的、君民一致的节俭,而是有着礼数差等、地位尊卑、德行优劣之别的节俭。

此外,否卦、豫卦、颐卦和小过卦也包含着提倡节俭的思想。否卦的卦辞说:否之匪人,不利,君子贞;大来小往(《周易·否卦》)。"否"有闭塞之意,它有两种情况:一种是使不肖者闭而不通,谓之"否其所当";另一种是使贤者闭而不通,谓之"否其所不当否"。显然,"否之匪人"属于"否其所不当否",也即小人得势,贤人却被排斥,国政因此混乱,君位因此受威胁。"大来小往"就是所失者大,所得者小在这种情况下,君子应贞固自守,但形势和时机都"不利君子未正"。

---

① 高亨:《周易大传今译》,济南:齐鲁书社1979年版,第472页。
② [魏]王弼、[唐]孔颖达:《周易正义》,李申、卢光明整理,北京:北京大学出版社1999年版,第107页。

因此，《象》曰："天地不交，否。君子以俭德辟难，不可荣以禄。"（《周易·否卦》）这是告诫君子：当天地不相交合，君子应以节俭为德，不追求荣华和禄位，不可自重和骄逸，以避免阴阳厄运之难。

豫卦象征欢乐。豫卦初六的爻辞是"鸣豫，凶"，六三的爻辞是"盱豫悔；迟有悔"，上六的爻辞是"冥豫也，有渝无咎"（《周易·豫卦》）。这是在告诫人们，沉溺于欢乐自鸣得意，存在凶险；媚眼悦上寻求欢乐，必然导致悔恨；如果人处于如暮日已落之时，还在纵欲享乐，即使已经成功的事也有可能败毁。只有惩前毖后，及早改正才能没有危害。可见，欢乐固然值得追求，但不能沉溺其中。颐卦则提出了颐养之道。《象》曰："君子以慎言语，节饮食。"（《周易·颐卦》）告诫人们失言多欲易遭受刑罚，慎言节欲、节制饮食才是修德养生之道。小过卦象征小有过越。什么样的错误才能算"小过"呢？《象》曰："山上有雷，小过；君子以行过乎恭，丧过乎哀，用过乎俭。"（《周易·小过卦》）"小过"就体现为：行为过于恭敬，就有点像谄媚；居丧过于悲痛，就给身体造成伤害；用财过于节俭，就近似于吝啬。"小过"并不触犯刑律，故君子敢为之。相比之下，小人的过错常常表现为慢易、奢侈。所以，"君子"可以效法《小过》之象，在行为举止之恭，丧事之哀、用费之俭这些事情上稍有过越，并以此矫正俗弊。

2.《尚书》中的俭德思想

《尚书·周书》记录的主要是西周时期的事件和言论，其中周公的言论最多。因此，《尚书》中《周书》的俭德思想，也可以说是周公的俭德思想。

周公认为，治理之道在于明德慎刑、节用爱民。周公在平定三监和武庚所发动的叛乱之后，将康叔封在殷地，以统治殷商遗民。在上任之前，周公训诫康叔说："惟乃丕显考文王，克明德慎罚，不敢侮鳏寡，庸庸，祇祇，威威，显民。"①（《尚书·康诰》）周公是要康叔达到殷地后，效法周文王的治国之道，而文王治国的法门是崇尚德教而谨慎地使用刑罚，同时惠恤穷者，不轻慢鳏夫寡妇，选用可用之人，尊敬可敬之人，惩罚违法之人，并让庶民知道这种治国之道。

治国之道也在于顺应天命、节制欲望。由于康叔被封时年纪尚小，周公担心他会重蹈殷纣覆辙，于是告诫他不要沉溺于饮酒作乐，腐化堕落。首先，周公告诫康叔：戒酒是上天的旨意。在《尚书·酒诰》中，周公代表成王向康叔训诫："惟天降命，肇我民，惟元祀。天降威，我民用大乱丧德，亦罔非酒惟行；越小大邦用丧，亦罔非酒惟辜。"正义曰："所以不常为饮者，以惟天之下教命，始令我民知作酒者，惟为大祭祀，故以酒为祭，不主饮。故天下威罚于我民，用使之大为乱，以丧其德，亦无非以酒为行而用之。故于小大之国，用使之丧亡，亦无非以酒为罪，以此众事少正，皆须戒酒也。"② 这包括这样三层意思：第一，不常饮酒是上天的旨意，上天让我们的臣民知道造酒是出于祭祀的需要；第二，上天降下惩罚，是因为我们的民众胆敢犯上作乱，而这都是众民饮酒过度、德行败坏带来的灾祸；第三，大大小小的诸侯之所以有些灭亡了，首先，无非是众民饮酒过度带来的灾祸。其次，戒酒也是文王的训诫："文王诰戒小子有正有事，无彝酒；越庶国：饮惟祀，德将无醉。"（《尚书·酒诰》）正义曰："文王诰教其民之小子与正官之下有职事之人。谓群吏。汝等无得常饮酒也。于所治众国之君臣民众等，言饮酒惟当因祭祀，以德自将，无令至醉。"③ 简言之，一方面，文王告诫其子孙后代以及西周的官员：不许经常饮酒；各诸侯国的国君只能在祭

---

① 《尚书》，王世舜、王翠叶译注，北京：中华书局2012年版，第181页。
② ［汉］孔安国、［唐］孔颖达：《尚书正义》，廖名春、陈明整理，北京：北京大学出版社1999年版，第373页。
③ ［汉］孔安国、［唐］孔颖达：《尚书正义》，廖名春、陈明整理，北京：北京大学出版社1999年版，第375页。

祀的时候饮酒，而且要用道德来节制自己，不能喝醉。另一方面，周公用殷商的成败来论证"无彝酒"和"德将无醉"的合理性。殷商的成汤到帝乙能成就王业，原因是他们能引导小民敬畏上天、遵从道德、自我省察，督促官吏们各司其职、办事恭谨，丝毫不敢擅自贪图享受，更加不要说纵情饮酒了。殷商灭国，原因是殷纣沉湎在极不合乎道德与法度的安乐享受中，"惟荒腆于酒，不惟自息乃逸"（《尚书·酒诰》），即只想着如何饮酒作乐，而不考虑停止自己这种过分的享乐。殷纣如此放纵，臣民对他非常怨恨，于是也放肆地饮酒，让酒肉的腥味直冲云霄被上天闻到，从而"天降丧于殷"。

为了归服殷商移民，使他们认可西周政权的合理性。周公向殷商遗民颁下诰令，称不是周国敢夺取殷商的大命，周国仅仅是顺应了上天的旨意。那么，上天的旨意是什么呢？周公说："有夏不适逸，则惟帝降格，向于时夏。弗克庸帝，大淫泆有辞。惟时天罔念闻，厥惟废元命，降致罚；乃命尔先祖成汤革夏。"（《尚书·多士》）从前夏桀不节制自己的放纵行为，上天一开始并没有抛弃他，而是降下灾祸告诫他，并深知天命的人来劝谏他，希望他能改恶为善，但夏桀不仅没有悔改，反而变本加厉地纵欲享乐。这个时候，上天才"废其大命，欲绝夏祚也。下致天罚，欲诛桀身也"[①]。于是命令殷商的先祖成汤更改夏的大命，以"商"代"夏"，这便是上天的旨意。同样地，殷纣"淫厥泆，罔顾于天显民祇"，大肆奢侈腐化起来，无视上天圣明的教导和民众的疾苦。直到殷纣变得和夏桀一样，上天才不再保佑殷商，"降若兹大丧"。于是命令武王伐纣，以"周"代"商"，这当然也是天命。可见，天命佑护的是能够节制自己欲望和行为的人。

怎样做到节制而不贪图安逸享乐呢？周公曰："呜呼！君子所其无

---

① ［汉］孔安国、［唐］孔颖达：《尚书正义》，廖名春、陈明整理，北京：北京大学出版社1999年版，第423页。

逸。先知稼穑之艰难，乃逸则知小人之依。"（《尚书·无逸》）正义曰："民之性命，在于谷食，田作虽苦，不得不为。寒耕热耘，沾体涂足，是稼穑为农夫艰难之事……君子之事，劳心与形。盘于游畋，形之逸也；无为而治，心之逸也。君子无形逸而有心逸，既知稼穑之艰难，可以谋心逸也。"这就要求君主换位思考，了解底层劳动者种田的艰难、困苦，才能让自己即使处在安逸的环境中也能与底层劳动者感同身受。君主治国劳心、劳身，盘于游玩畋猎能使身体获得安逸，无为而治能使心获得安逸。君主应该追求的安逸是"心逸"，而不要贪于"形逸"，即"无淫于观、于逸、于游、于田，以万民惟正之供"（《尚书·无逸》）。总而言之，不论是君主，还是官员，都应该明白"位不期骄，禄不期侈"，"恭俭惟德"（《尚书·周官》），注重修炼自己谦虚节俭的美德，才能顺天应民，治理好国家。

（二）春秋史书中的俭德思想

在西周末年到春秋前期，中华民族的思想领域尚未出现学术观点连贯、理论主旨清晰的学派。因此，这一时期的俭德思想理论性、系统性稍显薄弱。《国语》和《春秋》分别记录的是约公元前967年至公元前453年、公元前722年至公元前481年之间的重大历史事件，其中有些事件和治国言论亦涉及节俭。由于《春秋》记事过于简略，许多历史的细节和人物的言论无从得知。因此我们主要考察《国语》和集"经""传"于一体的《左传》中的相关事件和人物，以研究西周末年到春秋前期的俭德思想。

1.《国语》中的俭德思想

在《国语》中，众多君臣围绕治国这一主题，就"为什么要节俭"

"节俭是何种美德""如何做到节俭"等问题展开过讨论。这些讨论中的俭德思想虽不似先秦诸子的俭德思想那样完整、系统,但其中也不乏真知灼见。《国语》中的俭德思想概括起来有如下观点:

第一,淫泆侈靡将带来灾祸。周惠王十五年,有神明降临在虢国莘这个地方,周惠王问内史过是什么原因。内史过指出,神明降临通常有两种情况:一种情况是"国之将兴,其君齐明、衷正、精洁、惠和,其德足以昭其馨香,其惠足以同其民人",神明降临旨在观察君主的政治德行而平均布赐福泽;另一种情况是"国之将亡,其君贪冒、辟邪、淫泆、荒怠、粗秽、暴虐",政治气氛腥臊难闻,祭品的芳香升不上去;用刑徇情枉法,百姓离心离德,神明以为祭品不洁,人民有意背叛,弄得人神共愤,神明降临旨在观察昏君的苛政邪恶而给他降下灾祸。① 此次降临莘地,不是因为虢君有美德,而是因为虢君荒淫无道,"动匮百姓以逞其违",即动辄使百姓匮乏、劳民伤财以满足自己的私欲,导致人民离心、神明愤怒。这是虢国要灭亡的前奏。

同样地,陈国灭亡之前,陈灵公也是耽于逸乐。单襄公代表周定王去宋国聘问,借道陈国,看见"陈国道路不可知,田在草间,功成而不收,民罢于逸乐"(《国语·周语中》)的荒芜景象,陈灵公急于去找夏姬,撇下单襄公不予接见。单襄公如是说:"周制有之曰:'不夺民时,不蔑民功。有优无匮,有逸无罢。'"(《国语·周语中》)也就是按照周朝的法制,国君的行为应该不妨害农事季节,不浪费民力,使民众生活富裕而不缺吃少穿,生活安逸而不至于疲劳。但现在陈国的情况刚好相反,农田长满杂草,庄稼成熟无人收割,民众被陈灵公的荒淫逸乐搞得很疲劳,这都是陈国抛弃"周制"的结果。天道赏善而罚淫。因

---

① 《国语》,陈桐生译注,北京:中华书局2013年版,第34页。

此，单襄公断言："陈侯不有大咎，国必亡。"(《国语·周语中》) 果然，在周定王八年，陈侯在夏姬家里被杀死；周定王九年，陈国被楚庄王所灭。

周景王为敛财享乐，铸大钱、铸大钟给国家带来危险。周景王二十一年，为了搜刮百姓财物来充实府库，景王准备铸造面值大的钱币。单穆公谏言反对，认为"废轻而作重，民失其资，能无匮乎？若匮，王用将有所乏，乏则将厚取于民。民不给，将有远志，是离民也"(《国语·周语下》)。言下之意是"铸大钱"是饮鸩止渴的恶性循环，虽能使景王府库一时充裕，但百姓财用匮乏，最终君王的财用也将匮乏。如果君王再继续向百姓重重索取，百姓只能逃离家园，而百姓逃离会给国家带来灾祸。周景王没有听从单穆公的谏言，铸造了大钱。周景王二十三年，景王准备铸造无射钟，为此还铸造了大林钟。单穆公又谏言反对，警示景王"作重币以绝民资，又铸大锺以鲜其继。若积聚既丧，又鲜其继，生何以殖？"(《国语·周语下》) 铸大钟无异于是给财用匮乏的百姓雪上加霜，此前百姓积聚的小钱已经被景王废掉，现在又铸大钟妨害他们生财，他们的财用又怎么能增加呢？而且，景王"匮财用，罢民力，以逞淫心"，这样的音乐听起来不和谐，比照起来也不符合先王法度，更无益于教化，只能离散民心，导致神灵怨怒。但听音乐、观美色的目的恰恰就在于使君主听觉清聪而能听信谏言，视觉明亮而能德行昭彰，最终能用道德教化民众，使民众归心。因此，铸造大钟并不能带来真正的快乐，君王真正的快乐是"政成生殖"——政事成功、民生财用增殖。相反，景王铸造大钟将失去民众，施政也不会成功，最终无所收获，也不能得到快乐，国家也将面临危险！

第二，节制是一种美德。周襄王派太宰文公和内史兴赐晋文公命服。晋文公严格按照周礼规定的等级、程序、仪式迎接、穿上命服，而且接宾、飨食、馈赠、郊送饮酒之礼也都按照公命侯伯的规格进行。内史兴回东周后禀告襄王："礼所以观忠、信、仁、义也，忠所以分也，仁所以行也，信所以守也，义所以节也。忠分则均，仁行则报，信守则固，义节则度。分均无怨，行报无匮，守固不偷，节度不携。若民不怨而财不匮，令不偷而动不携，其何事不济！中能应外，忠也；施三服义，仁也；守节不淫，信也；行礼不疚，义也。"（《国语·周语上》）内史兴的话包含这样四层意思：其一，从遵礼行礼可以看出一个人是否具有忠、信、仁、义的德性。其二，具有忠、信、仁、义的德性就能做出不偏不倚、施恩于人、言行一致、处理政务有节制的德行。其三，这四种德行能带来好的结果，不偏不倚地分配就会平均，上下臣民就不会有怨言；施恩于人得到报偿，采用就不会匮乏；言行一致，做事就能不苟且徇私；处理政务节制有度，人民就不会离心离德。一个人做到了这些，便什么事都能成功。其四，忠就是内心正直与外在表现相呼应，仁就是推让再三、行为合宜，信就是遵守节度而不过度，义就是遵行礼义不为人诟病。不难发现，节制实际上贯穿于忠、信、仁、义四种德性及其相应的德行之中。因此，节制是多种美德的共性，自然也是一种美德。内史兴观察到的晋文公行为节制有度，具有忠信仁义四种德行，并用道德准则来引导诸侯，并据此推测晋文公必定会称霸。在襄王二十一年，晋文公开始称霸。

节俭之所以"美"，是因为它能积聚财物。太子晋向周灵王劝谏说："夫天地成而聚于高，归物于下……是以民生有财用，而死有所葬。然则无夭、昏、札、瘥之忧，而无饥、寒、乏、匮之患，故上下能相固，以待不虞，古之圣王唯此之慎。"（《国语·周语下》）一方面阐明"积聚"是天地生成、万物生长的规律；另一方面强调节用能使民众生有财用、死有所葬，不会有夭折、迷乱、瘟疫、疾病的忧愁，也不会有饥饿、寒冷、困乏、财匮的忧患。这不仅能使上下关系稳固，而且能防备国家发生意外的事故，因而古代的圣王在是否顺应天地的本性上都特别谨慎。从前,"共工弃此道也,虞于湛乐,淫失其身"(《国语·周语下》),坑害了自己,也坑害了天下。节俭之"美"还在于它生育"善心"。鲁国大夫公父文伯退朝回家,看见母亲敬姜在织布,因害怕季康子认为他不能很好地事奉母亲,便连忙劝止。敬姜叹息说:"鲁其亡乎!使僮子备官而未之闻耶?居,吾语女。昔圣王之处民也,择瘠土而处之,劳其民而用之,故长王天下。夫民劳则思,思则善心生;逸则淫,淫则忘善,忘善则恶心生。"(《国语·鲁语下》)敬姜不仅告诫她的儿子公父文伯劳动并不可耻,劳动是一种美德。人民勤劳就会想到节俭,节俭就会产生善心;相反,人民安逸就会放纵,放纵就会忘记善心,忘记善心则会产生恶心。因此,勤俭是善心的源泉,天子、诸侯、卿大夫、士、庶人都应懂得这个道理。

第三,君主应具备节俭美德。刘康公代表周定王去鲁国聘问,在鲁国看到季文子和孟献子两家都很节俭,叔孙宣子和东门子两家都很奢侈,回来后和周定王说季、孟两家大概会在鲁国长期当政,而叔孙、东门两家会败亡。定王询问缘由,刘康公解释说:"为臣必臣,为君必君。宽肃宣惠,君也;敬恪恭俭,臣也。宽所以保本也,肃所以济时也,宣所以教施也,惠所以和民也。敬所以承命也,恪所以守业也,恭所以给事也,俭所以足用也。"(《国语·周语中》)正所谓君有君道,臣有臣道,君道要求君主具有宽厚、严整、周遍、仁爱的美德,臣道要求臣子具有忠敬、谨慎、谦恭、节俭的美德。君主宽厚待民,施恩周遍,用仁爱亲近于民,意味着君主能节制自身,控制傲慢和贪欲。臣子忠敬而不违君命,谨慎持家而不懈怠,谦恭办事而远离死罪,节俭用度而没有忧愁,同样也意味着臣子能节制自身,远离恃宠而骄、倨傲奢侈。如今季文子和孟献子两位大夫节俭,能够使财用充足,家族因而得到庇护;叔孙宣子和东门子两位大夫奢侈,不能体恤族人的贫困,贫困的族人得不到体恤周济,忧患必然会降临到这两家头上,而如果忧患到了他们也一定会自谋私利而不顾君上。叔孙宣子和东门子的地位比不上季文子和孟献子，而奢侈却远远超过了他们。因此，刘康公推测，叔孙宣子和东门子如果再持续毒害鲁国，那么他们的家族"必亡"。

楚庄王派大夫士亹做太子箴的老师，希望士亹用自己的美德教导太子箴。士亹出任太子箴的老师后，就如何教育太子咨询楚国大夫申叔。申叔认为，应教太子读春秋典籍，使他懂得褒善贬恶的道理；教他读先王世系谱牒，使他懂得有德之君显名、无德之君被废的道理；教他读《诗经》，以圣贤的德业来拓展其指向；教他学习礼仪，使他懂得上下尊卑的法则；教他学习音乐，来疏散秽气镇压轻浮；教他学习先王法令，使他了解百官的职事；教他治国的名言警语，广大他的美德，使他懂得先王用美德教化人民的道理；教他学习记载前世兴衰成败的史书，使他懂得兴衰成败的规律并懂得敬畏；教他学习先王的训典，使他懂得世族兴旺要宽厚顺从的道理。如果通过这些教育措施，太子的举动有过错而不悔改，那么师傅还要用文辞借事物打比方进行讽喻使他改正，征求贤良来辅佐他。如果有所悔改，但品行不稳定，师傅则要以身作则来熏陶他，经常用法规教导让他接受，努力谨慎地使他的"敦厚笃实"的品格稳固下来。如果天子已经是敦厚笃实，但还不能通达事理，师傅还需要"明施舍以导之忠，明久长以导之信，明度量以导之义，明等级以导之礼，明恭俭以导之孝，明敬戒以导之事，明慈爱以导之仁，明昭利以导之文，明除害以导之武，明精意以导之罚，明正德以导之赏，明齐肃以耀之临"（《国语·楚语上》）。也就是还要重点培养太子忠恕、诚信、孝顺、恭俭、敬戒、仁爱等美德，使他明白文德武功的意义以及如何用礼法刑罚来治理国家。从上述申叔提到的教育太子内容和方式来看，大部分内容和方式都与道德相关，其中还提到了培养太子的节俭美德，足见教育太子的主要目的是要培养一个具有美德的储君。

2.《左传》中的俭德思想

《春秋》记载了春秋时期鲁国以及与鲁国相关的242年的重大历史事件。虽然是一部历史书,但《春秋》包含着当时占统治地位的阶级的正统道德观念——春秋社会的主导道德观念。《左传》是对《春秋》的解释,叙事要更为详细,在道德观念上与春秋一脉相承,都强调和宣扬宗法等级伦理名分观念。因此,我们选用《左传》作为研究春秋时期一些历史人物的俭德思想的主要资料。从一些历史人物的对话以及一些历史人物对其他人或事的评价中,我们梳理出这一时期的俭德思想,其主要观点如下:

第一,奢侈淫泆导致灾祸。就个人而言,奢侈淫泆容易招致祸害。从前,卫庄公非常溺爱宠妾所生的公子州吁,大夫石碏劝谏庄公要用正道教导州吁,不能让他走上邪路。石碏还对庄公说:"骄、奢、淫、泆,所自邪也。四者之来,宠禄过也。……贱妨贵,少陵长,远间亲,新间旧,小加大,淫破义,所谓六逆也。君义,臣行,父慈,子孝,兄爱,弟敬,所谓六顺也。去顺效逆,所以速祸也。"① 在石碏看来,骄傲、奢侈、淫乱、放纵是导致邪恶的原因。公子州吁有着四种恶习,都是卫庄公给他的宠爱和俸禄过了头。在低贱妨碍尊贵、年少侵凌年长、疏远离间亲近、新人离间旧人、弱小压迫强大、淫欲破坏道义等六种逆理的事情中,在州吁身上已经出现一个。因此,石碏劝谏卫庄公效法顺理的事情而背离逆理的事情,即用"为君仁义、为臣恭行、为父慈爱、为子孝顺、为兄和爱、为弟恭敬"六种顺理的事情教导州吁,使他远离逆理的事情,否则会招致祸害。当然,卫庄公没有听从石碏的劝谏。石碏的儿子石厚与公子州吁交往密切,石碏禁止,不起作用。卫桓公即位,石碏

---

① 《左传(上册)》,郭丹、程小青、李彬源译注,北京:中华书局2012年版,第33页。

便告老退休了。后来，公子州吁弑杀桓公自立为国君，仗恃武力而安于残忍，于是民众背叛、无人亲附。后来，石碏和右宰丑联合陈国杀掉了州吁和石厚。对州吁来说，弑君叛乱而最终被杀于陈国的濮地，这便是石碏说的效法逆理的事情而招致的祸害吧！

不懂节制还能给人的身体带来疾病。晋平公病重，向秦国请求派名医来救治。秦景公派秦国名医和给晋平公看病。名医和给晋平公诊断后讲："疾不可为也。是谓近女室，疾如蛊。非鬼非食，惑以丧志。"（《左传·昭公元年》）晋平公之病不是因为鬼神，也不是因为饮食问题所致，而是过分亲近女色，已经无药可救。晋平公很疑惑："女色不能亲近吗？"和解释道："节之。先王之乐，所以节百事也。故有五节。"（《左传·昭公元年》）按照和名医的解释，女色是可以亲近的，但是要有节制。先王的音乐便是来节制百事的，所以有五声作为节制，五声都下降而停止之后，就不再弹奏音乐，否则就会出现靡靡之音，听之使人心烦耳烦。其他事物的道理也是一样的：一旦过度，就要停止。名医和还用六气过度而生六疾举例进行了说明：天有六种气象，即阴、阳、风、雨、晦、明，阴过度了生寒疾，阳过度了生热疾，风过度了手脚生疾，雨过度了生腹疾，晦过度了生迷乱疾病，明过度了生心病。晋平公之所以"生内热惑蛊之疾"（《左传·昭公元年》），原因在于沉溺于女色，不分晦明，荒淫过度。而且，名医和还认为，内热惑蛊只是晋平公身体的疾病，更大的疾病是晋平公因病而不再能"图恤社稷"，这是比身体的疾病更严重的灾祸。名医和能治的是身体上的疾病，而"良臣"能及时制止君主的过度，使君主有所节制，则治的是国家的疾病。

因此，对于一个国家来说，国君不懂节制、放纵淫乐将导致国家的灾祸。《左传·僖公十九年》的传文还解释了梁国灭亡的原因，并认为梁国灭亡是"自取之也"。为什么说是自取灭亡呢？因为，"梁伯好土功,亟城而弗处,民罢而弗堪,则曰:'某寇将至。'乃沟公宫,曰:'秦将袭我。'民惧而溃,秦遂取梁"(《左传·僖共十九年》)。总结起来,梁国灭亡是因为梁伯为满足一己之欲滥用民力,使百姓疲惫不堪,最终被百姓抛弃。《春秋穀梁传》也记载,梁伯是一位"湎于酒,淫于色,心昏,耳目塞"①的君主,沉迷酒色、放纵享乐使他心智昏聩、耳目闭塞。没有"正长",即没有合乎正道的国君,就会"大臣背叛,民为寇盗",再要有好的治理是不可能的。这便是"梁亡,自亡也"。通过梁国自取灭亡的案例,传文实际上是告诫统治者:合乎正道的统治者不仅要合乎礼制,还要懂得节制,既要节制自身的物欲,也要节制对民力的征调役使。

第二,君臣共扬节俭美德。鲁桓公二年夏四月,桓公从宋国取来郜国的大鼎,放在鲁国的太庙里。这件事是不符合礼制的。鲁大夫臧哀伯认为,郜国的大鼎是表示邪恶和祸乱的受贿器物,不能放在太庙,更重要的是为人君者应该要发扬善德而阻塞邪恶,为百官做出表率,即使这样仍担心有差失,所以还要发扬美德以示范子孙后代。于是,臧哀伯谏言:"清庙茅屋,大路越席,大羹不致,粢食不凿,昭其俭也。"(《左传·桓公二年》)臧哀伯首先向桓公阐明,太庙用茅草盖屋顶,祭天的车辆用蒲草席铺垫,肉汁不加调料,主食不吃精米,都是为了表示节俭,为百官梳理节俭的表率。其次,作为昭明的美德,"俭而有度,登降有数。文、物以纪之,声、明以发之,以临照百官,百官于是乎戒惧,而不敢易纪律"(《左传·桓公二年》)。也就是说,节俭美德需要用制度来加以规定,即根据爵命对礼服、礼帽、蔽膝、大圭、大带、裙子、绑腿、鞋子、横簪、瑱绳、冠系、冠布进行规定,用来表示衣冠的制度;确定各级玉佩、佩刀、刀鞘、鞘饰、革带、带饰、飘带、

---

① 《春秋穀梁传》,徐正英、邹皓译注,北京:中华书局2016年版,第275页。

马鞅的多少，用以表示各个等级的数量；在衣服上画火、画龙、绣黼、绣黻表示文饰，五种颜色绘出物象表示色彩，用来记录节俭；用锡铃、鸾铃、衡铃、旗铃表示声音，用日、月、星的旌旗表示标志，以发扬节俭。制度、数量、文饰、颜色、声音和标志实际上是给百官提供了一种节俭的行为依据。有了依据，百官就有敬戒和畏惧，不敢违反纪律。

在饥荒之年，国君更应做节俭的表率，带头节俭地过日子，帮助人民渡过难关。僖公二十一年下，鲁国出现大旱。僖公打算烧死巫尪来求雨，臧文仲如是说："非旱备也。修城郭、贬食、省用、务穑、劝分，此其务也。"（《左传·僖公二十一年》）烧死巫尪是无用的，修好城郭、节约饮食、节省开支、致力农业、劝人施舍，这才是抗旱的当务之急。僖公听取了臧文仲的话，因此鲁国该年有饥荒，但没有伤害百姓。《春秋穀梁传》还针对大饥之年，提出了"大侵之礼"一说。所谓"大饥"就是指国内五种谷物都没有收获，也称"大侵"。《春秋穀梁传·襄公二十五年》的传文指出："大侵之礼，君食不兼味，台榭不涂。驰侯，廷道不除。"大侵时候的礼仪是：国君吃饭不超过两个菜，楼台亭榭不加粉饰，宫室里禁止宴乐，朝廷里道路也不修整。简而言之，国君应带头省吃俭用，与人民共克饥荒。

臣子的节俭是依据既定的制度、数量、文饰、颜色、声音和标志行事，简单来说就是依礼行事。陈国的陈公子完（也叫敬仲）逃亡到齐国，齐桓公让他做卿，陈公子完担心接受这么高的职位会招来不称职的指责，便加以婉拒。齐桓公就让陈公子完做了工正。于是，便有了这样一幕："饮桓公酒，乐。公曰：'以火继之。'辞曰：'臣卜其昼，未卜其夜，不敢。'"（《左传·庄公二十二年》）正义曰："春秋之世，设享礼以召君者，皆大臣擅宠，如卫公叔文子、宋桓魋之徒始为之耳，为之非礼法也。敬仲，羁旅之臣，且知礼者也，必不召公临己，知是桓公贤之,自就其家会也。"① 依《春秋左传正义》的解释,陈公子完是知礼懂法之人,不会像擅宠之臣那样召唤齐桓公的到来,而是齐桓公敬重其贤德,自己来的陈公子完家。因此,"饮桓公酒"当理解为陈公子完请齐桓公宴饮。饮酒至夜幕降临,齐桓公很高兴,让陈公子完点亮灯火继续夜饮。陈公子完以"我只占卜白天招待您,没有占卜晚上招待您"为由,表示不敢遵命。实则是夜饮之礼只在宗室同姓之间可行,陈公子完不与齐桓公同姓,因而不敢和齐桓公夜饮。这表明,陈公子完懂得用礼来节制自己的行为,并且也做到了让齐桓公的行为没有过度。君子曰:"酒以成礼,不继以淫,义也。以君成礼,弗纳于淫,仁也。"(《左传·庄公二十二年》)陈公子完的"义"体现为:用酒完成礼仪,而能有所节制;陈公子完的"仁"体现为:与君主饮酒,又不使君主过度,即没有让君主突破礼的界限而为恶。

《左传》还将节俭作为选拔和奖赏官员的标准。宋国的执政大臣华元和乐举身为臣子,既没有尽到劝谏国君节制欲望的职责,也没有节俭地操办国君的丧葬事宜,是不称职的。根据《左传·成公二年》的记载:鲁成公二年八月,宋文公去世,宋国准备增加陪葬的车马,使用活人殉葬,增加陪葬器物,把棺椁装饰精美,将之厚葬。对于这件事,有君子评价说,华元和乐举有失臣道,因为他们在"君生则纵其惑,死又益其侈,是弃君于恶也"。这两位大臣有失臣道的地方有二:其一,在宋文公活着的时候,华元和乐举没有劝谏他要节制,而是放纵他去作恶;其二,在宋文公去世后,又以厚葬来增加他的奢侈,将死去的国君置于邪恶之中。所谓将节俭作为选拔和奖赏官员的标准就是"大人之忠俭者,从而与之。泰侈者因而毙之"。(《左传·襄公三十年》)简单来说,君主要选拔和奖赏忠诚俭朴的卿大夫,远离和惩罚骄横奢侈的卿

---

① [周]左丘明、[晋]杜预、[唐]孔颖达:《春秋左传正义》,浦卫忠等整理,北京:北京大学出版社1999年版,第268页。

大夫。

第三，节俭是合礼，奢侈是非礼。依《左传·庄公二十四年》传文之意，鲁庄公命人"丹桓宫楹""刻桓宫桷"这两件事，"皆非礼也"。掌管工匠的大夫御孙曾劝谏鲁庄公："臣闻之：'俭，德之共也；侈，恶之大也。'"节俭是善行中的大德，奢侈是邪恶中的大恶。"丹桓宫楹""刻桓宫桷"不合礼制，是奢侈的行为，属于大恶。对这种越礼奢侈的行为，《春秋公羊传》《春秋穀梁传》的传文也都给出了"非礼""非正"的否定性评价。《春秋公羊传》传文指出，《春秋》记录这两件事是讥讽鲁庄公，因为他的行为"非礼也"。按《春秋穀梁传》传文的意思，在礼制上天子庙和诸侯庙用黑柱白墙，大夫的涂青色，士的涂黄色；天子庙的方形椽子要削砍、打磨、再用细石精磨，诸侯庙的方形椽子要削砍、打磨，大夫庙的方形椽子只要削砍。因此，鲁庄公命人将鲁桓公寝庙的柱子涂成朱色是"非礼"——不合礼制，雕刻方形椽子是"非正"——不合正道。经文"斥言桓宫以恶庄也"（《春秋穀梁传·庄公二十四年》），即称鲁桓公寝庙为"桓宫"，以表示对鲁庄公的非礼非正之行的厌恶和讽刺。

对鲁庄公"筑台于郎""筑台于薛""筑台于秦"的行为，《左传》未做评价。但《春秋穀梁传》的传文认为也属于"不正"。不过，传文并未议论"筑台"合不合礼，而是从合理使用民力的角度进行的批评。传文说："不正罢民三时，虞山林薮泽之利。且财尽则怨，力尽则怼。"（《春秋穀梁传·庄公三十一年》）"不正"的原因是：其一，鲁庄公在春、夏、秋三个农忙季节驱使百姓频繁服劳役，是过度使用民力；其二，鲁庄公任命虞官控制山水林田湖草的资源，是与民争利。这些做法都是鲁庄公放纵不节的表现，它的结果是民财、民力被耗尽，最终将招来百姓的怨恨和愤怒。

关于节俭与礼的关系，晋国的郤还有这样一段专门的论述："享以训共俭，宴以示慈惠。共俭以行礼，而慈惠以布政。"（《左传·成公十二年》）"享"是指享礼，使臣向朝聘国君主进献礼物的仪式，设有酒食，但并不吃喝；"宴"是指宴礼，天子招待诸侯设享礼，招待诸侯之卿用宴礼，宾主可一起吃喝。可见，享礼是用来教导恭敬节俭的，宴礼是用来表达慈爱恩惠的。反过来，恭敬节俭可用来推行礼仪，慈爱恩惠用来施行政教。节俭和礼仪之间是相互作用、相辅相成的关系。

七　先秦儒家的俭德思想

虽然对"节俭"问题的关注并不是儒家首创和独创，但崇俭黜奢是先秦儒家在经济消费领域的一贯主张，儒家的俭思想贯彻了儒家的道德主张和伦理原则。① 以孔子为首的儒家，吸纳了自西周以来社会上流传的崇俭思想倾向，又用儒家推崇的"仁""礼"等核心价值对其加以改造和完善，形成了颇具特色的节俭理论。本章将重点考察《论语》《孟子》《荀子》等经典文献，力图客观地还原儒家俭德思想的本来面目。先秦儒家的俭德思想作为一种传统文化资源，至今仍对人们的价值观念和行为选择有着深刻的影响，对其研析和解读具有很强的现实意义。

（一）孔子的俭德思想

孔子（约公元前551年—公元前479年）名丘，字仲尼，春秋末期鲁国陬邑人，祖上是宋国贵族，因政治之难逃亡鲁国，成为平民。孔子是儒家学派的创始人，其思想主要集中在《论语》一书中。鲁国是周公

---

① 任怀国、陈新岗、李秀英：《中华伦理范畴：俭》，北京：中国社会科学出版社2006年版，第34页。

封地，周礼实施和保存得最为完善，孔子从小就受周礼熏陶。就伦理思想而言，孔子既继承了以"周礼"为核心的旧的传统，又总结了以"仁"为代表的新的思潮。① 在《论语》中，"俭"字共出现6次，"奢"共出现2次，且是作为"俭"的对立范畴出现。这也提示我们，对孔子乃至整个先秦俭德思想的研究，有必要与其对立范畴"奢"结合起来讨论，从反面论述"俭"的内涵及其在诸子思想中的地位。孔子站在德行修养和国家治理的角度，提出了"宁俭勿奢"的俭奢主张，并把"礼"作为衡量俭奢的终极价值标准。

1. 宁俭勿奢的礼本论

"礼"可谓是除"仁"以外，孔子伦理思想体系中最为重要的一个理论范畴。"仁"是"礼"的宗旨和目的，"礼"是"仁"的具体和践履。"颜渊问仁。子曰：'克己复礼为仁。'颜渊曰：'请问其目。'子曰：'非礼勿视，非礼勿听，非礼勿言，非礼勿动。'"②（《论语·颜渊》）因而，合"礼"、恢复"周礼"，便成了孔子毕生所践行和不懈追求的人生目标。这就是孔子所说的"吾学周礼，今用之，吾从周"（《中庸·第二十八章》）③。可以这样认为，在孔子的思想体系中，"礼"乃是安身立命的根本原则。

孔子曰："不知礼，无以立也。"（《尧曰》）孔子为何要将"礼"看得如此重要呢？依钱穆之解释，大致有两个方面的主要原因：第一，"礼"就是行仁求道。"仁者，人群相处之道，礼即其道之迹，道之所于以显也。"第二，"礼"是自立而为人的根本。"人不知礼，则耳目无所

---

① 朱贻庭：《中国传统伦理思想史》，上海：华东师范大学出版社2003年版，第36页。
② 《论语·大学·中庸》，陈晓芬、徐儒宗译注，北京：中华书局2011年版，第241页。《论语》引言均为陈本，只标章名。——作者注
③ 《论语·大学·中庸》，陈晓芬、徐儒宗译注，北京：中华书局2011年版，第347页。《中庸》引言均为陈本，只标章名。——作者注

加，手足无所措，故曰无以立。若不知礼，更何以自立为人乎？"① 如果再将目光聚焦到孔子的俭奢思想，"礼"仍然是最为重要、最为根本的东西——是衡量俭奢行为正当与否的终极价值标准。

从"节俭"和"奢侈"的角度看，"礼"对道德主体提出了怎样的本质性要求呢？依孔子之言，这个本质性要求就是"宁俭勿奢"。"林放问礼之本。子曰：'大哉问！礼，与其奢也，宁俭；丧，与其易也，宁戚。'"（《八佾》）刑昺正义曰："奢，汰侈也。俭，约省也。易，和易也。戚，哀戚也。与，犹等也。奢与俭、易与戚等，俱不合礼，但礼不欲失于奢，宁失于俭；丧不欲失于易，宁失于戚。言礼之本意，礼失于奢不如俭，丧失于和易不如哀戚。"② 孔子在此所言"礼"和"丧"实际上都是论述礼的本质要求，"丧"特指丧礼而已。结合刑昺的解释，"奢"是指物质方面的奢侈浮华，"易"是指衣衾棺椁的治办；"俭"是俭约而不过分追求程饰、不嫌于质朴，"戚"强调的是居丧时情感上的哀伤和悲戚。"奢"和"易"都是太拘泥于外在物质方面而内心存在缺失；"俭"和"戚"则是突出强调内心而外在物质方面显得不足。钱穆指出："礼有内心，有外物，有文有质。内心为质为本，外物为文为末。"③ 总结起来，"奢"和"易"抓住了"礼"的文末，而丧失了本质；"俭"和"戚"符合"礼"的本质，却文末不足。虽然都不合于"礼"，但二者相权，与其抓住文末而丧失本质，就不如符合本质而文末不足。

孔子坚持宁俭勿奢的礼本论主张，可以从他对一些奢侈越礼行为的严厉批判和指责中得到印证。

---

① 钱穆：《论语新解》，成都：巴蜀书社1985年版，第482页。

② 何晏、刑昺：《论语注疏》，朱汉民整理，北京：北京大学出版社1999年版，第30页。

③ 钱穆：《论语新解》，成都：巴蜀书社1985年版，第51页。

首先,孔子认为越礼而行的奢侈享乐行为是不可以忍受的。《论语》中有这样两个鲜活的案例,一个是孔子斥季氏的案例,一个是孔子弃季恒子的案例。孔子谓季氏:"八佾舞于庭,是可忍也,孰不可忍也?"(《八佾》)朱熹注:"佾,音逸,舞列也:天子八,诸侯六,大夫四,士二。季氏以大夫而僭用天子之礼乐,孔子言其此事尚忍之,则何事不可忍为?"① 可见,孔子对季氏过分地追求高规格声色之乐的行为,是何等的愤懑和不满。《微子》篇中还提到:"齐人归女乐,季恒子受之,三日不朝,孔子行。"不难看出,孔子之所以舍弃季恒子而离开鲁国,有两个方面的原因:一是季恒子接受齐人赠送的女乐;二是季恒子纵情声色之娱而三日不上朝。此二者皆于礼不合,与为政之道相悖,是孔子所厌恶和憎恨的。

其次,孔子非常反对越礼的祭祀行为。《八佾》篇记载:"季氏旅于泰山。子谓冉有曰:'女弗能救与?'对曰:'不能。'子曰:'呜呼!曾谓泰山不如林放乎?'"对此,钱穆解释说:"古者天子得祭天下名山大川,诸侯则祭山川之在其境内者。季氏乃鲁之大夫,旅于泰山,不仅僭越于鲁侯,抑且僭越于周天子。"② 很显然,孔子是认为季孙氏作为鲁国的卿大夫,没有资格僭越于鲁侯和周天子去祭祀泰山。"林放"这个人对于"礼之本"的认知虽算不上通达,尚且不会去做明显违礼之事,而泰山之神的智慧不可能还不如林放,怎么会接受季氏的违礼祭祀呢?在得知孟孙、叔孙、季孙三家在祭祖完毕时歌唱《雍》的行为,孔子也质问到:"《雍》描述的是天子严肃静穆地主持祭祀,这三家怎么能在庙堂之上歌唱《雍》呢?"如此质问,足见孔子对鲁国孟孙、叔孙、季孙三家的越礼祭祀行为的愤怒和鄙夷。

再次,孔子还反对越礼的厚葬行为。《先进》篇写道:"颜渊死,门

---

① 朱熹:《四书集注》,长沙:岳麓书社1987年版,第85页。
② 钱穆:《论语新解》,成都:巴蜀书社1985年版,第53页。

人欲厚葬之。子曰：'不可。'"又"颜路请子之车以为之椁。子曰：'才不才，亦各言其子也。鲤也死，有棺而无椁。吾不徒行以为之椁。以吾从大夫之后，不可徒行也。'"如果从儒家一贯的爱有差等的角度来理解，孔子反对颜渊厚葬似乎可以得到情感的支持。然孔子对儿子鲤也是"不徒行以为之椁"的态度，便告诉我们在情感和"礼"的权衡问题上，孔子站在了坚决维护"礼"的立场。尽管如此，我们并不能说孔子对失去亲人和最爱的学生是无动于衷的。对于颜渊的死，孔子也发出了"噫！天丧予！天丧予！"的感叹。可见，孔子只是把个人情感与社会礼制严格区分开来，用现在的话来讲，孔子的理性——对礼的认同——战胜了情感。对孔子这一看似矛盾的做法，李泽厚先生这样评价："一面纵情痛哭，过分伤心；另一面反对厚葬，坚持礼制。社会行为坚持原则，个人情感有灵活性。"① 孔子对"原则性"的坚守，在私德有亏、公德渐隐的现代社会，难道不值得我们引鉴吗？

同时，在服饰、饮食、祭祀、居丧等方面，孔子也提出了"经"（原则性）与"权"（灵活性）相结合的"节俭"之道。

在衣饰方面，只要不违背原则性，孔子认为可以灵活权宜取舍。子曰："麻冕，礼也；今也纯，俭，吾从众。"（《子罕》）按照旧礼，用麻料做礼帽是合礼的，但现在用丝料"节俭"一些，孔子还是赞成的。因为这一变更仅是外在仪文规矩的调整，而不直接涉及内心情感的较大变动。《乡党》又说："君子不以绀緅饰。红紫不以为亵服。"绀是深青透红之色，是祭服的颜色；緅比绀更暗，是丧服的颜色；红紫通常是君王才用的贵重颜色。所以绀緅的布料不能用作配饰，红紫的布料不能用作居家衣服。这表面上是服饰的仪文规矩，但实质上是代表左右上下、尊卑贵贱的等级秩序，因而属于原则性的东西，不能随意更改。

---

① 李泽厚：《论语今读》，合肥：安徽文艺出版社1998年版，第259页。

在饮食方面，即使是俭朴的素食，在餐前祭祀的时候，也必须恭恭敬敬。这便是孔子所说的"虽疏食菜羹，必祭，必齐如也"。(《乡党》)

在祭祀方面，孔子强调的是一颗认真对待的诚心，祭品的丰俭是次要的。"祭如在，祭神如神在。子曰：'吾不与祭，如不祭。'"(《八佾》)因此，祭祀必须自己亲自参与，而且祭祀祖先就要像祖先就在面前一样恭敬、虔诚。

在居丧方面，孔子坚持"与其易而宁戚"的原则，哀伤、悲戚的态度比奢豪的衣衾棺椁更为重要。在《阳货》篇中，孔子对宰我居丧三年太长，居丧一年便足够的观点做出了这样的评论："子曰：'食夫稻，衣夫锦，于女安乎？'曰：'安。''女安，则为之。夫君子之居丧，食旨不甘，闻乐不乐，居处不安，故不为也。今女安，则为之！'宰我出。子曰：'予之不仁也！'"居丧期间君子不追求声色之娱和安逸享乐，是因为心情悲戚而不安。宰我却对居丧期间的锦衣玉食感到心安理得，不仅不合于礼，更是不仁的体现。

值得注意的是，孔子如此的强调礼，其实并不全是礼本身的魅力，而是通过礼这一外在规则所表现出来的社会秩序让孔子醉心。自殷商以来的礼仪制度，无论是从祭祀对象、祭祀时间、祭品次序，还是从服饰、饮食细节等方面来看，"礼"的终极价值都是在追求建立一种上下有差别、等级有次第的差序格局。作为终生提倡"克己复礼"的没落贵族，孔子当然也"很明确地意识到，礼仪不仅是一种动作、姿态，也不仅是一种制度，而且它所象征的是一种秩序，保证这一秩序得以安定的是人对于礼仪的敬畏和尊重，而对礼仪的敬畏和尊重又依托着人的道德和伦理的自觉，没有这套礼仪，个人的道德无从寄寓和表现，社会的秩序也无法得到确认和遵守"[①]。

[①] 葛兆光：《中国思想史》，上海：复旦大学出版社2001年版，第93页。

2. 宁固不逊的德性论

孔子在提倡以"礼"来构建和维护社会秩序的同时，也十分重视个体的德性修养。就道德表现形式而言，可以从社会和个体不同的主客关系的视角，相对地区分为社会道德和个体道德。① 孔子推崇的"礼"既可以从制度层面去理解，也具有社会道德的意蕴，而德性则是一个属于个体道德的范畴。孔子乃至整个儒家学说，简言之就是"内圣外王"之道。所谓"内圣"在很大程度上就是不断修炼和提高自我德性的过程。孔子的俭德思想同样对德性问题给予了足够的重视和关注。子曰："奢则不孙，俭则固。与其不孙也，宁固。"（《述而》）孔子的意思是：奢侈的人就不会谦逊，节俭的人容易固陋。但是，与其不谦逊，宁愿固陋。对孔子宁固不逊的观点，钱穆这样解释："奢者常欲胜于人。孙字又作逊，不逊，不让不顺义。固，固陋义。务求于俭，事事不欲与人通往来，易陷于固陋。二者均失，但固陋病在己，不逊则凌人。孔子重仁道，故谓不逊之失更大。"② 在孔子的学说体系中，"仁"就是爱人。因此，凌人必然是不符合仁者气质的，故而为孔子所不齿。"宁固"和"宁俭"一样，是孔子对不逊和固陋的利弊进行权衡之后，退而求其次的选择。

孔子宁固不逊的德性论主张，在他对管仲的评价上体现得淋漓尽致。孔子一方面严厉批评管仲没有"节俭"之德。《八佾》篇中这样描述了孔子对管仲没有"节俭"之德的态度："或曰：'管仲俭乎?'曰：'管氏有三归，官事不摄，焉得俭?''然则管仲知礼乎?'曰：'邦君树塞门，管氏亦树塞门。邦君为两君之好，有反坫，管氏亦有反坫。管氏而知礼，孰不知礼?'"刑昺正义曰："此章言管仲僭礼也。礼，大夫虽

---

① 唐凯麟：《伦理学》，北京：高等教育出版社2001年版，第158页。
② 钱穆：《论语新解》，成都：巴蜀书社1985年版，第186页。

有妾媵，嫡妻唯娶一姓。今管仲娶三姓之女，故曰有三归。礼，国君事大，官各有人，大夫虽得有家臣，不得每事立官，当使一官兼摄余事。今管仲家臣备职，奢豪若此，安得为俭也？……邦君，诸侯也。屏，谓之树。人君别内外于门，树屏以蔽塞之。大夫当以帘蔽其位耳。今管仲亦如人君，树屏以塞门也。反坫，反爵之坫，在两楹之间。人君与邻国为好会，其献酢之礼更酌，酌毕则各反爵于坫上。大夫则无之。今管仲亦有反爵之坫。僭滥如此，是不知礼也。"① 可见，孔子之所以说管仲没有"节俭"之德，是因为管仲所为都是僭礼奢豪之事。但是，另一方面孔子又因管仲固陋病在己，不仅没有奢豪而凌人，而且还相桓公而霸诸侯，一匡天下而使民受其赐，对管仲给予了高度的评价。子贡曰："管仲非仁者与？"子曰："管仲相桓公，霸诸侯，一匡天下，民到于今受其赐。微管仲，吾其被发左衽矣。"（《宪问》）从孔子批评管仲越礼无"俭"，而又肯定管仲的"仁"来看，在孔子的思想体系中，"仁"是最根本的东西，"仁"的地位高于"礼"，"礼"是为实现"仁"服务的。

因为强调"奢则不逊"，孔子反对奢靡淫洪的享乐主义，提倡摒除贪欲。首先，孔子区分了三种有益的快乐和三种有害的快乐。三种有益的快乐是指："乐节礼乐，乐道人善，乐多贤友"；三种有害的快乐是指："乐骄乐，乐佚游，乐晏乐"（《季氏》）。刑昺正义曰："'乐骄乐'者，谓恃尊贵以自恣也。'乐佚游'者，谓好出入不节也。'乐宴乐'者，谓好沈荒淫溢也。言好此三者，自损之道也。"② 简而言之，沉迷于放纵的奢靡享乐乃是自损之道。因此，孔子提倡君子"欲而不贪"，主张士不怀居。在《宪问》篇中，子路问孔子理想的人格是什么样的，孔

---

① 何晏、刑昺：《论语注疏》，朱汉民整理，北京：北京大学出版社1999年版，第42页。

② 何晏、刑昺：《论语注疏》，朱汉民整理，北京：北京大学出版社1999年版，第227页。

子回答的其中一条便是"公绰之不欲"。"不欲"对有道之士的道德要求即不贪恋于安逸、富贵的物质生活，因为"士而怀居，不足以为士矣。"(《里仁》) 因此，有学者指出，儒家以"仁"为基础的尚俭消费伦理观，对于个人来说，是达道、成德、成人的内在于人之规定，是成就儒家理想人格的主要标准。① 值得注意的是，我们之所以说孔子反对的是"贪欲"，而不是所有的欲望，是由于孔子并非禁欲主义者，他承认和肯定人在物质上的欲求。子曰："富与贵，是人之所欲也。"(《里仁》) 另外，孔子还认为，"约而为泰，难乎有恒矣"(《述而》)。这表达了孔子对那些不切实际的过分追求奢侈消费的人的鄙夷之情——他们在德性上是很难保持操守的。

为了保持德性操守，君子应安贫乐道，主要追求精神快乐。在孔子看来，安贫乐道可以分为三层境界：

第一层境界就是安贫。子曰："君子食无求饱，居无求安，敏于事而慎于言，就有道而正焉。可谓好学也已。"(《学而》) 孔子所强调的是，君子不应过多地追求饮食与居处等物质生活方面的优越，而应勤于事业，谨言慎行，与有德的人为伍以匡正自己的言行，尽可能地把精力用于追求理想和真理上。

第二层境界是安贫而不以为耻、不放纵胡为。孔子对仲由并不为自己穿着俭朴而感到羞惭的行为表示赞赏，孔子说："衣敝缊袍，与衣狐貉者立，而不耻者，其由也与?"(《子罕》) 而且，孔子还认为对节俭清贫生活感到耻辱的人，是不值得和他谈论"道"的。子曰："士志于道，而耻恶衣恶食者，未足与议也。"(《里仁》) 如果说"不以为耻"是心理活动，那么表现为行为就是"不放纵胡为"。子曰："君子固穷，小人穷斯滥矣。"(《卫灵公》) 在清贫的时候放纵胡为是小人所为，君

---

① 徐新：《现代社会的消费伦理》，北京：人民出版社2009年版，第31页。

子则应该保持自己的德性操守。

第三层境界是贫而乐。子贡问孔子"贫而无谄,富而无骄"之人的德性怎么样,孔子说:"可也。未若贫而乐,富而好礼者也。"(《学而》)对为何无比推崇"贫而乐"的境界,我们还可以从孔子对其最喜爱的学生颜回的评价中得到肯定的回答。子曰:"贤哉,回也!一箪食,一瓢饮,在陋巷,人不堪其忧,回也不改其乐。贤哉,回也!"(《雍也》)从这一评价也不难推知,孔子的消费观是以"俭"为德,并将节俭的消费行为作为君子之道德准则。① "安贫乐道"实际上也体现了孔子对待物质生活和精神生活的态度:强调追求精神的快乐,而不要过分追求物质的享乐。《述而》篇中这样描述孔子对精神的快乐的钟爱,"子在齐闻《韶》,三月不知肉味。曰:'不图为乐之至于斯也。'"孔子不是思想上的巨人、行动上的矮子,他不仅要求弟子保持这种安贫乐道的德性,自己也从未停歇将之付诸实践。所以,孔子自我评价说:"饭疏食饮水,曲肱而枕之,乐亦在其中矣。不义而富且贵,于我如浮云。"(《述而》)而孔子的弟子对这位备受敬仰的夫子,也给出了"温、良、恭、俭、让"的好评。

孔子反对越礼的奢侈,提倡节俭,同时还反对吝啬。子曰:"如有周公之才之美,使骄且吝,其余不足观也已。"(《泰伯》)钱穆解释道:"吝者私其才不以及人。非其才不美,乃德之不美也。用才者德,苟非其德,才失所用,则虽美不足观。必如周公,其才足以平祸乱,兴礼乐,由其不骄不吝,乃见其才之美也。"② 虽然此处的"吝啬"不是我们平常所言使用财物上的小气或一毛不拔,它体现出的是一种与"奢侈"——"过"相对的生活和处世方式——"不及"。那么节俭是否就

---

① 王雪萍:《儒家的节俭知足消费观及其现代价值》,载《社会科学家》,2010年第2期,第32页。

② 钱穆:《论语新解》,成都:巴蜀书社1985年版,第198页。

是处在奢侈与吝啬之间的合理、适宜呢？从孔子"礼，与其奢，宁俭"的态度来看，节俭并非是最好的德性，而只是相对奢侈退而求其次的权宜。孔子最为赞赏的是中庸，仲尼曰："君子中庸，小人反中庸。"（《中庸·第二章》）中庸的另一种表达就是中和，"喜怒哀乐之未发，谓之中；发而皆中节，谓之和"（《中庸·第一章》）。而从孔子的"仁""礼""中庸"三者的关系来看，"仁"是根本，"礼"是为实行"仁"而制定的具体准则，"中庸"是贯穿与"仁"和"礼"的方法论。"礼"是以"仁"为宗旨，根据"中庸"法则由圣王制定出来的。"虽有其位，苟无其德，不敢作礼乐焉；虽有其德，苟无其位，亦不敢作礼乐焉。"（《第二十八章》）也就是说，"礼"是由皆有天子之位与圣人之德的圣王制定，因而是合乎"中庸"之道的。所以，在践行"礼"的时候，"过"和"不及"都是不合宜的，因而"宁俭"。但最佳的选择乃是，遵从"礼"，合于"礼"，坚守"中庸"之道。

古希腊大哲学家亚里士多德（Aristotle）也提倡"中道"，并认为"有三种品质：两种恶——其中一种是过度，一种是不及——和一种作为他们中间的适度的德性"①。不过，在对待"奢侈"和"吝啬"的问题上，亚里士多德并没有像孔子一样诉诸合"礼"，而是提到了另外的一种德性——慷慨。亚里士多德直接用对待财物的态度来对"挥霍"和"吝啬"以及这两恶中间的"慷慨"进行了阐述。"吝啬这个词，我通常用来说那些把财物看得过重的人"；"称那些不能自制、花钱铺张的人挥霍"；"慷慨的人的特征主要是在于把财物给予适当的人，而不是从适当的人那里，或不从不适当的人那里，得到财物"②。"慷慨"注重的是

---

① ［古希腊］亚里士多德：《尼各马可伦理学》，廖申白译，北京：商务印书馆2003年版，第53页。

② ［古希腊］亚里士多德：《尼各马可伦理学》，廖申白译，北京：商务印书馆2003年版，第96—97页。

给予，而不是获得。如果再结合亚里士多德的节制主张，那么，"慷慨"实际上是要道德主体节制自身用财物满足肉体快乐时的放纵，而对他人有助益时，则应慷慨地给予财物。这种从个人利他的角度来反对奢侈挥霍，相比孔子从"复礼"而维护社会等级秩序的角度来反对奢侈，显然更为人性化，也更为接近人的生活。荷兰哲学家伯纳德·曼德维尔（Bernard Mandeville）则把"挥霍"和"吝啬"的中道直接视为是"节俭"，认为"人们通常理解的'节俭'却是一种更常见的品德，其表现为位于挥霍与悭吝之正中，并且往往更接近悭吝"①。总言之，如果将"节俭"当成是美德，把它作为"挥霍"和"吝啬"两种恶德的中道应该也是合适的。

3. 节用爱人的治理观

人言：半部《论语》治天下。这不仅说明《论语》所言所论多是治国平天下之道，也肯定了《论语》治理理论的博大精深。孔子所生活的春秋时期是中国古代社会的一次大转型时期——宗法封建制社会向地主封建制社会过渡，整个社会动荡不堪，礼崩乐坏、狼烟四起、民不聊生。面对如此动荡不安的社会现实，作为一生都在寻求将自己满腹经纶付诸治国实践的有道之士，孔子对重建社会秩序，实现天下安乐满怀热情。针对当时社会诸侯僭越礼制、骄奢淫逸和人民穷困潦倒、苦不堪言的两种截然不同的社会画面，孔子提出了"节用而爱人"的治国思想。子曰："道千乘之国，敬事而信，节用而爱人，使民以时。"（《学而》）刑昺正义曰："此章论治大国之法……言政教以治公侯之国者，举事而敬慎，与民比诚信，省节财用，不奢侈，而爱养人民，以为国本，作事使民，比以其时，不妨夺农务。此为政治国之要也。"② "节用"就是禁

---

① ［荷兰］伯纳德·曼德维尔：《蜜蜂的寓言》，肖聿译，北京：中国社会科学出版社2002年版，第140页。
② ［魏］何晏、［宋］刑昺：《论语注疏》，朱汉民整理，北京：北京大学出版社1999年版，第5页。

止奢侈而合乎"礼","爱人"便是行仁政。节用而爱人的治理观,也即强调根据"仁"的精神旨归,维护和遵从"礼",是孔子美德政治观的重要内容。"节用爱人"既强调用节用之道德观念来治理国家,又蕴含着统治者以自身的"节俭"之德来起到道德教化和道德表率的作用。在这个意义上,"节俭"成为了一种政治美德。依孔子之意,践行政治美德是参加政治的前提,也是取得治理效果的根本。①

具体而言,"爱民"要求为政者予民以恩惠,合理、适度地役使民众。孔子认为,有道之士有四种美德,即"其行已也恭,其事上也敬,其养民也惠,其使民也义"(《公冶长》)。这四种美德中的"养民也惠""使民也义"便是"爱民"的体现。对于予民恩惠,孔子在其"从政五德"和"从政四恶"中还给出了明确的解释。子曰:"尊五美,屏四恶,斯可以从政矣。""五美"就是五种从政的美德,即"惠而不费,劳而不怨,欲而不贪,泰而不骄,威而不猛。""四恶"就是四种恶政,即"不教而杀谓之虐;不戒视成谓之暴;慢令致期谓之贼;犹之与人也,出纳之吝谓之有司"(《尧曰》)。从这里我们可以看到,惠民有两点需要注意:一是予民恩惠但为政者自己则不能过多的耗费财政资源;二是在予民恩惠上不要吝啬。为政者自身的奢侈和对民众的吝啬这是孔子所反对的两种恶,最为理性的做法就是为政者节制自己的贪欲,同时给予民众实惠。《论语》中有两种最为典型的予民实惠的做法:一种做法是减少赋税,充足百姓财用。"哀公问于有若曰:'年饥,用不足,如之何?'有若对曰:'盍彻乎?'曰:'二,吾犹不足,如之何其彻也?'对曰:'百姓足,君孰与不足?百姓不足,君孰与足?'"(《颜渊》)也就是改十分抽二的税率为十分抽一的税率,百姓财用充足,君主的用度才能真正地充足。另一种典型的做法就是博施于民,济众周急。子贡曰:"如

---

① 陈来:《儒家的政治思想与美德政治观》,载《中国哲学史》,2020年第1期,第16—25页。

有博施于民而能济众，何如？可谓仁乎？"子曰："何事于仁！必也圣乎！"（《雍也》）在孔子看来，能够做到博施济众不仅已经实现了"仁"，还可以称得上是圣德。而且，孔子还指出："赤之适齐也，乘肥马，衣轻裘。吾闻之也：君子周急不继富。"（《雍也》）从孔子的评价中，我们可以读到这样两层意思：其一，为政者应该对穷急之人或者说对弱势群体进行周济与援助，其二，治国理政的重心不是让富人再无限地增长财富。不难看出，孔子这一主张是一种缩小贫富差距，缓和社会矛盾的权宜策略。

"节用"则是要求为政者合理限制自己的用度，本质上就是节制贪欲，也即"欲而不贪"。如前所述，孔子并不反对人对"富贵"的欲求，但主张要限制贪欲，也即限制那些放纵而无节制的欲求。孔子所提倡的"欲不行""贫而无怨""贫而无谄""富而无骄""士不怀居""养民也惠"等理想德性要求，既是孔子对自己及弟子提出的道德修养要求，也是孔子给为政者提供的治理策略，与儒家倡导的修齐治平思想在逻辑上是一致。因此，李泽厚先生说："这既是'教'（宗教性私德）又是'政'（社会性公德），'修身'与'治国'混融一体。"① 但是，《八佾》篇中提到的管仲似乎是一个例外，孔子说他没有"节俭"之德，但管仲确实使齐国成为了当时最有实力的诸侯国，使齐桓公成为了春秋五霸之首。如此看来，"修身"和"治国"之间不具备必然的关联。不过，孔子并没有因为管仲而否定"修身"的重要性。相反，当季康子询问孔子为政治国之道时，孔子便说："政者，正也。子帅以正，孰敢不正？"从践行俭德的角度看，"子帅以正"实际上就是要求为政者带头拒绝越礼奢侈，节制自身欲望，从而自上而下地使"节俭"之德蔚然成风。"君子之德风，小人之德草。草上之风，必偃"（《颜渊》），讲述的便是这个道理。

---

① 李泽厚：《论语今读》，合肥：安徽文艺出版社1998年版，第134页。

为了突出"节用"这种治理之德，孔子还列举了大禹克己为公的事迹。子曰："禹，吾无间然矣。菲饮食而致孝乎鬼神，恶衣服而致美乎黻冕，卑宫室而尽力乎沟洫。禹，吾无间然矣。"（《泰伯》）这就是要求为政者应像大禹一样"节俭"地对待自己的物质欲求，而在依礼祭祀和与民兴利等方面则应尽心尽力。如果为政者特别是君主能做到"先之劳之"，便可能按照"修己以敬"——"修己以安人"——"修己以安百姓"（《宪问》）路径，实现"内圣外王"的最终目标。

总的来说，孔子"节用爱人"的治理思想，可谓是其"克己复礼为仁"思想的具体化。对"礼"在治理中的作用的重视，便是孔子"节用爱人"的治理思想的本质特征。有子曰："礼之用，和为贵。先王之道，斯为美；小大由之。有所不行，知和而和，不以礼节之，亦不可行也。"（《学而》）孔子所言礼崩乐坏的礼和乐，都是先王——也即是文、武和周公时期的礼和乐。"礼"之所以是"先王之道"中最美的部分，是因为先王用"礼"建立了社会秩序，从而人们能按照不同的等级"和睦相处"。礼治因而就是仁政的必然表现形式，当然也就是孔子一心向往的了。① 不仅如此，孔子还把为政者依"礼"节用节欲当成是一种最为有效的治理方式，因为"上好礼，则民莫敢不敬"（《子路》），"上好礼，则民易使也"（《宪问》）。如今国家大力提倡节俭反对奢侈浪费，并将之规范化和制度化，这种自上而下的倡俭治理主张，在要求党政干部和广大公务人员克己为公这一点上与孔子节用爱人的治理观颇为相似。

（二）孟子的俭德思想

孟子（公元前372年—公元前289年）名轲，战国中期邹人，其思

---

① 匡亚明：《孔子评传》，南京：南京大学出版社1990年版，第248页。

想主要集中在《孟子》一书中。孟子出生时孔子已逝世近一个世纪，儒学一分为八，孟子师从以子思为代表的儒家学派。由于孟子所处的时代，地主封建制的生产关系已基本确立，封建经济有较大发展，一些大国开始萌生统一中国而"王天下"的念想。孟子继承了孔子"贵仁"的思想，但不强调礼，而是突出了"义"。① 通观《孟子》全书，"俭"字出现 7 次，其中 5 处是其本意；"侈"字出现 1 次，意为放纵挥霍。孟子在修身、事亲、为君等方面表达了节制物欲、崇尚节俭的思想观点，并以"仁"和"义"作为这些观点的精神旨归。

1. 养心莫善于寡欲的修养论

孟子的整个伦理思想体系的理论基础是其"性善论"，这是无可厚非的判断。"人性论"作为中国伦理思想的一个重大课题，先秦诸子基本对其都有不同程度的论述。但是，其他思想家多是从"食色"等自然生理属性来定义人性，"唯独孟子的人性论独树一帜：他对人的自然生理属性和社会道德属性做了严格区分，认为前者只是'性'，后者才是'人性'，并由此提出了自己的人性学说"②。在自然生理属性方面，孟子承认口目耳鼻四肢等感官物欲方面的需要是人的天性。在《孟子·告子上》中，孟子说："食色，性也。"③ 在《尽心下》中，孟子还说："口之于味也，目之于色也，耳之于声也，鼻之于臭也，四肢之于安佚也，性也。"但孟子认为，真正使"人之所以异于禽兽者"（《离娄下》），是人所特有的、先天的四种道德心理，即"恻隐之心""羞恶之心""辞让之心"和"是非之心"。因此，孟子说："无恻隐之心，非人

---

① 朱贻庭：《中国传统伦理思想史》，上海：华东师范大学出版社 2003 年版，第 89 页。
② 尚斌、任鹏、李明珠：《中国儒学发展史》，兰州：兰州大学出版社 2008 年版，第 59 页。
③ 《孟子》，方勇译注，北京：中华书局 2010 年版，第 215 页。下文《孟子》引言均为方本，只标章名。——作者注

也；无羞恶之心，非人也；无辞让之心，非人也；无是非之心，非人也。"（《公孙丑上》）同时，孟子还指出，人心对于道德心理的喜好就如同口、目、耳等感官对味、色、声等的喜欢一样，是天下人所共有的特性。这便是孟子在《告子上》中所说的："理义之悦我心，犹刍豢之悦我口。"孟子将"人性"——人区别于动物的本质特征归结为这四种道德心理，相比自然人性论而言是进步的。

既然孟子眼中的"人性"就像"水之就下"一样是先天的善性，那为什么人与人之间的关系、自我与外物的关系还会陷入冲突之中呢？孟子认为，这是由于外物，特别是口、目、耳、鼻和四肢所追求的味、色、声、臭和安佚等迷惑了人的内心，使之丧失了社会道德属性上的"人性"。所以，孟子明确提出："富岁，子弟多赖；凶岁，子弟多暴，非天之降才尔殊也，其所以陷溺其心者然也。"（《告子上》）"理义"或者说"四心"是调节口之嗜味、耳之嗜声、目之嗜色、鼻之嗜臭和四肢之嗜安佚的总开关，有些人在这些方面放纵而无所节制，皆因为丧失了"理义"之心。

具体来说，导致这种追求感官放纵行为泛滥的原因主要有两个：

第一个原因是，有些人为满足感官欲求而丧失本心，也即"养小失大"。孟子说："人之于身也，兼所爱。兼所爱，则兼所养也……体有贵贱，有小大。无以小害大，无以贱害贵……饮食之人，则人贱之矣，为其养小以失大也。"（《告子上》）满足口腹的感官欲求属于"养小"，忽视心对"理义"的需要就属于"失大"。

第二个原因则是，"心"没有思考而使"饥渴之害为心害"（《尽心上》）。据孟子之意，人们在饥渴的时候，吃什么都觉得香，喝什么都觉得甜，那是因为饥渴妨碍了食物饮品本身的味道。对于口之嗜味、耳之嗜声、目之嗜色、鼻之嗜臭和四肢之嗜安佚，孟子认为这是人的自然本性，更为重要的则是因为"耳目之官不思，而蔽于物。物交物，则引之而已矣。心之官则思，思则得之，不思则不得也"（《告子上》）。孙奭正义曰："人有耳目之官，不以心思主之，而遂闭于耆欲之物，既蔽于物，则己亦已失矣。己已失，则是亦为物而已。是则物交接其物，终为物引之，丧其所得矣。惟心之官则为主于思，如心之所思，则有所得而无所丧，如不思，则失其所得而有以丧之耳。"① 这就告诉我们，同身体饥渴时容易感受到"甘食""甘饮"是一样的，若心没有思考，也容易被外物蒙蔽而丧失心中的"理义"；相反，如果让心发挥其思考的官能，人们便能保持并发育"理义"之心，从而不会被外物所役使。社会上的一些人对追求奢靡淫泆的物质享乐的沉醉，不正是孟子指出的"饥渴之害为心害"吗？在很大程度上，人们已经不是在追求这些奢侈物品本身所具有的功用，而是要满足被利欲蒙蔽的心的饥渴。

基于上述认识，科学、正确的修养之道应该就是：保持人先天的"理义"之心或"善心""良心"，并让其主宰和引领口目之官的嗜欲。因此，孟子提出了以"尽心""知性"和"存心""养性"为基本纲领的道德修养论。所谓"存心""养性"，也就是"尽心""知性"，意为保持天赋的"良心"和理性之不失，并扩而充之，使自己成为"大人"君子。② 简言之，道德修养的根本要求就是"存心"，或者依孟子之意，也叫"求放心"。如果仅从控制嗜欲的角度来讲，孟子的"存心"之道就是"寡欲"。孟子说："养心莫善于寡欲。其为人也寡欲，虽有不存焉者，寡矣；其为人也多欲，虽有存焉者，寡矣。"（《尽心下》）孙奭正义曰："其为人也少欲，则不为外物之汩丧，虽有遭横暴而亡者，盖亦百无二三也。其为人也多欲，则常于外物之所汩丧，虽间有不亡其德业于身者，盖亦百无二三也。"③ 言下之意，孟子所说的口目之官蔽于外

---

① 赵岐、孙奭：《孟子注疏》，北京：北京大学出版社1999年版，第314—315页。
② 朱贻庭：《中国传统伦理思想史》，上海：华东师范大学出版社2003年版，第105页。
③ 赵岐、孙奭：《孟子注疏》，北京：北京大学出版社1999年版，第403页。

物，在一定程度上就是指被欲望所蒙蔽，从而人们才会误入歧途。如果一个人能尽量减少自己的各种欲望，也就是做到"寡欲"，便能够保持自己的"理义"之心。再结合孟子"性善论"的主张，"理义"之心即是高尚德性的表现，"多欲"则"善心"被泪丧，也意味着德性的丧失；"寡欲"则"理义"之心得以养成，也就意味着德性的回归。

为了倡导"寡欲"的修养之道，孟子对应该如何在"理义"之心与口目之官的嗜欲之间进行取舍，做出了明确而坚决的答复。孟子说："生亦我所欲也，义亦我所欲也；二者不可得兼，舍生而取义者也。生亦我所欲，所欲有甚于生者，故不为苟得也；死亦我所恶，所恶有甚于死者，故患有所不辟也。……一箪食，一豆羹，得之则生，弗得则死，嘑尔而与之，行道之人弗受；蹴尔而与之，乞人不屑也……今为宫室之美为之；乡为身死而不受，今为妻妾之奉为之；乡为身死而不受，今为所识穷乏者得我而为之，是亦不可以已乎？此之谓失其本心。"（《告子上》）孟子的此番主张，不仅明确了道德理想与物质利益的关系，而且也将人们对待物质生活——口目之官的嗜欲和精神生活——"理义"之心的养护的应然态度进行了明确。如果将"生亦我所欲"放置于我们的现代话语体系，即是人对物质生活的需要；如果将"义亦我所欲"放置于我们的现代话语体系，那便是人对精神生活的需要。从"舍生而取义"的决心来看，孟子对精神生活的追求远远胜于对物质生活的追求，而且认为对精神生活的不懈追求才是人的"本心"。

保存"理义"之心而不为奢靡淫泆之乐，孟子是坚决地赞赏和推崇的。孟子在《尽心下》中表示："堂高数仞，榱题数尺，我得志，弗为也。食前方丈，侍妾数百人，我得志，弗为也。般乐饮酒，驱骋田猎，后车千乘，我得志，弗为也。在彼者，皆我所不为也；在我者，皆古之制也。"奢汰之室、五味之馔、声色之娱、驰骋畋猎等，孟子得志于行道，因而不齿为之。孟子所要行之事，都从于古代圣王的制度，都是恭俭有礼的行为,都是"理义"之心的外在表现。所以孟子认为,保持住自身的本性善心,便不会再羡慕或觊觎别人物质生活方面的优越。这便是孟子所强调的"饱乎仁义也,所以不愿人之膏粱之味也;令闻广誉施于身,所以不愿人之文绣也"(《告子上》)。当然,由于对物质方面的追求是人之自然本性,若要节制这种天性,必定是人"有所不为"之事,但如果能将"有所不为"之事"达之于其所为",这无疑便进入了孟子所推崇的理想人格境界。孟子道德修养的理想境界是"大丈夫",其品质就是"富贵不能淫,贫贱不能移,威武不能屈"(《滕文公下》)。这里讲的"不能淫""不能移""不能屈",就是"不动心"——不为外物所动。冯友兰先生说,不动心有二种情况,一种是强制其心使它不动;另一种是心自然而然地不动。① 强制使心不动便是要"寡欲",而心自然而然地不动则需要养"浩然之气"。另外,对于"贫贱"的这种生活状态,孟子也提出要以一个较为积极乐观的态度处之。孟子认为,清贫俭朴的生活是一种磨炼,是成为"大丈夫"的一种浴火重生式的修养功夫。因为,"故天将降大任于是人也,必先苦其心志,劳其筋骨,饿其体肤,空乏其身,行拂乱其所为,所以动心忍性,曾益其所不能"(《告子下》)。

2. 不以天下俭其亲的事亲观

孟子伦理思想是以"仁义"为主体,仁、义、礼、智合而为一道德思想体系。为了适用封建等级宗法关系的发展,孟子还首创了"人伦"的概念,并将之作为人区别于禽兽的本质特征。孟子说:"人之有道也,饱食、暖衣、逸居而无教,则近于禽兽。圣人有忧之,使契为司徒,教以人伦,父子有亲,君臣有义,夫妇有别,长幼有叙,朋友有信。"

---

① 冯友兰:《中国哲学史新编(上)》,北京:人民出版社2001年版,第383页。

(《滕文公上》)"人伦"与"仁义"之间有何种关系，又是如何发生关系的呢？从孟子的这段话来看，"人伦"实际上就是指人与人之间的伦理关系，而且这些关系的调整都应该以"仁义"作为基本原则。孟子在《尽心上》中说："亲亲，仁也；敬长，义也。"在《离娄上》中，孟子还说："仁之实，事亲是也；义之实，从兄是也；智之实，知斯二者弗去是也；礼之实，节文斯二者是也；乐之实，乐斯二者，乐则生矣；生则恶可已也，恶可已，则不知足之蹈之手之舞之。"可见，在孟子论述的人伦关系中，"仁"的本质就是"亲亲"或曰"事亲"，"义"的本质就是"敬长"或曰"从兄"。孟子不仅将"仁义"的本质放置于人伦关系中来诠释，还将"智""礼""乐"与"事亲"和"从兄"紧密联系在一起。而且，在父子、君臣、夫妇、长幼、朋友五种人伦关系里，事亲是最为根本的，"事亲，事之本也"（《离娄上》）。这也说明，"仁"在孟子伦理思想中居于主体地位，并且具有明显的宗法色彩。

既然"事亲"居于五伦之首，又是"仁"的实质，那么应该以何种理念或原则来指导具体的"事亲"行为呢？孟子提出了"君子不以天下俭其亲"（《公孙丑下》）的事亲原则。对孟子的这一原则，赵岐注解说："我闻君子之道，不以天下人所得用之物俭约于其亲，言事亲竭其力者也。"① "事亲""亲亲"也叫"尊亲""爱亲"，主要是指子之孝父，因而有所谓"孝子之至，莫大乎尊亲"（《万章上》）。孟子将"事亲"区分了"养口体"和"养志"两个部分，并通过"事亲"与"守身"的关系说明了二者的轻重关系。孟子曰："事，孰为大？事亲为大；守，孰为大？守身为大。不失其身而能事其亲者，吾闻之矣；失其身而能事其亲者，吾未之闻也。"（《离娄上》）所谓"守身"，就是要保持自身的节操，不陷入不义。只有保持自身的节操才能侍奉好父母，否则，

---

① 赵岐、孙奭：《孟子注疏》，北京：北京大学出版社1999年版，第115页。

要侍奉好父母便是不可能的。

孟子在《离娄上》中提到的曾子父子事亲的故事，可以帮助我们很好地理解"养口体"与"养志""事亲"与"守身"的关系。曾子侍奉其父曾晳，宴席完毕，曾子就请示剩下的酒食给谁，如果父亲询问是否剩余，曾子一定回答有；曾晳死，曾元侍奉曾子，宴席完毕，曾元不请示剩下的酒食给谁，如果询问是否剩余，曾元就回答没有。所以，孟子说曾子保持了自己的节操，"则可谓养志也。事亲若曾子者，可也"；曾元丧失了自己的节操，可"谓养口体者也"。孟子的这种"事亲"观，可以说是对孔子的孝道思想的发展。子曰："今之孝者，是谓能养。至于犬马。皆能有养。不敬，何以别乎？"（《论语·为政》）回到孟子的话语体系中，"敬"便是守身的根本，以"敬"事亲，那才是"养志"。

我们已经清楚孟子所说的"事亲"或"孝"的本质，那"不孝"又是什么呢？孟子认为，世俗认为的"不孝"有五种，即"惰其四支，不顾父母之养，一不孝也；博弈好饮酒，不顾父母之养，二不孝也；好货财，私妻子，不顾父母之养，三不孝也；从耳目之欲，以为父母戮，四不孝也；好勇斗很，以危父母，五不孝也"（《离娄下》）。除了第一种懒惰而不赡养和第五种好斗而危及父母的不孝，其他三种不孝都和骄奢恣纵的自我享乐有关，也就是对自己放纵豪奢，对父母却俭约以待或干脆不赡养父母。所以说，"孝"既要竭其力以赡养父母——做到"养体口"，又要尊敬、爱戴父母——做到"养志"。而且，这种对父母的尊敬和爱戴在其生前和死后都应保持，即"生，事之以礼；死，葬之以礼，祭之以礼"（《滕文公上》）。

在"不以天下人所得用之物俭约于其亲"的问题上，孟子还特别强调父母死去应该"厚葬久丧"。孟子认为厚葬是"尽于人心"——尽孝心。孟子说："中古棺七寸，椁称之。自天子达于庶人，非直为观美也，然后尽于人心。不得，不可以为悦；无财，不可以为悦。得之为有财，古之人皆用之，吾何为独不然？"（《公孙丑下》）其次，孟子提倡应该居丧三年。孟子说："三年之丧，斋疏之服，飦粥之食，自天子达于庶人，三代共之。"（《滕文公上》）父母死后不但要厚葬，还要在庐墓守丧。这里表现了孟子对封建宗法制度的极大尊重。① 父子关系居于五伦之首，事亲又是封建人伦关系中最根本的，整个封建宗法等级制度正是建立在这个基础之上。所以，孟子非常反对墨家的薄葬观，强调厚葬久丧就是为突出人伦关系之于封建宗法等级制度的作用。从基本观点上看，孟子这样的丧葬思想，是对孔子"葬之以礼"思想的继承和发展。现在看来，厚葬久丧的事亲形式本身存在一定程度的资源浪费问题，但"葬之以礼，祭之以礼"所要求的对父母的尊敬和爱戴仍是我们现代社会所值得借鉴的。

3. 俭者不夺人的王道思想

"天下之生久矣，一治一乱"（《滕文公下》），这是孟子通过总结历史得出的规律。从尧舜禹到武王伐纣，孟子认为经历了两次由乱到治的过程。对于自己所处的社会，虽然"孔子成《春秋》而乱臣贼子惧"（《滕文公下》），但孟子认为仍是属于乱世。因此，孟子一方面主张"欲正人心，息邪说，距诐行，放淫辞，以承三圣"（《滕文公下》），另一方面则认为"五百年必有王者兴，期间必有名世者"（《公孙丑下》）。孟子极其希望这样的"王者"能够尽快地出现，同时也希望自己能够成为辅佐"王者"的"名世者"。因此，孟子游走于各个诸侯国之间，向君王们推销自己的施政理想，以"天将降大任于是人"的历史责任感，自觉肩负起使社会由乱到治的历史使命。

在孟子的思想体系中，有两种平治方案："以力假仁者"为霸道，

---

① 陈瑛：《中国伦理思想史》，贵阳：贵州人民出版社 1985 年版，第 137 页。

我们今天称为"霸道主义";"以德行仁者"为王道,我们今天称为王道主义。① 从节俭爱民的角度来看,孟子王道思想的重要内容之一就是"俭者不夺人"。孟子说:"恭者不侮人,俭者不夺人。侮夺人之君,惟恐不顺焉,恶得为恭俭?"(《离娄上》)"不夺人"就是不夺取、不掠夺他人,这里的他人可以是国内之民众,也可以是他国之民众。

孟子黜霸道,反对"夺人"。

首先,孟子反对君主为追求穷奢极乐而对国内民众横征暴敛。在《梁惠王下》中,孟子归纳了今世的君王两种常见的穷奢极乐的类型:一种是"流连之乐",即"从流下而忘反谓之流,从流上而忘反谓之连";一种是"荒亡之行","从兽无厌谓之荒,乐酒无厌谓之亡"。这两种享乐行为的代价就是"饥者弗食,劳者弗息",先王都没有这两种行为。所以,孟子明确指出,"坏宫室以为污池,民无所安息;弃田以为园囿,使民不得衣食"(《滕文公下》)是暴君的所为。对于横征暴敛的行为,孟子更是嗤之以鼻。他在《离娄上》中提到了孔子对冉求进行痛斥的一段话:"求也为季氏宰,无能改于其德,而赋粟倍他日。孔子曰:'求非我徒也,小子鸣鼓而攻之可也。'"可见,孟子把冉求帮助季氏加倍征收赋税的行为,视为是有辱师门,人人得而诛之。另外,孟子还通过对两幅反差极大的君民画面进行比照,来警告君主强敛民财的危害。一幅画面是"凶年饥岁,君之民老弱转乎沟壑,壮者散而之四方者,几千人矣";另一幅画面是"君之仓廪实,府库充,有司莫以告"(《滕文公下》)。如果国内出现这样两幅画面,则说明为政者在残害人民,如果有朝一日遭受人民的报复,也怨不得别人。

其次,孟子也反对为享霸权、行霸道而攻伐他国。孟子认为,"争地以战,杀人盈野;争城以战,杀人盈城,此所谓率土地而食人肉,罪

---

① 杨泽波:《孟子评传》,南京:南京大学出版社1998年版,第137页。

不容于死。故善战者服上刑，连诸侯者次之，辟草莱、任土地者次之。"（《离娄上》）放纵无度而想夺取他人财物，不惜杀人屠城，尸横遍野，这种行为连死罪都不足以宽恕，足见孟子对于诸侯攻伐战争的深恶痛绝。在与梁惠王的对话中，孟子还对梁惠王想要"辟土地，朝秦楚，莅中国而抚四夷"的企图进行了严厉批判，斥责梁惠王是"缘木而求鱼"，"后必有灾"（《梁惠王上》）。

孟子倡王道，推崇"不夺人"。

在孟子的眼里，实行王道乃是最理想的治理模式。"王道"用孟子的另一种表达就是"仁政"。孟子曰："天子不仁，不保四海；诸侯不仁，不保社稷；卿大夫不仁，不保宗庙；士庶人不仁，不保四体。"（《离娄上》）从"不夺人"的角度来看，"仁政"有这样两个方面的内容：

其一，君主要带头节制用度，减轻赋税。首先孟子对"三大征"——"布缕之征，粟米之征，力役之征"提出了警告，认为君主最好一次只实行一个征调，如果"用其二而民有殍，用其三而父子离"（《尽心下》）。所以，"贤君必恭俭礼下，取于民有制"（《滕文公上》）。具体的做法就是，君主要带头使其用度合于"礼"，不但不能强敛民财，反而要薄其税敛，通过"易其田畴，薄其税敛"（《尽心上》），使人民变得富有，通过"食之以时，用之以礼"，达到"财不可胜用也"（《尽心上》）的局面。对孟子的这一做法，孙奭正义曰："孟子言如使在下者易治其田畴而不难耕作，则地无遗其利；又在上者又薄其赋敛而无横赋，则民皆可令其富足也；又食之以时而其用不屈，用之以礼而其欲不穷，则财用有余而不可胜用也。"[①] 概括起来就是三个关键词：一是"治"，即整治耕地，使土地发挥出最高的生产效率；二是"薄"，即减

---

① 赵岐、孙奭：《孟子注疏》，北京：北京大学出版社1999年版，第365页。

轻税赋，使民众富有起来；三是"度"，即食用有节度，按照礼仪进行相应的消费。

其二，制民之产，也即让人民有固定的产业。孟子说："明君制民之产，必是仰足以事父母，俯足以畜妻子，乐岁终身饱，凶年免于死亡。然后驱而之善，故民之从之也轻。"（《梁惠王上》）人民没有固定的产业，便没有坚定的信念，就会"放辟邪侈，无不为已"，也就难于治理。

"不夺人"——不过度敛聚民财，是从节制自身的角度来行"王道"，实际上这只是"王道"对统治者提出的最基本的要求。"王道"的最高境界乃是"与民同乐"，用孟子的话说就是"乐民之乐者，民亦乐其乐；忧民之忧者，民亦忧其忧。乐以天下，忧以天下，然而不王者，未之有也。"（《梁惠王下》）在孟子的思想体系中，"民"被提到了一个前所未有的高度。孟子以前虽然也有不少"民本"思想，但尚未形成一种比较完整的、具备可操作性的理论，是孟子用它的"仁政"说完成了民本主义发展史上的质的飞跃。[①] 孟子将民、国家、君主三者进行了有史以来的首次排序："民为贵，社稷次之，君为轻"（《尽心下》），并认为君主应该把精力集中于国计民生，而不是敛财享乐。一般人纵情玩物则丧志，当政者纵情玩物则丧政，诸侯纵情玩物则丧国，天子纵情玩物便丧失天下。为政之道在于不过分追求物质财富和感官享乐，而把注意力放在土地、人民、政事上。因此，孟子说："诸侯之宝三：土地、人民、政事。宝珠玉者，殃必及身。"（《尽心上》）而且，孟子在政治上谈"仁义"、谈"王道"的具体内容，只是要把政治从以统治者为出发点，以统治者为归结点的方向，彻底扭转过来，使其成为一切为人民

[①] 何晓明：《亚圣思辨录——〈孟子〉与中国文化》，开封：河南大学出版社1995年版，第65页。

而政治。① 一切为了人民的政治，就要像文王一样：耕种的人只交九分之一的农业税，做官的享受世袭的俸禄，在关卡和集市上只检查而不征税，在湖泊和河流捕鱼不加禁止，对犯了罪的人不牵连其妻儿，发布政令比优先考虑鳏、寡、孤、独等弱势群体。简而言之，如果君主能做到"与百姓同之"（《梁惠王下》），将自己所欲得到的美好事物与民共享，那便已经接近"王道"了。一切为了人民的政治乃是"与民同乐"的王道思想的根本要求。

（三）荀子的俭德思想

荀子（约公元前298年—公元前238年）名况，字卿，战国末期赵国人，其思想主要集中在《荀子》一书中。荀子生活的战国末期，新兴地主阶级已逐渐夺取了国家政权，建立全国统一的中央集权政权的要求更为强烈。荀子思想本宗于孔子，其伦理思想体系可以大体概括为：以人性都是好利恶害的性恶论为理论基础，以区别名分等级的"礼"这一规范体系为核心，以师法的教育和制裁为手段，以达到"化性起伪"，使人成为合乎封建道德所要求的人之目的。《荀子》书中"俭"字共出现9次；"奢"字出现3次，"侈"字共出现5次，皆作"奢侈"解。荀子在肯定人性好利的基础上，既反对纵情奢汰，也反对墨翟"大俭约而僈差等"的观点，提出了摒弃私欲、隆礼节用等观点。

1. 由礼而重己役物的治气养心之术

荀子的思想体系带有浓厚的法家色彩，但作为战国末期的儒家代表

---

① 徐复观：《中国思想史论集》，上海：上海书店出版社2004年版，第111页。

人物，他更提倡"隆礼"。人性论是荀子思想的理论基础，荀子对"礼"的起源、合法性、作用的论证都建立在其人性恶的基础上。在《性恶》中，荀子明确提出，"目好色，耳好听，口好味，心好利，骨体肤理好愉佚，是皆生于人之情性者也；感而自然，不待事而后生之者也"①。"色""听""味""利""愉佚"等都是人的感官或生理的天然需要，不需要人为就会产生，这是人的自然本性。从这一点讲，荀子和先秦众多思想家一样，持自然人性论。基于这一认识，荀子继续提出，"人之性恶，其善者伪也。今人之性，生而有好利焉，顺是，故争夺生而辞让亡焉；生而有疾恶焉，顺是，故残贼生而忠信亡焉；生而有耳目之欲，有好声色焉，顺是，故淫乱生而礼义文理亡焉。"也就是说，如果任凭人的自然本性发展，一切德性和道德规范都会消亡，争夺、杀戮、淫乱便会蜂拥而至，人类就像陷入了如 17 世纪英国哲学家霍布斯所描述的"战争状态"。霍布斯指出，"在没有一个共同权力使大家慑服的时候，人们便处在所谓的战争状态下。这种战争是每一个人对每个人的战争"。② 因此，为了避免这种"战争状态"的发生，"先王恶其乱也，故制礼义以分之，以养人之欲，给人之求，使欲必不穷于物，物必不屈于欲。两者相持而长，是礼之所起也"(《礼论》)。这便是荀子的"礼以养情"说，它明确了"礼"的作用：就是调节并满足人的欲望，使欲望不会因物质缺乏而不满足，使物质不会因满足欲望而消耗殆尽。荀子对"礼义"及其起源的论述，同霍布斯在"战争状态"之上论述的"自然法"及其产生过程具有某些相似之处。

荀子的"礼论"可谓是一反天命论和先验论的思想惯例，力图从社会自身的原因论证社会秩序与规范的必要性和合理性，这一点是值得肯

---

① 《荀子》，方勇、李波译注，北京：中华书局 2011 年版，第 379 页。《荀子》引言均为方本，只标章名。——译者注
② ［英］霍布斯：《利维坦》，黎思复、黎廷弼译，北京：商务印书馆 1985 年版，第 94 页。

定的。法国哲学家卢梭的"社会契约"理论同样也具有类似的论证逻辑。卢梭认为,"社会契约"是人们从"自然状态"过渡到"社会状态"的桥梁。并且,这一状态的转换使人的"行为中正义就取代了本能,而他们的行动也就被赋予了前此所未有的道德性"。而所谓"社会契约",如果我们撇开社会公约中一切非本质的东西,我们就会发现社会公约可以简化为如下的词句:我们每个人都以其自身及其全部的力量共同置于公意的最高指导之下,并且我们在共同体中接纳每一个成员作为全体之不可分割的一部分。① 荀子的"礼"与"自然法"和"社会契约"不同的是,"礼"是由先王或圣人制定,而后两者则是基于每个人的自愿。

既然"礼"的存在与意义在于调节人的欲望,而调节欲望又是治气养心的核心部分,那么依据"礼"、遵从"礼"——"由礼",理所当然地就成为了治气养心的首要原则。《修身》篇云:"凡治气养心之术,莫径由礼,莫要得师,莫神一好。夫是之谓治气养心之术也。""礼"的作用是正身,"师"的作用是正礼。总结起来,治气养心的方法就在于专心致志于"礼"。从荀子的"礼以养情"理论思路来看,荀子的立论依据主要有两点:一是"礼"本身的德性价值。在荀子看来,"礼"的德性价值不在于如何压制或禁止欲望,而在于以礼之"理"导欲,也就是用合理的方法认识和掌握社会道德规范,以理制情,从而使人"色""听""味""利""愉佚"等方面的天然情欲得到适度满足。可以说,荀子之"礼"的终极目的便是以"礼"之"理"引导人的自然欲望与感性情感,并使之上升为具有伦理普遍性的向善之情,从而引导人过合情合理的情感生活。② 凡用血气、志意、知虑,由礼则治通,不由礼则

---

① [法]卢梭:《社会契约论》,何兆武译,北京:商务印书馆2003年版,第20、25页。
② 郭卫华:《论荀子"礼以养情"的性情观》,载《广西社会科学》,2013年第2期,第49页。

勃乱提僈；食饮、衣服、居处、动静，由礼则和节，不由礼则触陷生疾；容貌、态度、进退、趋行，由礼则雅，不由礼则夷固僻违，庸众而野（《修身》）。二是能否遵循"礼"，不仅关系到人身体健康与否，也关系到德性与否。"俭"正是用"礼"来节制或限制人的欲望，所以，荀子说："士君子之容：……俭然"（《非十二子》）；"礼恭而意俭……是中勇也"（《性恶》）。荀子所推崇的君子的理想道德人格，是礼义的本源，因为君子的本色就是"实行礼义，贯彻礼义，加强礼义，极其喜好礼义"，修成君子这一理想人格的关键便是"由礼"而治气养心。

但是，"由礼"而治气养心并不是要求"禁欲"。从其人性论来看，荀子并不否认人的自然欲望，并且在《正论》篇中还驳斥了宋子"情之欲寡"的理论主张。荀子认为，"饥而欲食，寒而欲暖，劳而欲息，好利而恶害"，"目辨白黑美恶，耳辨声音清浊，口辨酸咸甘苦，鼻辨芬芳腥臊，骨体肤理辨寒暑疾养"，这都是"人之所生而有也"（《荣辱》）。君子与小人、圣人与恶人、君主与农夫、工匠在这些本性欲望上都是相同的，品格和德性的分野是由于"注错习俗之所积耳"，也即行为举止和习俗长期积累的结果。实际上，荀子是通过对德性和人格的后天性的肯定，来论证道德修养的可能性。各种感官生理的欲望既然是天生的，当然就不可以去除，"有欲无欲，异类也，生死也"（《正名》）。有欲和无欲是生和死的区别，欲望的去除只有一种情形，那就是生命的终结。由于物质财富的有限，即使是天子也不能完全使自己的欲望得到满足。但是，荀子认为，"欲虽不可去""欲虽不可尽"，但是"求可节"，从而实现"求者犹近尽"。换言之，人的欲望尽管无法完全满足，但在欲望的追求上可以依"礼"进行节制，使欲望的追求可以接近完全满足。所以，有道之士"进则近尽，退则节求"（《正名》），治气养心的方法没有比这个更好的了。

同时，荀子还认识到，欲望是人们认识"道"，从而是"循道正行"

的主要障碍。《解蔽》有云:"故为蔽:欲为蔽。"如果一味地放纵自己的欲望,肆无忌惮地追求"色""听""味""利""愉佚"等方面的满足,不仅对外会形成"战争状态",更重要的是对内——自身将"口衔刍豢而不知其味,耳听钟鼓而不知其声,目视黼黻而不知其状,轻暖平簟而体不知其安"(《正名》)。倘若如此,我们不禁就要问,这种对物欲的放纵,到底是养生呢?还是害生呢?所以,荀子认为,像"欲养其欲而纵其情,欲养其性而危其形,欲养其乐而攻其心,欲养其名而乱其行"一类的人,实际上是"己为物役"——为满足欲望而沦为外物的奴役。为解除欲望的蒙蔽,使人"循道正行",荀子提出要"重己役物"——重视自己身心的养护并役使外物,其实质便是"由礼"。"由礼"就可以心情平静愉快,即使"色不及佣而可以养目,声不及佣而可以养耳,蔬食菜羹而可以养口,粗布之衣,粗紃之履而可以养体,局室、芦帘、蒹槀蓐、尚几筵而可以养形"(《正名》)。总之,如果"己为物役",越是追求用高贵奢侈的物质来满足无尽的欲望,身心的损害便越大;如果"重己役物",即便俭约朴素的物质生活也可以供养生命且享受乐趣。

2. 隆杀中流相结合的等级消费道德

荀子对"礼"的起源的讨论,除了"人性恶"这一理论假说之外,还有一个重要的预设前提,那就是"人不能无群"。荀子认为,"人之生,不能无群,群而无分则争,争则乱,乱则穷矣。"人类之所以需要"礼",是因为人天生地需要在群体中生活,而群体不可避免地会产生争夺和混乱,最终导致穷困。荀子的这一预设前提,与亚里士多德关于"人类在本性上,也正是一个政治动物"[①] 的论断极为相似。在荀子这

---

① [古希腊] 亚里士多德:《政治学》,吴寿彭译,北京:商务印书馆1965年版,第7页。

里,"礼"不再是僵硬规定的形式仪容,也不再是无可解释的传统观念,而被认为是清醒理智的历史产物,即把作为社会等级秩序、统治法规的"礼",溯源和归结为人群维持生存所必须。① 对于群居生活为什么会产生争斗和混乱,荀子认为主要有两个方面的原因:一是"欲恶同物,欲多而物寡",物质匮乏不能满足所有人的欲望而引起起争斗;二是人们地位相同,但智慧和能力各异,如果"群而无分","无君以制臣,无上以制下,天下害生纵欲"(《富国》),争斗和混乱就会滋生。因此,先王才"制礼义以分之,使有贵贱之等,长幼之差,知愚、能不能之分,皆使人载其事而各得其宜,然后使悫禄多少厚薄之称,是夫群居和一之道也。"(《荣辱》)"礼"的实质就是用以区别贵贱、长幼、知愚、贫富、轻重等的标准。"天子袾裷衣冕,诸侯玄裷衣冕,大夫裨冕,士皮弁服";先王"为之雕琢、刻镂、黼黻文章,使足以辨贵贱而已,不求其观;为之钟鼓、管磬、琴瑟、竽笙,使足以辨吉凶、合欢、定和而已,不求其馀;为之宫室、台榭,使足以避燥湿、养德、辨轻重而已,不求其外"(《富国》),所有这些都是为了"有别""有分"、有等级,使人的群居生活和谐,没有争斗。

为了突出和强调"礼"的作用,荀子说"礼者,人道之极也"(《礼论》)。所有人——从天子以至士庶人——都要遵从于"礼",用"礼"来节制和制约自己的欲望,使"德必称位,位必称禄,禄必称用"(《富国》),荀子将之称为"称数",也即合乎法度。但是,"礼"本身并不具有划一性,而包含了三种不同的情况:一是"隆",也即隆重;二是"杀",也即俭约;三是"中流",也即中和适当。《礼论》有云:"礼者,以财物为用,以贵贱为文,以多少为异,以隆杀为要。文理繁,情用省,是礼之隆也。文理省,情用繁,是礼之杀也。文理、情用互为

---

① 李泽厚:《中国古代思想史》,北京:三联书店 2008 年版,第 111 页。

内外表里，并行而杂，是礼之中流也。"因此，君子对于大礼就必须隆重，对于小礼就必须简约，对于中理则应该适当。"郊止乎天子，而社止于诸侯，道及士大夫，所以别尊者事尊，卑者事卑，宜大者巨，宜小者小也"，说的正是这个道理。换句话说，就是要根据身份等级、"礼"的级别来确定财物多少、贵贱隆杀，俭奢与否都取决于是否合"礼"。所以，荀子既反对"纵情性，安恣睢""淫大而用之"等超过"礼"的奢侈放荡，又反对"僈差等"的过分节俭。在《非十二子》中，荀子对墨翟和宋钘的无差别的节俭主张进行了严厉的批评，认为"大俭约而僈差等"的思想否认了人与人之间的差别，否认了君与臣之间的等级，只能使人重归"群而无分"的状态。《大略》又云："《聘礼》志曰：'币厚则伤德，财侈则殄礼。'礼云礼云，玉帛云乎哉！诗曰：'物其指矣，唯其偕矣。'不时宜，不敬文，不驩欣，虽指非礼也。""礼"虽然是以财物作为工具，以多少作为差别，但它们并不决定"侈"和"俭"，因为"礼"并非就是指金银、玉帛之类的财物。

以服饰为例，荀子认为穿着要合于"礼"，而言行举止则要合于穿着，也即被服于外而所以制其心。荀子援引了鲁哀公与孔子的对话进行论证分析。鲁哀公问孔子，"章甫、絇屦、绅带而搢笏者"是贤能的人吗？孔子对曰："不必然，夫端衣、玄裳，絻而乘路者，志不在于食荤；斩衰、菅屦、杖而啜粥者，志不在于酒肉。"鲁哀公有问孔子，穿戴委帽、腰带、章甫对于"仁"有益处吗？孔子蹴然曰："君号然也？资衰、苴杖者不听乐，非耳不能闻也，服使然也。黼衣、黼裳者不茹荤，非口不能味也，服使然也。"（《哀公》）"端衣、玄裳，絻而乘路者""资衰、苴杖者"和"黼衣、黼裳者"都是指穿着祭服举行祭礼的人，他们"不听乐""不茹荤""啜粥"，并不是因为没有"色""听""味""利""愉佚"等方面的欲求，也并不意味着他们就具有节俭的德性，而是因为祭服和祭礼要求他们节制自身耳、口的欲求。在这里，服饰象征人的身份、修养甚至状态,而象征又反过来制约着人的身份、修养和状态,通过这种"垂衣而治"的象征系统,儒者相信可以整顿秩序。① 因此,"不听乐""不茹荤""啜粥"是否为"俭","听乐""茹荤"是否为"侈",这取决于是否符合人的身份等级,是否符合"礼"的规定性。

荀子说:"礼者,谨于治生死者也。"(《礼论》)前文所讨论的基本都是如何用"礼"来对待"生"。那么,对待"死","礼"又是怎样规定的呢?在棺椁衣衾方面,"天子棺椁七重,诸侯五重,大夫三重,士再重,然后皆有衣衾多少厚薄之数,皆有翣菨文章之等以敬饰之",刑余罪人则"棺椁三寸,衣衾三领,不得饰棺";在治丧规模方面,"天子之丧动四海,属诸侯;诸侯之丧动通国,属大夫;大夫之丧动一国,属修士;修士之丧动一乡,属朋友;庶人之丧合族党,动州里;刑余罪人之丧,不得合族党,独属妻子";在居丧时间方面,"三年以为隆,缌、小功以为杀,期、九月以为间",即居丧三年是隆重的礼,居丧三个月和五个月的缌、小功是最轻的礼,居丧一年或九个月是中间的礼。荀子还指出,为君主居丧必须是三年,而且认为"以三年事之犹未足也,直无由进之耳"(《礼论》)。对于那种推崇"太古薄葬,棺厚三寸,衣衾三领"的观点,荀子给予了坚决的反对,说那是奸邪的人用来欺骗愚蠢者以从中谋利的歪理。依据荀子的论说,天子棺椁七重、丧动四海、居丧三年都是理所当然的,如果降格从俭而用诸侯、大夫、士或刑余罪人丧葬之礼,就于礼不合;同样地,刑余罪人、士、大夫、诸侯僭越等级进行丧葬,也于礼不合。荀子还认为,在居丧期间,君子"齐衰、苴杖、居庐、食粥、席薪、枕块"(《礼论》),并不是为了"节俭"或喜欢如此,而是为了合乎丧礼所要求哀痛感情。可见,对待"死"和对待"生"是一致的,都不能以量化的财物标准来衡量"侈"和"俭",关

---

① 葛兆光:《中国思想史》,上海:复旦大学出版社2001年版,第90页。

键是消耗的财物多少是否符合"礼"的等级规定。

3. 独侈危国与聚敛者亡的君道理论

"礼"不仅仅是荀子道德规范体系的核心内容,也是荀子政治伦理思想的核心内容。《天论》有云:"君人者,隆礼尊贤而王,重法爱民而霸,好利多诈而危,权谋倾覆幽险而亡矣。"可见,"隆礼"是荀子君道思想的核心。荀子的隆礼,基本内容是区别等级贵贱,维护封建等级制,而这种等级制的最高点,就是国君,因而隆礼最终必然导向尊君。①因此,荀子直言不讳地说:"故礼、上事天,下事地,尊先祖,而隆君师。是礼之三本也。"(《礼论》)礼的三个根本就是:事奉天地,尊崇祖先,隆尚君主。此三者的关系则是:事奉天地和尊崇祖先是隆尚君主的前提条件。因此,"天子大路越席,所以养体也;侧载睾芷,所以养鼻也;前有错衡,所以养目也;和鸾之声,步中《武》《象》,趋中《韶》《护》,所以养耳也;龙旗九斿,所以养信也;寝兕、持虎、蛟韅、丝末、弥龙,所以养威也;故大路之马必信至教顺,然后乘之,所以养安也",符合"礼"的等级规定,不能算是奢侈。不仅如此,君主还要懂得"人之情为欲多而不欲寡,故赏以富厚而罚以杀损也"的道理,使"上贤禄天下,次贤禄一国,下贤禄田邑,愿悫之民完衣食"(《正论》)。这种根据等级身份、贤能等次来进行赏罚的君道思想,实际上就是其等级消费道德在政治领域的实践。

尽管荀子认为君主可以按照礼制,高于诸侯、大夫、士、庶人的等级养体、养鼻、养目、养耳、养信、养威和养安,但他也反对君主毫无节制的奢侈浪费。以齐桓公为例,荀子认为像齐桓公一样"闺门之内,般乐奢汰,以齐之分奉之而不足",正是"仲尼之门,五尺之竖子,言

---

① 朱日耀:《中国政治思想史》,北京:高等教育出版社1992年版,第41页。

羞称乎五伯"(《仲尼》)的主要原因。在《正论》篇中，荀子还以诛奢侈放纵的暴君若诛独夫的观点，对社会上"桀纣有天下，汤武篡而夺之"的思想进行了反驳。荀子说："暴国独侈，安能诛之，必不伤害无罪之民，诛暴国之君，若诛独夫。"所以，桀、纣并非是丢掉了天下，而是其暴虐与奢侈放纵，"乱礼义之分，禽兽之行，积其凶，全其恶，而天下去之也"；汤、武也并非是夺取了天下，而是"修其道，行其义，兴天下之同利，除天下之同害，而天下归之也"。荀子还指出，君主有三种邪念会成为危害国家的大灾难：第一种是"大国之主也，而好见小利"；第二种是"其于声色、台榭、园囿也，愈厌而好新"；第三种是"不好修正其所以有，啑啑常欲人之有"(《王霸》)。君主有这三种邪念存于心中，是"不隆本行、不敬旧法"的表现。只要君主满怀奢侈享乐的邪念，朝廷群臣、众庶百姓跟随而不隆礼义、好贪利，国家陷入危亡是必然的。

不管君主从事哪一种奢汰侈靡的享乐行为，其所消耗的财富都来源于人民。有道之君取民有制，使人民富裕；无道之君聚敛无度，使人民贫困。《王制》云："王者富民，霸者富士，仅存之国富大夫，亡国富筐箧，实府库。筐箧已富，府库已实，而百姓贫，夫是之谓上溢而下漏。"主上如此，朝廷群臣也会争相效法，乘机多取少予，"以无度取于民"(《君道》)。所以说，"聚敛"是招寇、肥敌、亡国、危身之道，贤主明主不齿为之。尽管"目欲綦色，耳欲綦声，口欲綦味，鼻欲綦臭，心欲綦佚"是人情所不能避免的，但是君主如果"急逐乐而缓治国"，仍然是大错特错，就像喜好声色却无视耳目一样可悲。只有"天子诸侯无靡费之用，士大夫无流淫之行，百吏官人无怠慢之事，众庶百姓无奸怪之俗，无盗贼之罪"(《君道》)，才能称得上道义遍行天下。为了使自己的理论更具有说服力，荀子以秦国"四世有胜"的客观必然性进行了佐证。他认为秦国取得胜利，并非侥幸，而是在地理、人民、官吏、士大夫、朝廷等方面蕴含着必胜的因素，其中与"节俭"相关的有两个方面：一是百姓淳朴，音乐不淫荡污秽，服装不怪异，风俗尚俭；二是各级官吏恭敬"节俭"、敦厚可敬、忠诚守信。总之，如果国家礼乐制度完备，名分等级清楚，聚敛有度，无靡费之用，则"赏不用而民劝，罚不用而威行"，人民会像亲近父母一样亲近他，像敬畏神明一样敬畏他，君主的"道德之威"就能形成，国家也因此而安定强大。相反，如果聚敛无度，靡费之用、流淫之行泛滥，乱天下礼义之分，赏罚用而不行，人亡国灭就在所难免。

4. 节用裕民与节流开源的足国之道

荀子俭德思想还有一个重要特色，就是对"俭"与足国富国之间的关系进行较为深刻的论述。《富国》云："足国之道，节用裕民而善臧其余。节用以礼，裕民以政。"也就是说，一方面要按照礼制节约费用，同时贮存多余的财物；另一方面要制定相应的富民政策使人民富裕。"节用裕民"不仅能使君主获得仁义、贤良的美名，而且还能使君主收获堆积如山的财富。相反，如果不懂得"节用裕民"，向人民索取的太多，人民就会变得贫穷，人民贫穷就无力扩大生产，田地因此荒芜、农业生产因此减半，即使君主大肆聚敛，获得的财富仍然很少，而且还会落得贪婪敛取的恶名。如果将富民政策限定为"重本""强本"——实施刺激农业生产发展的各种政策——荀子实际上就是这么做的，荀子的"足国之道"也可以概括为：务本用节财无极（《成相》），抑或"强本而节用，则天不能贫；本荒而用侈，则天不能使之富"（《天论》）。不难发现，贯穿在荀子经济主张中的一个特点是把"节其流"与"开其源"结合起来。① 因此，荀子说乱世的特征就是："其服组，其容妇。其

---

① 朱日耀：《中国政治思想史》，北京：高等教育出版社1992年版，第43页。

俗淫，其志利，其行杂，其声乐险，其文章匿而采，其养生无度，其送死瘠墨，贱礼义而贵勇力，贫则为盗，富则为贼"(《乐论》)；治世的特征则与此相反。

对于为什么要"节用"，撇开其"裕民"的功利结果，如果从人本身来进行考察，荀子认为有两个方面的原因：一是"人之情，食欲有刍豢，衣欲有文绣，行欲有舆马，又欲夫馀财蓄积之富也，然而穷年累世不知不足"(《荣辱》)，也即人对刍豢、文绣、舆马等物质方面的欲求和财富蓄积的欲求不知满足，"礼"给人这种不知满足的欲望提供了节制的道德规范；二是"节用御欲，收敛蓄藏以继之也，是于己长虑顾后"，也即出于长远考虑，未雨绸缪。那些苟且偷生、浅陋愚昧的人，不懂得"节用"的道理，极其奢侈浪费，完全不考虑以后的生计，陷入穷困潦倒、受冻挨饿的境地在所难免。因此，有道的君子为天下百姓做长远考虑，省吃俭用，收藏积蓄，并将这些行为推广至天下。荀子说："刑政平，百姓和，国俗节，则兵劲城固，敌国案自诎矣。务本事，积财物，而勿忘栖迟薛越也，是使群臣百姓皆以制度行，则财物积，国家案自富矣。"(《王制》)意思就是通过"节俭"并累积财富，实现民富国富。

荀子的"节用"以"礼"为标准和依据，即节用要按照礼的规定，不同等级的人根据各自所属等级标准来进行消费，不超过这个等级标准即可。因此，荀子反对墨子的节用观。荀子在《富国》中指出，"为人主上者不美不饰之不足以一民也，不富不厚之不足以管下也，不威不强之不足以禁暴胜悍也"。言下之意，君主就是要通过"撞大钟、击鸣鼓、吹笙竽、弹琴瑟""鏤琢、刻镂、黼黻、文章"来彰显华美尊贵，通过"刍豢、稻粱、五味芬芳"来彰显富有，通过增加仆人、完备官职、加重奖赏、严厉刑罚来警戒人心。从而使天下万民都知道自己想要的在君主这里，君主的奖赏才能发挥作用；使天下万民都知道自己所畏惧的都在君主这里，君主的刑罚才有威严。总之，君主之"赏行""罚威"，

"万物得宜，事变得应，上得天时，下得地利，中得人和，则财货浑浑如泉源，汸汸如河海，暴暴如丘山"（《富国》）。

但是，如果实行墨子的节用主张，天下会因崇尚节俭而变得贫穷，君主虽劳苦憔悴而没有治理功效。为什么会出现这种局面呢？荀子认为，按照墨子的逻辑去实施治理的话，君主就需要忧心忡忡地穿着粗布衣服，吃着恶劣食物，忧愁的反对音乐，自己生活微薄而欲望得不到满足，天下万民必将认为他们想要的东西无法从君主这里获得，君主的奖赏也就无法实行；君主还需要减少仆从，削减官职，推崇功业和劳苦，同民众做同样的事、建一样的功，威严就会丧失，天下万民必将认为他们所畏惧东西不在君主这里，君主的刑罚也就无法实行。总之，君主之"赏不行""罚不行"的结果就是"万物失宜，事变失应，上失天时，下失地利，中失人和，天下敖然，若烧若焦"（《富国》）。可见，如果遵从墨子的节用主张，即使像墨子一样穿着粗布衣，系着粗绳腰带，吃着粗茶淡饭，也不能实现民富国富。一切"伐其本""竭其原"的努力注定是徒劳无功，君主不应效法。

所以，荀子认为如果墨子的"节用"学说得到推行，就会出现"天下尚俭而弥贫"的局面。也就是说，"节用"必须有"度"，这个"度"就是荀子所推崇的"礼"。人们的一切消费行为都要时刻体现出礼，要严格根据所属的社会地位使"衣服有制，宫室有度，人徒有数，丧祭械用皆有等宜"（《王制》）。如此一来，"消费成为人们地位和权力的标志，人们只有安于现状，各得其所，万物才能协调，国家才能具备天时、地利、人和的有利条件"[①]，民富国富才有可能实现。

"节用"是实现民富国富的消极方面，积极方面则是要实实在在增加社会财富，而这必须依靠劳动生产者，依靠发展农业生产。荀子说：

---

① 任怀国、陈新岗、李秀英：《中华伦理范畴：俭》，北京：中国社会科学出版社2006年版，第46页。

"上好功则国贫,上好利则国贫,士大夫众则国贫,工商众则国贫,无制数度量则国贫。下贫则上贫,下富则上富。故田野县鄙者,财之本也;垣窌仓廪者,财之末也。百姓时和、事业得叙者,货之源也;等赋府库者,货之流也"(《富国》)。"上好功"则必然要加重对农民的征用役使,"上好利"则必然要加重对农民的税赋征敛,民力竭、民财空必然就导致农民贫困。而士大夫、工商众属于寄生阶层,他们的人数越多意味着从事劳动生产的人数越少,农业生产自然要受到限制。农民贫困、农业减产,士大夫、工商众人数众多,国家必然就贫困了。因此,荀子提出要"知本末源流",而后"节其流,开其源",实质上就是将节约使用与增加财富相结合。"垣窌""仓廪""等赋""府库"等是末、是流,代表的是已取得的物质财富,节流就是要节省费用开支;"田野县鄙""百姓时和""事业得叙"等是本、是源,代表的是农村、农民、农业,开源实际上就是使农村繁荣、农民富裕、农业发展。如何开源呢?荀子认为应该"轻田野之赋,平关市之征,省商贾之数,罕兴力役,无夺农时,如是则国富矣"(《富国》),而推行这些举措便是所谓的"以政裕民"。

八　先秦道家的俭德思想

在先秦诸子中，极力推崇俭德并对其重要性进行全面论述的，非老子开创的道家学派莫属。道家崇俭去奢的主张和孔孟所提倡的安贫乐道、宋明理学家所提倡的存理去欲等道德主张互相补充，深刻地影响着中华民族的心理性格，成为广大中国人的基本生活信条。① 本章对道家俭德思想的研究，主要以《老子》《庄子》和《吕氏春秋》三部经典著作为考察对象，对先秦道家就"俭"所做的深刻探讨予以解读和诠释。

（一）老庄的俭德思想

老子姓李，名耳，字聃，楚国苦县厉乡曲仁里人，其思想主要体现在《老子》（又名《道德经》）一书中。老子生平与《老子》的成书年代，学界至今争议未决。但依吕振羽先生之说，由于春秋末年强势领主的兼并，曾引起若干中小领主贵族的没落，这种没落者的呼声和其悲观失望的愤懑情绪，在老聃的全部著作中能充分表现出来。② 作为道家代

---

① 吕锡琛：《道家与民族性格》，长沙：湖南大学出版社1996年版，第164页。
② 吕振羽：《中国政治思想史》，北京：人民出版社1949年版，第54页。

表人物的老子,在节俭和奢侈问题上有着深刻的见解和体悟。司马迁在《史记·老庄韩非列传》中记载:"孔子适周,将问礼于老子。老子曰:去子之骄气与多欲,态色与淫志,是皆无益于子之身。吾所以告子,若是而已。"① 虽然"俭"在《老子》中只出现了3次,"奢"仅出现了1次,但老子在处世、养生、修身和治理四个维度阐述了"宝俭去奢"的重要性。他所倡导的"知足知止"的处世之道、"少私寡欲"的养生之道、"去甚、去奢、去泰"的修身之道以及"俭故能广"的治理之道蕴含了深刻的思想智慧。

1. "知足知止"的处世之道

对社会政治和人生的特别关注,是中国哲学的一种普遍特质,老子的哲学思想亦是如此。老子的道论哲学体系落实到社会政治层面就是其社会政治哲学,落实到人生层面就是其人生哲学。老子的人生哲学主要是用来协调自我与他我的关系、人与自我的关系,而这两种关系的协调都须效法大道自然。自我与他我关系的协调回答的是如何应对他人和社会,即如何处世的问题;人与自我关系的协调回答的是如何养护身心,即如何达成理想人格的问题。因此,可以认为老子人生哲学的实质就是"大道的品格在人生领域的体现,其生活态度乃是自然主义的态度,作为这种生活态度之具体化的养生之道、修身之道与处世之道,亦完全与自然主义的基本精神相契合"②。从老子俭德思想的角度来看,其处世之道可以归结为"知足知止"的基本原则。

放眼观看当今社会,处处可见社会成员在争权夺利的圈子里挣扎,不仅使自身压力过大而影响身心健康,也使人与人之间的关系变得紧张,以至于造成彼此之间的隔阂。老子早就警告世人,"祸莫大于不知

---

① 司马迁:《史记》,南京:江苏古籍出版社2002年版,第509页。
② 陈鼓应、白奚:《老子评传》,南京:南京大学出版社2001年版,第245—246页。

足；咎莫大于欲得。故知足之足，常足矣"(《老子·四十六章》)①。倘若一个人欲壑难填，不停的追求功名利禄，势必要与其他人发生竞争，也势必将减少他人获得这些社会资源的机会，人际关系必然就会因此而变得紧张。

对于懂得知足和知止的人，老子分析了他们将会获得的回报。老子说："知足不辱，知止不殆，可以长久。"(《老子·四十四章》) 为什么"知足""知止"便能"不辱""不殆"？《老子道德经河上公章句》认为，"知足之人，绝利去欲，不辱于身；知止则止，财利不累于身心，声色不乱于耳目，则终身不危殆也。人能知止知足，则福禄在己，治身者神不劳，治国者民不扰，故可长久"。② 这就是告诉世人，不要轻身而徇名利，知道满足才能不会受到屈辱；不要因财货名利、声色犬马损害身心健康，知道适可而止才不会陷入危险。概言之，一个人能够"知足知止"，修养身心和治理国家都能取得成功。同时，老子还说："知足者富。"(《老子·三十三章》) 对此，《章句》这样解释说"人能知足，则长保福禄，故为富也"，王弼同样也认为"知足者，自不失，故富也"③，无疑都是肯定"知足"与"富有"之间的存在紧密联系。

确实，"知足知止"不仅对调息人的身心有着重要作用，而且通过减少自我与他我之间产生冲突的几率，也缓和了人际矛盾。老子这里提到的"不辱""不殆""长久""富"实际上就是对身心健康、人际关系的和顺、个人事业发展有利的东西。

"知足知止"的处世原则还可以概括为以下两个方面的内容：

第一，宠辱不惊，虚怀若谷。一般来说，世人对宠辱毁誉都看得极

---

① 陈鼓应：《老子注译及评价》，北京：中华书局1984年版。老子引言均为陈本，只标示章号。——作者注

② 《老子道德经河上公章句》，王卡点校，北京：中华书局1993年版。下称《章句》。——作者注

③ 王弼：《老子道德经注校释》，楼宇烈校释，北京：中华书局2008年版。

重，就如同大患降临到自己身上，更有甚者还将其视为是比生命还重要的东西。在老子看来，受辱固然会损伤人的自尊，是卑下的；但受宠其实也将使人的人格丧失独立性和完整性，因为受宠之人必然会因这份殊荣而战战兢兢、诚惶诚恐。因此，老子认为："宠辱若惊，贵大患若身。何谓宠辱若惊？宠为上，辱为下，得之若惊，失之若惊，是谓宠辱若惊。"（《老子·十三章》）老子在此特别要肯定和珍贵的东西就是"身"，也即要贵身。当然，这并不是说要以自我为中心，完全排斥他我、轻视他我，而是要像关注大患一样贵身。换言之，贵身就是不要太在意外在的"宠"和"辱"，把它们当成是身体的大患，这样才能漠视外在的宠辱，也即宠辱不惊。

而要做到宠辱不惊，就必须具备"谷"一样的"虚"的特性。在老子看来，"谷"的"虚"性正是"道"的外在表现。首先，"谷"空豁而包容。老子说："旷兮其若谷"（《老子·十五章》）；又说："知其荣，守其辱，为天下谷。"《章句》对"谷"的解释是，"谷者，空虚。不有德功名，无所不包也。"可见，老子认为，善为士者，也即有道之士应像山谷一样容天下难容之事，尤其是在面对物质利益上的冲突和分歧时更应宽宏大量，方能众望所归，成就功业。其次，"谷"收敛而谦逊。老子说："不自见，故明；不自是，故彰；不自伐，故有功；不自矜，故长。"（《老子·二十二章》）世俗之人往往急功近利、炫耀攀比，而有道之人则如"谷"般深邃收敛，从不自示高贵，从不炫耀才华和财富。再次，"谷"善下而不争。老子针对当时统治阶级的争雄竞霸、尊贤荣贵、奢靡淫泆，提出"江海所以能为百谷王者，以其善下之，故能为百谷王"（《老子·六十六章》），意思是要统治者"善下""不争"，不要将自己对物欲的放纵放置于天下人之上，这样才能赢得天下人的尊敬和认同。

第二，富贵不骄，赈贫怜贱。处世有道还需要树立正确的财富观，处理好个人财富与社会及个人应承担的社会责任之间的关系。老子认为："金玉满堂，莫之能守。富贵而骄，自遗其咎。功遂身退，天之道也。"(《老子·九章》)"金玉""富贵"等世俗的功名利禄是世人热心追求的东西，大多数人都对其趋之若鹜。老子此句意在告诫世人，尤其是掌握社会资源的精英阶层应该懂得，贪慕虚荣、无度挥霍、富贵而骄必然自取其祸。

对老子的这一论说，《章句》解释道："嗜欲伤身，财多累身。夫富当赈贫，贵当怜贱，而反骄恣，必被祸患。功成事立，名迹称遂，不退身避位，则遇于害，此乃天之常道也。譬如日中则移，月满则亏，物盛则衰，乐极则哀。"首先，"日中则移""月满则亏"的自然现象说明了"物盛则衰"的客观规律，人们不应一味地追求物质财富，贪慕功名富贵，要适可而止，切忌得寸进尺，放纵私欲无限制的膨胀。其次，"富贵而骄，自遗其咎"的道理也又一次说明，人们应该正确对待其所掌握的财富，切忌因拥有大量的社会财富而骄恣妄为，无节制的奢靡浪费，或者大肆炫耀"难得之货"。这里老子是运用矛盾对立面相互转化的辩证观点，深刻阐明有关财富权位的某些得失规律，将持守俭德与人们企望安全、健康的生理与心理的需要直接联系起来，从而具有更强的警世作用。[①]再次，有道之士在反对奢侈浪费的同时，还应懂得：如果"金玉满堂"，便应该"富当赈贫，贵当怜贱"，通过自身所拥有的社会财富和资源承担更多的社会责任。

2."少私寡欲"的养生之道

老子十分珍视生命，也非常注重养生。他说："名与身孰亲？身与货孰多？得与亡孰病？是故甚爱必大费；多藏必厚亡。"(《老子·四十四章》)外在的名利、富贵相比生命而言都不重要，一味贪求这些生命

[①] 吕锡琛：《道家与民族性格》，长沙：湖南大学出版社1996年版，第170页。

之外的名利富贵，只会损伤生命、危及生命。而且，老子主张将身、心和德三者统一起来，强调身心健康和德性修养之间的相互影响，为后世道教的养生思想奠定了理论基础，也对当代社会人们的养生实践提供了思想智慧。虽然老子重视养生、爱护生命，但是他并不主张过度地去奉养身体或生命以求生。老子提倡的是"见素抱朴，少私寡欲"（《老子·十九章》）的养生理念。在老子看来，理想的人应是虚其心，实其腹，无知无欲，如水之随形逶迤。①

为什么要将"少私寡欲"作为养生的核心理念和原则？因为在老子看来，世人依赖外物过分奉养生命的做法非但不能养生，反而会置人于"死地"。老子指出："出生入死。生之徒，十有三；死之徒，十有三；人之生生，动之于死地，亦十有三。夫何故？以其生生之厚。"（《老子·五十章》）依据老子的这一论说，人生在世，大概有十分之三的人能够长寿，十分之三的人短命，而这些都是属于自然死亡。另外还有十分之三的人，本来有机会长寿，但由于奉养身体或生命过重，贪厌好得，迷失于感官欲望的享乐中，反而糟蹋了自己的生命。只有剩下的极少数人，清心寡欲，珍爱和养护自己的生命，过着纯朴而自然的生活，得到了长寿。同时，老子还提出，"益生曰祥"（《老子·五十五章》）。王弼解释说："生不可益，益之则夭也。"也就是说，纵欲贪生就会遭受灾殃，与养生之目的背道而驰。老子的养生主张实际上也直接体现着其"无为"思想，其与世俗的养生观的一个最重要的不同就是，世俗之人将欲望满足和奢侈享乐作为养生的重要方式，而老子则将这些行为称为"厚生""益生""死地"。

在老子看来，养护生命的一项主要活动就是要避免生命受到诸如兕虎、甲兵等外在危险的威胁。这就要求人们必须行无为之道，"要处处

---

① 张学智：《道家在先秦的发展轨迹》，载《北京大学学报（哲学社会科学版）》，2018年第6期，第42—49页。

小心，不要进入危险范围，只有无所作为，才最安全、最足以保全性命"。① "动之死地"的根本原因就是"生生之厚"，就是欲望太多、欲求太多，如此则势必竭力追求欲望的满足，因而就无法避免与人相争，危险也就随之而来。所以，"善摄生者，陆行不遇兕虎，入军不被甲兵。兕无所投其角，虎无所措其爪，兵无所容其刃。夫何故？以其无死地"（《老子·五十一章》）。"无死地"的原因就在于善于养生的人能够清静寡欲，无为而不争，因此兕虎和甲兵也就无法成为其生命之威胁。当然，这种不争便可全然"无死地"的观点未免太过天真和理想主义色彩，但从减少外部威胁而保全生命的角度来看，也具有一定的道理。

既然生生之厚非但不能养生，还会置人于死地，那究竟该如何奉养身体或生命呢？《老子》将"少私寡欲"、崇俭抑奢视为重要的养生原则，认为沉溺于声色滋味等感官享受之中，将会大大地损害身体。② 对于奉养身体延续生命，老子主张只求安饱，尽量避免各种感官的享乐，不要沉溺于声色犬马的奢靡生活，即应"为腹不为目"的生活。"为腹"就是要在物欲方面但求满足人生存的基本需要，即过一种俭朴、清静的生活；"为目"就是指放纵物欲，尽情追逐感官刺激，淫泆奢靡。对此，老子警告说："五色令人目盲；五音令人耳聋；五味令人口爽；驰骋畋猎，令人心发狂；难得之货，令人行妨。"（《老子·十二章》）从字面上来理解，老子这段话语是对感官需要的全盘否定和排斥，显得十分偏执甚至有违常理，不近人情。然而，只要我们仔细琢磨老子之深意，就不难体会到，他实际上是希望通过这些极端和激烈的语言告诫人们，如果沉溺于物欲和声色之娱，必将导致损害身心的严重后果。

对于老子"为腹不为目"的养生之法，王弼解释说："为腹者以物

---

① 任继愈：《老子新译》，上海：上海古籍出版社1985年版，第167页。
② 吕锡琛、刘文杰：《论道家人生智慧的防腐养廉机制》，载《华南师范大学学报（社会科学版）》，2013年第2期，第156页。

养己,为目者以物役己,故圣人不为目也。"从人的需要的角度来看,"五色""五音""五味""驰骋畋猎"和"难得之货"包含但并不完全是人的基本生存需要,过分追求感官物欲的满足,将会使"以物养己"变为"以物役己",难免自招痛苦。西方现代哲学家、法兰克福学派的代表人物赫伯特·马尔库塞(Herbert Marcuse)曾针对现代西方社会的弊病而指出,现代人的大多数需要,诸如休息、娱乐、按广告宣传来处世和消费、爱和恨别人之所爱和所恨,都属于虚假的需要这一范畴之列。① 顺着马尔库塞的这一观点来看,老子提出的"为腹"是真实的需要,"为目"则更像是虚假的需要,"为腹不为目"就是要满足真实的需要,而尽量避免虚假的需要对人的奴役和控制,从而避免外物对人的奴役和控制。

老子在强调对身体的合理蓄养的同时,还十分重视养心。蔡元培先生指出:"老子以降,南方之思想,多好为形而上学之探究。盖其时北方儒者,以经验世界为其世界观之基础。繁其礼法,缛其仪文,而忽于养心之本旨。故南方学者反对之。"② 老子的思想体系不仅是重视养心,而且也抓住了养心的关键和根本。这个关键和根本就是,遵从于"道"。老子说:"天下有始,以为天下母。既得其母,以知其子;既知其子,复守其母,没身不殆。"(《老子·五十二章》)这个"始"和"母"如果一定要冠以名称,"字之曰道",其特性便是"法自然"。我们认为,《老子》书里的所谓"自然",就是自然而然的意思,自然而然就是天然,没有人为的成分。③ 遵从于"道",也就是要因顺自然,回归于人的本性,即老子所倡导的"复归于婴儿"。养心就是要使人回归到本真,像婴儿一样没有人为的、过多物欲追求的纯朴状态。如果只停留于动物

---

① [美]赫伯特·马尔库塞:《单向度的人——发达工业社会意识形态研究》,刘继译,上海:上海译文出版社1989年版,第6页。
② 蔡元培:《中国伦理学史》,北京:东方出版社1996年版,第24页。
③ 童书业:《童书业著作集(第1卷)》,北京:中华书局2008年版,第818页。

性需要的满足，内在的贪欲将使人沉沦于纸醉金迷生活的诱惑，人的心灵将变得空虚，最终出现"心发狂"的现象。对照现代社会中那些沉溺于感官享乐的狂欢而伤风败俗、毫无廉耻的行径，老子"少私寡欲"的养生之道实在不失为一剂良方。

3."去甚、去奢、去泰"的修身之道

在护养身心的同时，老子还注重从修养德性的角度来养生，即通过提升德性来全生长生。老子说："含德之厚，比于赤子。蜂虿虺蛇不螫，攫鸟猛兽不搏。骨弱筋柔而握固，未知牝牡之合而朘作，精之至也。终日号而不嗄，和之至也。"（《老子·五十五章》）老子将赤子比作德性崇高的人，把能返回婴儿般的纯真柔和状态视为"精之至""和之至"。对此，王弼解释说，"赤子，无求无欲，不犯众物，故毒螫之物无犯之于人也。含德之厚者，不犯于物，故无物以损其全也"。王弼的释义是非常符合老子本意的。因为，如果人纯真得像婴儿，清静无欲，与物无争，也就是"惟道是从"，也就具备了老子所推崇的"孔德"。合于道、遵从道，不仅是养生全生的法门所在，也是修身成圣的核心要义。

修身就是主体对内在的道德和性情的修养。传统修身之道的理想人格境界就是成为圣人。由老子开创并代表的道家也十分重视修身，但他们的修身学说并不同于儒家把伦理作为重心和目标，而是将修身之道建立在自然的基础之上，也即以老子的自然主义哲学为理论指导。老子在论述其处世之道、养生之道的同时，还提出修身之道，其目的在于：使主体掌握大道自然，从而具备伟大的品德与性情，最终形成理想道德人格——圣人。至于如何修身成圣，老子主张"去甚、去奢、去泰"（《老子·二十九章》）。《章句》对"甚""奢""泰"的解释是，"甚谓贪淫声色。奢谓服饰饮食。泰谓宫室台榭"。简单地说，"去甚、去奢、去泰"就是要在衣食住行即人的感官享受方面放弃无度挥霍、奢侈浪费。

"去甚、去奢、去泰"要求人们在对物质追求上适可而止,实际上提出了一种限制欲望和适度消费的理念。① 老子所倡导的"去甚、去奢、去泰"的修养之道,包括见素抱朴、致虚守静、复归于婴儿和玄同玄德等四个重要原则。

第一,见素抱朴。这一修身原则是老子针对其所处社会的道德状况提出来的,是一种矫正时弊的自我修养方法,目的在于使人们能恢复天性自然的道德。从字义上讲,"素"是指未经染色的丝,"朴"则是未经雕饰的木头。老子主张的见素抱朴(《老子·十九章》),是其倡导的俭德的一种体现,也表现出他对人性自然的推崇,实质上就是将"法自然"作为最基本的道德价值取向和修身原则。"俭"之为"德",其旨归在于持守自然之道,因而被老子称为"三宝"之一。② 老子说:"是以大丈夫处其厚,不居其薄;处其实,不居其华。故去彼取此。"(《老子·三十八章》)《章句》曰:"处其厚者,谓处身于敦朴。"大丈夫,也即得道之人要立身敦厚,不居于虚华,切忌"珠珠如玉"一般华丽,而应"珞珞如石"一样质朴。老子之所以推崇朴素自然的道德,而反对人为制定的道德,不仅因为大道本身就是"朴"——"道常无名,朴"(《老子·三十二章》),也因为"朴"乃"善为道者"的真常之德——"常德乃足,复归于朴"(《老子·二十八章》)。当人们的行为背离大道"化而欲作"之时,就必须"镇之以无名之朴",向真朴的自然之性复归。

第二,致虚守静。修身成圣的功夫,既包括修德,也包括修心。在修心也即自我性情的修养方面,老子主张"致虚极,守静笃"(《老子·十六章》)。《章句》认为,致虚守静就是要"捐情去欲,五内清静,至于虚极"。从修养情性的角度来看,"虚"是指心境空明的状态,也即无

---

① 朱贻庭:《"天人合一"的道德哲学精义》,载《华东师范大学学报(哲学社会科学版)》,2017年第4期,第12—19页。
② 孙秀昌:《老子"俭"德探微》,载《河北学刊》,2012年第5期,第35—41页。

欲;"静"则指的是心灵不受外物干扰的状态,也即无为。"甚""奢""泰"就是由于私欲的膨胀和外物的干扰,使心灵失去了"虚"和"静"。至于修心应达到什么样的程度,老子认为必须达到"极"和"笃"的最高境地。而要到达心灵修养的最高境地,首要的是应"少私寡欲"。私欲的膨胀不仅对处世不利、对保全生命不利,而且还会戕害人的自然之性和自然之德。所以老子提倡"少私寡欲",要求人们尽量避免被欲望所控制,从而保持"虚"和"静"的自然心态。老子的这一主张与孔孟所提倡的安贫乐道、宋明理学所宣扬的存理去欲等道德主张互为补益,深刻地影响着中华民族的人生志趣和政治抱负。[1] 其次,还要保持一颗"愚人之心"。私欲固然不可避免,但是私欲无限制地膨胀,在一定程度上还受到人们智巧诈伪之风的推波助澜。因此,老子提出,"我愚人之心也哉,沌沌兮!俗人昭昭,我独昏昏。俗人察察,我独闷闷。"(《老子·二十章》)"沌沌""昏昏""闷闷"的"愚人之心",就是杜绝智巧诈伪的根本所在,也是达到"虚极""静笃"状态的关键。

第三,复归于婴儿。老子在提出这个修身原则时,首先将圣人和世俗之人的生活态度、道德修养和价值取向进行了对比:"众人熙熙,如享太牢,如春登台。我独泊兮,其未兆,如婴儿之未孩;众人皆有余,而我独若遗……澹兮其若海,飂兮若无止。众人皆有以,而我独顽似鄙。我独异于人,而贵食母。"《章句》解释说:"熙熙,淫放多情欲也……众人余财以为奢,余智以为诈。"可见,世俗之人多纵情于声色货利,追求骄奢淫逸的物欲享乐;圣人则甘守淡泊,清静澹然。因此,老子所主张的见素抱朴和致虚守静都有一个共同的目的,那就是要让人们在道德追求和价值取向上复归于婴儿。当然,这并不是要求人在生理和心智上回归到婴儿的原初状态,而是指在道德修养上如婴儿般纯洁。

---

[1] 张全晓:《治人事天莫若啬——老子崇俭思想的现代解读》,载《中国宗教》,2007年第3期,第64—66页。

婴儿是老子德性修为理论中一种极高的境界,即老子所指之"为天下溪,常德不离,复归于婴儿"(《老子·二十八章》)。要达到"婴儿"这一理想的德性状态,主要的修养功夫便是"专气致柔"(《老子·十章》)。王弼说:"专,任也。致,极也。言任自然之气,致至柔之和,能若婴儿之无所欲乎?则物全而性得矣。"也即使精气达到最柔和的境地,使心境达到极其宁静的状态,如此便可内无杂念、外无欲求,从而复归到婴儿般的纯真。

第四,玄德玄同。见素抱朴、致虚守静和复归于婴儿是老子"去甚、去奢、去泰"修身之路中的具体环节,这些环节所要达到的最高境界则是玄同玄德,也即理想的人格和德性境界——圣人。"玄德"是指最高的德性,是"道"所表现出来的自然之性,也即老子所说:"生而不有,为而不恃,长而不宰,是谓玄德。"(《老子·十章》)王弼说:"凡谓玄德,有德而不知其主,出乎幽冥。"圣人的德性就是要像"道"一样,滋养万物、成就万物而不被万物所知晓。如此,便可"挫其锐,解其纷;和其光,同其尘;是谓玄同。故不可得而亲,不可得而疏;不可得而利,不可得而害;不可得而贵,不可得而贱。"(《老子·五十六章》)磨去锋芒,消解纷扰,调和光耀,混同于尘世,达到"玄同"境界。如此乃能内外清静,本心明朗,人我融洽,一切自然。[①] 这样一来,世俗的亲疏、利害、贵贱、得失、荣辱的观念与价值,对达此"玄同"境界的人就没有意义了。总的来说,玄德玄同就是与道同体的境界,就是完全自然的境界,是修身之道的最高境界,也是人应追求和实现的终极价值和意义——成圣。

4. "俭故能广"的治理之道

修身成圣并不是老子修身之道的最终目的,修身乃是修天下的基

[①] 詹石窗、胡瀚霆:《道家"玄同"思想解析》,载《中国高校社会科学》,2018 年第 4 期,第 64—73 页。

础。在一定程度上，修身与修天下是同步的，修身成圣的过程便是治理天下的过程。所以，"圣人处无为之事"，以"无为"而治理天下。当然，老子所强调的"无为而治"，并不是要求统治者无所作为或碌碌无为，也并非是完全消极意义的遁世主张，而是要求通过自身修炼形成理想人格，进而实现修家、修乡、修国和修天下。老子说："修之于身，其德乃真；修之于家，其德乃余；修之于乡，其德乃长；修之于邦，其德乃丰；修之于天下，其德乃普。"（《老子·五十四章》）从这里可以看出，老子治理思想的逻辑路径是"修身—修家—修乡—修国—修天下"，与儒家"修身—齐家—治国—平天下"的逻辑路径稍有不同。这一治理逻辑是建立在以自我身心修养和人我关系协调为主要内容的修身基础上，而修身又以修德为核心内容。治理国家和治理天下，就是要用无知无欲、清静无为的美德化及天下人。国家和天下是否能实现好的治理，关键便在于治理者是否具备这种美德。就个人而言，如果一个人具备了无知无欲、清静无为的美德，那么这种美德对他来说是真实的；如果能将这种美德贯彻到家庭生活中，他的美德可以感化家人；如果能将这种美德贯彻到乡里，他的美德能受乡民推崇；如果能将这种美德贯彻到整个国家，他的美德便能德润国人；如果能将这种美德贯彻到全天下，他的美德就会成为一种普遍的德性。"修身—修家—修乡—修国—修天下"的活动虽然存在领域、受众的不同，但其内在逻辑是一致的，即从自身之美德关照他者，或者说将自身之美德从自我向他我进行推广。

老子这种德教治理思想，也为儒家所提倡，只是儒家治理思想遵循着一个较老子思想体系更为复杂的逻辑推衍路径：格物—致知—诚意—正心—修身—齐家—治国—平天下。在儒家的治理逻辑中，修身之前还必须经历格物、致知、诚意、正心等环节，而在齐家和治国之间没有修乡的环节。从老子修身的实际主张来看，其修身环节与儒家的"格物—

致知—诚意—正心—修身"环节的内容基本一致。但"家"和"国"不仅性质不同、领域不同,所处理事务也迥然不同。前者是居于私人领域,处理之事务为私人事务;后者居于公共领域,处理之事务为公共事务。因此,从齐家急速推广到治国、平天下有些冒进、盲目。如果先经过修乡这一基层治理环节,再循序渐进以修国、修天下,显然更适合治理者认知和能力的发展规律。在这个意义上,老子治理思想的逻辑较儒家更为合理。依据这一治理逻辑,老子提出了"俭故能广"治理理念。

首先,老子将"俭"作为其"三宝"之一,充分肯定"俭"在治道中的地位。老子说:"我有'三宝',持而保之。一曰慈,二曰俭,三曰不敢为天下先。"(《老子·六十七章》)将"俭"作为其三宝之一,充分说明了"俭"在老子思想体系中的重要地位。对于"俭",《章句》说:"赋敛若取之于己也。"也就是要爱惜民财、积聚民财,而不要为了满足一己私欲而横征暴敛。"俭"也有节俭之意,要求君主能够自觉收敛、约束自己的行为。因为"俭",圣人的欲望和权力总是在约束之中,这是圣人之内向无为,是其外向无为的内在基础。[①]"俭"是修炼达成圣人这一理想人格的重要内功,更是圣人实现取天下和修天下的重要途径。因此,"俭"既可以看成是君主应自觉遵守的内在道德要求,也是大道自然对君主提出的绝对命令。值得注意的是,虽然老子大力主张"宝俭去奢",但老子的"俭"并非禁止一切财富或资源的利用。老子所反对的是个人,尤其是统治者一味追求"朝甚除""服文彩""食税多",反对将过多的财物和资源用于满足统治者的一己之私欲。

其次,老子对"俭"的功利结果进行了论证。他认为:"俭故能广……舍俭且广,死矣。""俭"是老子治道之宝,而"广"则是这一治理原则的功利结果。对于此二者关系,《章句》说:"天子身能节俭,

---

① 刘笑敢:《老子古今:五种对勘与析评引论(上卷)》,北京:中国社会科学出版社2006年版,第655页。

故民日用广矣。"王弼说:"节俭爱费,天下不匮,故能广也。"也就是说,通过君主自身或者统治阶级自上而下的遵行节俭,清静无为,使民财得以积蓄,如此才能拓展功业以修天下。在现代语境下,老子此意实为主张统治者应该节俭消费,尽量避免奢侈浪费,一方面节省财政资源,另一方面以此引导全社会的尚俭之风,从而通过减少挥霍浪费而直接达到积累社会财富的效果。可见,奉行"俭约"之道,不仅能够使自己"收敛""内蓄",聚集能量,它同时还能够使社会大众克勤克俭,"收敛""内蓄",聚集能量,上下一心,成就大业。① 德国著名的社会学家、哲学家马克斯·韦伯(Max Weber)也指出,当这消费的限制与这种获利活动的自由结合在一起的时候,这样一种不可避免的实际效果也就显而易见了:禁欲主义的节俭必然要导致资本的积累。强加在财富消费上的种种限制是资本用于生产性投资成为可能,从而也就自然而然地增加了财富。② 韦伯关于节俭能累积社会财富的理论与老子的观点有着几分相似,不同的是韦伯认为财富的增加来自于资本的生产性投资。

同时,老子还用"啬"来解释"俭故能广"的治理之道。老子认为:"治人事天,莫若啬。"(《老子·五十九章》)《章句》说:"啬,爱惜也。治国者当爱惜民财,不为奢泰。治身者当爱惜精气,不为放逸。"在这个意义上,老子所倡导的"俭"和"啬"是同义的,即爱惜、保养、积聚力量。那么"啬"的治理原则对君主提出了怎样的道德要求,又对修天下之功业有何作用呢?老子分析道:"夫唯啬,是谓早服;早服谓之重积德;重积德则无不克;无不克则莫知其极;莫知其极,可以有国;有国之母,可以长久;是谓深根固柢,长生久视之道。"(《老

---

① 高秀昌:《老子"三宝"之道:"仁慈""俭约""居后"》,载《中国社会科学报》,2012-09-19(B04)。

② [德]马克思·韦伯:《新教伦理与资本主义精神》,于晓、陈维纲等译,北京:三联书店1987年版,第135页。

子·五十九章》)"啬"的治理原则对君主的道德要求就是:早服,即及早服从于道。就自身修养而言,"早服"就是不断地积德;就修天下之功业而言,"早服"便能够克服一些困难,肩负起治理国家的责任,掌握治国理政的根本之道。

对于"早服",《韩非子·解老》这样解释:"夫能啬也,是从于道而服于理者也。众人离于患,陷于祸,犹未知退,而不服从道理。圣人虽未见祸患之形,虚无服从于道理,以称蚤服。"① 那么,圣人在祸患出现之前就要服从的道又是什么呢?老子指出:"大道氾兮,其可左右。万物恃之以生而不辞,功成而不有。衣养万物而不为主,常无欲,可名于小;万物归焉而不为主,可名为大。以其终不自为大,故能成其大。"(《老子·三十四章》)道滋养万物,是万物各得其所、各适其性,然而却丝毫不加以主宰。道的根本精神就是"不辞""不有""不为主""不自为大",统称为"无为"。"啬"的治理原则便是要求君主服从于道的这一"无为"精神,也即"惟道是从",如此才能具备治理所需要的"德"。

"俭故能广"的治理之道与老子提出的"无为""好静""无事""无欲"的治理践行模式是遥相呼应的。老子说:"我无为而民自化;我好静而民自正;我无事而民自富;我无欲而民自朴。"(《老子·五十七章》)很明显,这里所说的"我",指的是统治者,即强调统治者必须以身作则,寡欲崇俭抑奢,为天下民众做出典范。② "无为""好静""无事""无欲"都是在提示君主或者统治阶级能承道奉天,不任意妄为,人民便能自我发展;能清静而不言不教,人民就可以自守忠正;能不横征暴敛,人民安居乐业,因而就能自富;能不穷奢极欲,去华文,微服饰,人民便随之而变得质朴起来。相反的情况是,"天下多忌讳,而民弥贫;民多利器,国家滋昏;人多技巧,奇物滋起;法令滋彰,盗贼多

---

① 高华平、王奇洲:《韩非子》,张三夕译注,北京:中华书局2010年版,第198页。
② 吕锡琛:《道家与民族性格》,长沙:湖南大学出版社1996年版,第166页。

有"(《老子·五十七章》)。这意味着如果君主或统治阶级私欲膨胀、任意妄为,人民将陷入贫困,国家将陷入混乱。老子还明确指出:"朝甚除,田甚芜,仓甚虚;服文彩,带利剑,厌饮食,财货有余;是为盗夸。非道也哉!"(《老子·五十三章》) 在社会生产力极其低下的封建社会,社会财富的总量也是十分有限的,统治者对财富的贪婪敛聚与大肆挥霍,必然就导致与民争利的情况出现,甚至是将人民逼入生存的绝境。正所谓"民之饥,以其上食税之多,是以饥"(《老子·七十五章》)。所以,奉己必害民,挥霍奢靡则必伤财敛怨。总之,君主或统治阶级物质方面的奢靡并不合于道,也就无从具备德。这种不道无德的行径正是荒淫无道的强盗头子之所为,将直接危及到统治的合法性。"是以圣人之治,虚其心,实其腹;弱其志,强其骨。常使民无知无欲。"(《老子·三章》) 要彻底解决不道无德的强盗行径,一方面要使人民衣食无忧、安居乐业,另一方面则要开阔人民的心思,使其不要过分贪恋名利,尤其是君主或统治者更应该依从"俭啬"原则,克制私欲,节俭爱民,远离奢靡。

老子"俭故能广"的治理之道,总结起来就是,以"乐与饵,过客止"告诫统治者,虽然"道之出口,淡乎其无味,视之不足见,听之不足闻",但只有"执大象",才能真正实现"天下往""安平太"的治理梦想。这一治理思想的基本逻辑理路是:俭啬—早服道—重积德—无不克—莫知其极—有国—长久。可见,倡导俭啬尤其是统治阶级倡导和施行俭啬是实现国家长治久安的重要保障。老子"宝俭去奢"的主张与其他先秦各学派思想比较虽无若何特殊之处,但这一主张的提出,至少也反映了老子对当时贵族阶级穷奢极欲、残酷剥削人民所持的反对态度。[①]在中国封建社会中,统治者不仅是社会财富的占有者和支配者,也是群

[①] 胡寄窗:《中国经济思想史(上册)》,上海:上海财经大学出版社1998年版,第210页。

臣百姓心中至高无上的偶像。统治者若能崇俭寡欲，便能适度地使用社会财富和役使百姓，并能为群臣和百姓树立道德标杆，发挥上行下效的价值导向作用。因此，老子要求统治者将"俭啬"作为治理活动的内在道德要求加以践行。

（二）庄子的俭德思想

庄子（约公元前 369 年—公元前 286 年）名周，战国中期宋国蒙人，是继老子之后道家学派最重要的思想代表，其思想保存于《庄子》一书中。《庄子》书中"俭"字仅出现 2 次，"奢"出现 3 次且又都是人名，"侈"也出现 3 次，意为过分。庄子关于俭德的论述并多，与老子的俭德思想存在一定的继承关系，但一些观点也颇有见地，值得我们思考和借鉴。

1. 无欲素朴的养生观

和老子一样，在对待人的欲望问题上，庄子也主张"无欲""寡欲"。庄子承认人是有欲望的，只是人为了满足欲望而沦为欲望的奴隶，进而正常的欲望变成了贪欲。《马蹄》云："民有常性，织而衣，耕而食，是谓同德。"[①] 庄子的意思就是，穿衣、吃饭都是人真常的本性、共同的机能，用美国心理学家马斯洛（Abraham H. Maslow）的话来讲，这是人所共有的生理需求，其满足主要是有利于人的生存。所谓养生就是养护生命以利长久生存。但是，世俗之人的养生方法是什么样的呢？庄子说："今人之治其形，理其心，多有似封人之所谓，遁其天，离其性，

---

① 陈鼓应：《庄子今注今译》，北京：商务印书馆 2007 年版，第 785 页。庄子引言均为陈本，只标章名。——作者注

减其情，亡其神，以众伪。"①（《则阳》）也就是说，世人养生，往往都偏离了人的自然本性，灭绝了人的真情精神。

具体来说，人丧失本性通常有以下五种情况："一曰五色乱目，使目不明；二曰五声乱耳，使耳不聪；三曰五臭熏鼻，困惾中颡；四曰五味浊口，使口厉爽；五曰趣舍滑心，使性飞扬。"（《天地》）在庄子看来，此五者皆是生命的祸害，那些钟情于此却还自以为有所得的人，就好比罪犯被捆绑、手指被刑具钳夹当成是自得。"五色""五声""五臭""五味"等代表的是人过分执著于感官欲望的满足，用现在的话讲，就是纵情声色、酒池肉林、奢靡淫泆，庄子把它们称为"耆欲"或"嗜欲"。对人的这种"耆欲"，庄子基本是持否定态度。庄子说："其耆欲深者，其天机浅"（《大宗师》）；"恶欲喜怒哀乐六者，累德也"（《庚桑楚》）；"盈耆欲，长好恶，则性命之情病矣……苦一国之民，以养耳目鼻口，夫神者不自许也"（《徐无鬼》）；"故卤莽其性者，欲恶之孽……并溃漏发，不择所出，漂疽疥癕，内热溲膏是也"（《则阳》）。总的来说，"耆欲"将使人丧失本性真情，累及德性，不仅会导致身体疾病百出，还会让人心神不得安宁。

老子针对"五色""五音""五味"的危害，提出了"少私寡欲"的养生之道。庄子则继老子之后发展了崇俭抑奢、俭啬寡欲的思想，他虽然也认为声色滋味"皆生之害"，但是又承认人们对其的追求是"人之性也"，只有过度的物质享受才会损害身体。② 正是基于这一认识，庄子借仲尼之口提出："人之所取畏者，衽席之上，饮食之间，而不知为之戒者，过也！"（《达生》）庄子之意其实就是"衽席之上""饮食之间"应"为之戒"，并不是完全否认这些方面的欲望，可谓是矫正了老

---

① 陈鼓应：《庄子今注今译》，北京：商务印书馆2007年版，第785页。庄子引言均为陈本，只标章名。——作者注

② 吕锡琛：《道家与民族性格》，长沙：湖南大学出版社1996年版，第164页。

子在"五色""五音""五味"等方面词语上的偏激性和片面性。可见，庄子对待"欲望"的态度，较老子要更为缓和，认为"庄周将道家的'无欲'推到了极端，认为'其耆欲深者，其天机浅'。天机就是庄子所谓道机，欲望愈多则得道之可能愈少，所以要着重无欲"① 的观点，其实是曲解了庄子之意。在"衽席""饮食"等方面"不知为之戒"，实质上就是指人被"嗜欲"所左右。对此，庄子认为，"达生之情者，不务生之所无以为；达命之情者，不务知之所无奈何"（《达生》）。养生的要旨就是要通达生命实情，不追求生命所不必要的东西，不追求生命所无可奈何的东西。《马蹄》又云："同乎无欲，是谓素朴；素朴而民性得矣。"庄子这是告诫人们都去除贪欲，回归纯真朴实，从而保持住人的本性。《史记·老子韩非列传》也记载了庄子的这样一个事迹："楚威王闻庄周贤，使使厚币迎之，许以为相。庄子周笑谓楚使者曰：'千金，重利；卿位，尊位也。子独不见郊祭之牺牛乎？养食之数岁，衣以文绣，以入大庙。当是之时，虽欲为孤豚，岂可得乎？子亟去，无污我。我宁游戏污渎之中自快，无为有国者所羁。终身不仕，以快吾志焉。'"② 虽然我们无从考证这一事件的真实性，但这段话非常形象生动地描述了庄子如隐士般超然物外、俭朴恬静的生活方式和生活态度。

庄子无欲养生论还有一个重要的特点，就是内外、神形并重，即身体养护和精神修养相结合。而且，从整个庄子思想的精神主旨来看，庄子对精神保守更为重视。他认为人生最有意义的生活就是要看穿一切功名利禄，看穿生死，自己过一种无求、无私、无知、无欲的生活，过一种不受任何限制、精神上绝对自由的生活。③ 在身体养护方面，重点是

---

① 胡寄窗：《中国经济思想史（上册）》，上海：上海财经大学出版社1998年版，第216页。

② 司马迁：《史记》，南京：江苏古籍出版社2002年版，第510页。

③ 罗国杰：《中国伦理思想史（上卷）》，北京：中国人民大学出版社2008年版，第198页。

要防止"顾塞其窦",也即避免嗜欲蔽塞了人的各个孔窍,从而使身心各脏器都能保持健康。在精神修养方面,人们必须遵循"纯粹而不杂,静一而不变,淡而无为,动而以天行"(《刻意》)的养神之道。而且,庄子还指出世上不同的人有不同的修养方法,但"非世之人""教诲之人""尊主强国之人""避世之人""养形之人"的修养方法都存在一个共同的弊病,即过分强调"有为",与"恬惔寂寞、虚无无为"的养神之道相悖,因而他们也不可能达成圣人之德。

为了达成圣人之德,进入精神修养的最高境域,庄子还特别提出了"坐忘"的养生原则。《大宗师》云:"仲尼蹴然曰:'何谓坐忘?'颜回曰:'堕肢体,黜聪明,离形去知,同于大通。此谓坐忘。'"徐复观先生认为,"堕肢体"和"离形"实指的是摆脱由生理而来的欲望;"黜聪明"和"去知",实指的是摆脱普通所谓的知识活动。① 庄子这里所说的"去知"和老子的"弃智""绝巧"(《老子·十九章》)颇为相似,就是要去除由心智产生的伪诈。因此,"堕肢体"和"离形"并不是要从根本上否定人的本性欲望,而是要不让欲望得到心智伪诈的推波助澜。庄子并不否认性分之内的欲望,还将之视为性分本身,庄子所否定的是在心智伪诈的推动下溢出于人性分之外的贪欲。总而言之,只有去除嗜欲贪欲,保持人本性的纯粹,顺应自然之道,才"可以保身,可以全生,可以养亲,可以尽年"(《养生主》),才能够成为"素"而"纯"的"真人"。

2. 至乐无乐的快乐观

世人都在追寻快乐,那么什么才是人生在世最大的快乐呢?对于这一问题,庄子也存有"天下有至乐无有哉?"的疑问。为了对"至乐"问题展开讨论,庄子区分了两种不同境界的快乐:一种是庄子所诟病的

---

① 徐复观:《中国艺术精神》,上海:华东师范大学出版社2001年版,第42页。

"俗之所乐"；另一种是庄子所推崇的"至乐"。

"俗之所乐"是世俗之人通常所追寻之快乐。这种快乐有些什么内容呢？庄子说："夫天下之所尊者，富贵寿善也；所乐者，身安厚味美服好色音声也；所下者，贫贱夭恶也；所苦者，身不得安逸，口不得厚味，形不得美服，目不得好色，耳不得音声。"（《至乐》）这里庄子不仅对能给世俗之人带来快乐的东西进行了概括，也对导致痛苦的原因进行了解析：世俗之人往往把富有、高贵、长寿、美名当成是尊贵，把得到身体的安逸、豪奢的饮食、华丽的服饰、美好的颜色、悦耳的声音当成是快乐；反过来，把贫穷、低贱、夭折、恶名看作是应厌弃的，把得不到舒适安逸、尝不到美味佳肴、穿不到华美服饰、看不到炫目色彩、听不到悦耳音乐当成是痛苦和烦恼。庄子认为，世俗人因追求这些尊贵的、让自己快乐的东西而劳累身体，忽视了对身体的保养，还自以为得到它们可以保养身体，实际上是非常愚昧的。因为如果某种快乐本身包含着痛苦和忧愁等与快乐对立的因子，那它就不是真正意义上的快乐。因此，面对世俗之人对快乐的这种认识和追求快乐的各种行为，庄子提出了"今俗之所为与其所乐，吾又未知乐之果乐邪？果不乐邪？"的质疑。

实际上，"俗之所乐"概言之就是感官物质层面的快乐，放纵于这个层面的快乐，便是庄子所反对的澶漫为乐。世人因何会澶漫为乐呢？庄子在老子"大道废，有仁义"观点的基础上，提出澶漫为乐根源于毁道德以为仁义的观点。庄子认为，除了有嗜欲的蒙蔽之外，世人尤其是统治者纵欲求乐、奢靡淫泆还有一个很重要的原因，即"毁道德为仁义"。在《马蹄》篇中，庄子就两种不同的世代进行了比较：一种世代是"至德之世"。在这个时期，"民居不知所为，行不知所之，含哺而熙，鼓腹而游，民能以此矣"，"其行填填，其视颠颠"。另一种世代是"圣人之世"。在这个时期，圣人"屈折礼乐以匡天下之形，县跂仁义以慰天下之心，而民乃始踶跂好知，争归于利，不可止也"。简单来说，在前一个世代，人民安居而无所为，悠然而无所往，大家都没有贪欲，朴拙无心，安适自然；在后一个世代，圣人制定了仁义一类的道德规范来匡正天下人的行为，结果却适得其反，天下人开始"澶漫为乐，摘僻为礼"，竞相争利。于是，庄子发出了"毁道德以为仁义，圣人之过也！"的感叹。

既然圣人制定的仁义道德不是真正意义上的道德，庄子所指的道德究竟是何物呢？《天道》云："夫虚静恬淡寂漠无为者，天地之本，而道德之至。"《刻意》又云："夫恬惔寂漠虚无无为，此天地之平，而道德之质也。"此两句都是在强调，"恬淡、寂漠、虚无、无为"是天地的本原和道德的本质，而最初的人天性就是"恬淡、寂漠、虚无、无为"。在最初天性的支配下，人们的思想和行为浑然一体而没有偏私。圣人出现后，勉为其难地倡导所谓仁，竭心尽力地追求所谓义，迷惑和猜疑就开始在人与人之间出现，繁杂琐碎的礼仪和法度开始流行于社会，放纵无度的奢侈享乐开始被世人所追求。庄子便是据此认为"仁义"等人为的道德规范是导致"澶漫为乐"的外部原因。所以，庄子一方面否定圣人制定的所谓仁义道德，另一方面则极力主张不要用人为的东西去损害天然，不要有心造作去毁灭自然本性，不要为贪得虚名而不遗余力，而应回复人的天真本性，体察到"纯""素"的本性，即"反其真"成为"真人"。

如果"俗之所乐"不值得追求，什么样的快乐才值得追求呢？庄子说："吾以无为诚乐矣，又俗之所大苦也。故曰：'至乐无乐，至誉无誉。'"（《至乐》）"至乐"作为真正的、最大的快乐，在庄子这里就是虚静无为，也即以"虚静无为"的生活方式和态度得到快乐。到此，我们不禁要问：庄子为什么要以虚静无为为真正的、最大的快乐呢？要搞清楚这个问题，有必要先弄懂庄子的"乐"究竟是何含义。庄子说：

"中纯实而反乎情,乐也。"(《缮性》)他认为人的内心淳朴诚实而回归真实情感就是快乐。而且,快乐还有"人乐"和"天乐"之分,"与人和者,谓之人乐;与天和者,谓之天乐"(《天道》)。天乐是大道具有的最大的快乐,人乐是人具有的最大的快乐,虽然二者有所区别,但其实质都指向了"和谐"这种理想状态。庄子强调:"以虚静推于天地通于万物,此之谓天乐。天乐者,圣人之心,以蓄天下也。"(《天道》)这是说,天地虚静无为,使万物不断化生,调和万物而不自以为是义,泽被万物而不自以为是仁,将这种虚静无为推广普及至天地万物就是天乐。或者说,大道的虚静无为在天地万物的展现就是大道具有的最大快乐。

按照庄子对天乐的解释,人乐自然就是虚静无为在人道上的体现,是人活着时能与自然顺行,死去后能与万物俱化。不难发现,人乐其实是天乐的体现,天乐是人乐的本质。把虚静无为当做人的最大的快乐,其实是强调人身保养和人生活动皆应效法大道虚静无为而滋养万物。人虽然不太可能像大道那样完全地虚静无为,但只要领悟虚静无为的道理,为君可比唐尧,为臣可成虞舜;居上则具备帝王治世的盛德,处下则通晓玄圣素王的主张;退隐则山林隐士折服,入世则能安抚黎民而使天下大同。庄子说"静而圣,动而王,无为也而尊,朴素而天下莫能与之争美",反映的就是这个道理。有学者指出,庄子阐释无为原则有两种表达方式:无为原则的消极向度是消解自我中心观念、不为情欲所遮蔽的状态;无为原则的积极向度则体现在因平等无私地守护生命而形成的卓越品质。① 确实,从消极向度看,如果人领悟了虚静无为的道理,就不会沉湎于满足感官欲望而被外物所拖累,因而不至于陷入痛苦和忧愁;从积极向度看,如果推行虚静无为的大道,不仅能"活身""成圣""为王",还有可能在无限接近天乐的过程中体验到至乐,最终进入生命

---

① 尚建飞:《庄子的"至乐"及其价值内涵》,载《哲学动态》,2018年第8期,第40—46页。

的理想状态——物质生命的"尽年"和精神生命的"逍遥"。

总的来看,庄子提倡"至乐无乐"并非要求人们放弃快乐或忘却快乐,而是呼吁不要以"富贵寿善""身安厚味美服好色音声"这些"囿于物者"为快乐,要摆脱外物束缚,以"虚静无为"为快乐。或者说,庄子所希望的是世人不要过分追逐感官或心理的快乐,而应追求在领悟并推行虚静无为大道的基础上的最高层次的精神世界的快乐。如果一个人执著于追求感官的奢靡享乐,那他对快乐的理解还不如"泽雉"与"髑髅",是可悲的!

(三)《吕氏春秋》的俭德思想

《吕氏春秋》是秦相吕不韦召集门客集体编纂。该书以道家思想为主旨,又对道家思想进行了较大的改动,同时也博采众家的思想精华。作为吕不韦献给秦帝国的治国方略,《吕氏春秋》的思想涉及政治学、哲学、伦理学等多个方面,对节俭问题已有较多思考。"俭"字在《吕氏春秋》中共出现 6 次,"节"字共出现 48 次,其中 19 次是作为节制——特别是节制欲望的意思出现;"侈"字出现 16 次,基本都是"奢侈"之意。纵观全书,"崇尚节俭"是《吕氏春秋》一书对"俭"的基本态度,并清晰地体现在其身国同治、节葬节丧思想以及可持续利用资源的生态哲学主张中。

1. 贵生适欲的身国同治思想

《吕氏春秋》是一部对为君治国之道进行系统阐述的著作,但以道家思想为主旨的理论特质,又使其对保全生命的问题给予了充分的关切,形成了颇具特色的身国同治理论。《先己》篇中明确提出,"先圣王成其身而天下成,治其身而天下治"。从前的圣王通过成就自身、端正自身而实现"天下治"的理想目标,这是对老子"将欲取天下而为之,吾见其不得已"(《老子·二十九章》)"为无为,则无不治"(《老子·三章》)等观点的继承和发展。对于这一身国同治思想,《吕氏春秋》从生命与外物关系的层面进行了分析和论证。《本生》篇指出:"人之性寿,物者抇之,故不得寿。物也者,所以养性也,非所以性养也。今世之人,惑者多以性养物,则不知轻重也。"① 外物是用来奉养生命,使人长寿的外在依托,是工具,是手段,而生命是目的。所以,如果反过来用损耗生命去追求外物,就是把生命当成了工具、手段,把外物当成了目的,即"以性养物"。如果"以此为君,悖;以此为臣,乱;以此为子,狂。三者国有一焉,无幸必亡"。可见,用"以性养物"的治身方式为子、为臣、为君都是行不通的,更别说实现"天下治"。只有以正确的、科学的方式治身,才能依此保全生命,达到"治其身而天下治"的境界。

治身关键是贵生重生,珍爱生命、重视生命。因为,"圣人深虑天下,莫贵于生"(《贵生》),天下虽然珍贵,但圣人不会因为它而危害生命。天子的职责便是保全生命,可以说这是天子合法存在的根本依据。《吕氏春秋》认为,"始生之者,天也;养成之者,人也。能养天之所生而勿撄之谓天子。天子之动也,以全天为故者也"(《本生》)。天创造了生命,天子就是保全这些生命之人。不论对谁而言,生命给人带来的利益都是最大的,其他外物相比生命而言,都显得轻微、渺小。"论其贵贱,爵为天子,不足以比焉;论其轻重,富有天下,不可以易之;论其安危,一曙失之,终身不复得。此三者,有道者之所慎也。"(《重己》)即使贵为天子、富有天下都不可能比生命属于自己重要,一

---

① 《吕氏春秋》,陆玖译注,北京:中华书局2012年版,第12页。《吕氏春秋》引言均为陆本,只标章名。——作者注

且失去生命便不可能再次拥有，这就是有道之人都特别谨慎地对待生命的原因。

尽管生命如此重要，还是有许多"不达乎性命之情"的人，过分追求外物来奉养生命，结果适得其反损害了生命。《吕氏春秋》指出了三种损害生命的祸患："出则以车，入则以辇，务以自佚，命之曰'招蹶之机'。肥肉厚酒，务以自强，命之曰'烂肠之食'。靡曼皓齿，郑卫之音，务以自乐，命之曰'伐性之斧'。"（《本生》）这三种损害生命的祸患实质都是过分追求奢侈享乐，是"以性养物"，不仅损害生命，而且还使人成为了物的奴隶。如果沉迷于这种享乐主义、奢靡主义的氛围中，便会"是其所谓非，非其所谓是，此之谓大惑。若此人者，天之所祸也。以此治身，必死必殃；以此治国，必残必亡。"（《重己》）为此，《吕氏春秋》提出了"全其天"的治身理念，即"圣人之制万物也，以全其天也"。高诱认为：天，身也。① 也就是说，圣人制约万物，是用来保全生命。"天全，则神和矣，目明矣，耳聪矣，鼻臭矣，口敏矣，三百六十节皆通利矣。若此人者，不言而信，不谋而当，不虑而得；精通乎天地，神覆乎宇宙；其于物无不受也，无不裹也，若天地然。"（《本生》所以，"全其天"不仅能够保全自己的生命，又与"上为天子而不骄，下为匹夫而不惛"的修身治国过程是同一的。

虽然贵生是实现身国同治的首要法则，但世俗之主往往无法做到这一点。《吕氏春秋》指出："俗主亏情，故每动为亡败。耳不可赡，目不可厌，口不可满；身尽府种，筋骨沈滞，血脉壅塞，九窍寥寥，曲失其宜。其于物也，不可得之为欲，不可足之为求，大失生本；民人怨谤，又树大雠……以此君人，为身大忧。耳不乐声，目不乐色，口不甘味，与死无择。"（《情欲》）依高诱注，"亏情"就是失其不过、节制之情。

---

① 《吕氏春秋》，高诱注，上海：上海书店出版社1985年版，第4页。

此语意在指出，世俗的君主放纵情欲，不仅丧失了生命的根本，而且会招致人民的指责怨恨，使国家陷入危险之中。所以，《重己》篇这样告诫俗主与世人："凡生之长也，顺之也；使生不顺者，欲也。故圣人必先适欲。""适欲"是要节制欲望，尽可能地去除使生命不顺的因素，这样生命方能遵循天性而长久存在。

在节制欲望的问题上，《吕氏春秋》首先肯定了人感官欲望所具有的合理性。"天生人而使有贪有欲。欲有情，情有节。圣人修节以止欲，故不过行其情也。故耳之欲五声，目之欲五色，口之欲五味，情也。此三者，贵贱、愚智、贤不肖欲之若一，虽神农、黄帝，其与桀、纣同。圣人之所以异者，得其情也。由贵生动，则得其情矣；不由贵生动，则失其情矣。此二者，死生存亡之本也。"（《情欲》）这段话至少包含了这样几层意思：第一，贪欲是人天生的自然之情。耳目口对"五声""五色""五味"的欲求出自人的本性，是人性的自然体现。第二，不同的人——不论贵贱、愚智、贤不肖，在耳目口等感官欲望上是没有区别的。第三，人在贪欲的满足上是可以有所节制的，这是圣人与常人之本质区别。欲望的本性之情便是节制，圣人能节制自己的欲望，所以能"得其情"。第四，"贵生"——珍爱生命是人们节制欲望，做到"得其情"——顺应本性之情的出发点。第五，通过"修节止欲"而"得其情"关系到生死存亡的根本，珍爱生命之人必须充分认识到这一点。不难看出，作为先秦道家思想的一次总结，《吕氏春秋》扬弃了老子的情欲心理思想，纠正了其否定感官欲望的偏颇；继承发展了《庄子》"适欲"的思想，并将其奉为"死生存亡之本"，进行了详细的论述。[1]

只有肯定了欲望的合理性，"适欲"才不是伪命题。因此，在对"天生人而使有贪有欲"的命题进行论证之后，《吕氏春秋》提出了一

---

[1] 贺福安、吕锡琛：《〈吕氏春秋〉的心理学思想及其现代意义》，载《求索》，2001年第4期，第121—124页。

条应然的为君治国路径:"主道约,君守近。太上反诸己,其次求诸人。……何谓反诸已也?适耳目,节嗜欲,释智谋,去巧故,而游意乎无穷之次,事心乎自然之涂。"(《论人》)这里所强调的使耳目适度、节制欲望、放弃智谋、摒除伪诈,实际上就是要求人进入到庄子所推崇的虚静无为的境界。只有在这个境界,人的天性才不会受到外物的损害,并能够知道事物的精微,懂得事理的玄妙——达到"得一"或"得道"的状态。

那么,为什么要追求这种"得一"的状态呢?因为,万物得一而后生成,君主得一则"不可测也,不可息也,不可塞也,不可收也,不可得也,不可量也,不可服也,不可惑也,不可革也,不可匿也。故知知一,则若天地然,则何事之不胜?何物之不应?"(《论人》)可见,"得一"与"全天""知天下"是同一的,达到"得一"的状态便实现了身国同治。所以圣人治理天下,就是"节乎己""节乎性",具体表现为:"圣王之为苑囿园池也,足以观望劳形而已矣;其为宫室台榭也,足以辟燥湿而已矣;其为舆马衣裘也,足以逸身暖骸而已矣;其为饮食酏醴也,足以适味充虚而已矣;其为声色音乐也,足以安性自娱而已矣。五者,圣王之所以养性也,非好俭而恶费也,节乎性也。"(《重己》)可见,能够自觉做到"节乎己""节乎性"是圣王与俗主的本质区别所在,也是圣王"治其身而天下治"而俗主"与死无择""必残必亡"的根本原因所在。还有一点值得我们注意,即从圣王选择节俭生活的原因来看,节俭也并不是圣王所喜爱的,或者说具备节俭之德并不是圣王节俭生活的最终目的,其最终目的是调节性情并使之适度,实现全性、全天而成为"全德之人"。

2. 必俭必合必同的葬丧观点

在丧葬方面,《吕氏春秋》基本继承了墨家的节葬节丧观点,明确提出要反对"厚葬"。如果单从这个角度讲,《吕氏春秋》的节葬节丧思想具有明显的墨家学派倾向。但是,《吕氏春秋》的节葬节丧观点也并非完全沿袭了墨家的主张,它反对"厚葬"的出发点是"为死者虑",并达到"安死"——让死者安宁的目的,这与墨家节葬节丧观的立论依据是不相同的。另外,《吕氏春秋》还主张"苟便于死,则虽贫国劳民,若慈亲孝子者之所不辞为也"(《节丧》),认为如果厚葬真的有利于死者,那么也是值得考虑的,甚至"贫国劳民"亦"不辞为也"。

《吕氏春秋》重视治身养生,同时也对"死"给予了高度关切,认为"生"和"死"是圣人所关心的要务。"审知生,圣人之要也;审知死,圣人之极也。知生也者,不以害生,养生之谓也;知死也者,不以害死,安死之谓也。"(《节丧》)既然《吕氏春秋》将"生"与"死"看得同样重要,那么,人们也应像让外物不伤害生命一样,不让外物伤害到死者。人生在世,有生必有死,这是不可避免的自然规律。为什么要安葬死者?《吕氏春秋》认为,"孝子之重其亲也,慈亲之爱其子也,痛於肌骨,性也。所重所爱,死而弃之沟壑,人之情不忍为也,故有葬死之义"(《节丧》)。葬死之义在于:天性使人不忍将其所尊重与疼爱的人抛尸沟壑,也即"安死"。毫无疑问,《吕氏春秋》从感情寄托角度提出的"节葬"思想,较之墨家从节财出发而提倡"节葬",更容易为人们所接受。① 既然葬死是人的天性使然,那么如何葬死才不会"害死",并达到"安死"的目的呢?《吕氏春秋》认为只有根据无限久远的需要为死者考虑,才能明白埋葬死者的要义。人的寿命,中寿不过六十岁,长寿也难过百岁,而对死者来说,六十岁、百岁抑或万岁都有如一瞬间。以六十岁至多百岁的有限寿命替无穷者考虑,必定是不合适的。世俗的人们为死者大修陵墓,"其高大若山,其树之若林,其设阙

---

① 修建军:《〈吕氏春秋〉与墨学》,载《齐鲁学刊》,1995年第4期,第98页。

庭、为宫室、造宾阼也若都邑",用这种葬死的方式向世人炫耀生者的财富是可以的,但用此安葬死者,便是以有限的寿命替无穷者考虑,死者所需要的根本就不是生者炫耀的财富,而是永久的安息。这种炫富的葬死做法就好比在死者的墓碑上写上:"此其中之物,具珠玉、玩好、财物、宝器甚多,不可不抇,抇之必大富,世世乘车食肉"(《安死》),埋葬财富只会给死者招来打扰安息的祸事,有如"此地无银三百两"一般糊涂、愚蠢。

生者究竟该如何安葬死者呢?《节丧》篇有云:"以生人之心为死者虑也,莫如无动,莫如无发。无发无动,莫如无有可利,则此之谓重闭。""重闭"意为无有可利而使坟墓无发无动。这是告诉世人,如果真要从生者的角度来为死者考虑,没有什么比坟墓不被掘开更重要的了。在《吕氏春秋》看来,"害死"的因素主要包括自然的侵害与人为的侵害。"葬浅则狐狸抇之,深则及于水泉。故凡葬必于高陵之上,以避狐狸之患、水泉之湿。此则善矣,而忘奸邪、盗贼、寇乱之难,岂不惑哉?譬之若瞽师之避柱也,避柱而疾触杙也。狐狸、水泉、奸邪、盗贼、寇乱之患,此杙之大者也。慈亲孝子避之者,得葬之情矣。"(《节丧》)自然的侵害主要是指狐狸之患、水泉之湿和蝼蚁蛇虫,可以葬于高陵之上化解;人为的侵害主要是奸邪、盗贼、寇乱对墓穴的挖掘,这才是"害死"的关键因素。慈亲孝子埋葬死者只有避开了这些人为的侵害因素,才是真正符合埋葬的要义。

为何奸邪、盗贼、寇乱对墓穴的挖掘才是孝子、忠臣、慈父、挚友所应忧虑的大患呢?《吕氏春秋》分析了三个方面的原因:

其一,人生而好利,存在盗墓逐利的可能性。《节丧》篇指出,"民之于利也,犯流矢,蹈白刃,涉血盭肝以求之。野人之无闻者,忍亲戚、兄弟、知交以求利。今无此之危,无此之丑,其为利甚厚,乘车食肉,泽及子孙。虽圣人犹不能禁,而况于乱?"这是从人的逐利本性的维度剖析厚葬之后被刨坟掘墓的可能性。因为逐利是人人都会做的事情，有些不重礼义的鄙野之人逐利还可以残忍地对待父母、兄弟、朋友，盗墓能获取丰厚利益，且没有残忍地对待父母、兄弟、朋友那样的危险和耻辱，难免会引得奸邪、盗贼、寇乱不惜刀口舔血以求之。古代的圣人都未能杜绝这样的盗墓现象，更何况乱世之昏君。

其二，厚葬侈葬之风愈盛，增大了墓葬被盗的可能性。《节丧》篇还指出："国弥大，家弥富，葬弥厚。含珠鳞施，玩好货宝，钟鼎壶滥，舆马衣被戈剑，不可胜其数。诸养生之具，无不从者。题凑之室，棺椁数袭，积石积炭，以环其外。奸人闻之，传以相告。上虽以严威重罪禁之，犹不可止。"一方面揭示出当时的大国富家流行着厚葬侈葬之风，将财货珍宝和各种器物埋葬于坟墓以彰显地位之崇高和身份之尊贵；另一方面又告诫丰厚的随葬品会让邪恶的人奔走相告，吸引更多的盗墓之徒前来刨坟掘墓，即使用严刑重罚也不可能禁止。

其三，死者死去的时间越久远，墓葬被盗的概率也将增大。这是由于死者和生者在情感联系上存在一种"渐行渐远"的大概率事件，即随着死者死去的时间变得久远，生者——随着血缘关系的由近及远——对死者的情感将变得越来越疏远，对死者坟墓的守护也渐渐怠慢。但是，坟墓中最初埋葬的财货珍宝和各种器物不会发生变化，对那些盗墓逐利的邪恶之人的诱惑力不会发生变化，鲜有甚至无人守护的坟墓被盗的概率便变得更大。

基于这三个方面的考虑，《节丧》篇对厚葬侈葬之风给出了严厉的批评："今世俗大乱，之主愈侈其葬，则心非为乎死者虑也，生者以相矜尚也。侈靡者以为荣，俭节者以为陋，不以便死为故，而徒以生者之诽誉为务。此非慈亲孝子之心也。"把奢侈浪费的丧葬视为光荣，把俭省节约的丧葬视为鄙陋，实际上只是在满足生者的炫富之心、虚荣之心，并不是为死者的安宁考虑，不仅不合宜，也不是慈亲孝子应有的做法。对死者尽孝,从埋葬死者的角度看就是给死者以安宁。因此,举行盛大的葬礼,随葬丰厚的财货,用来给世人看或用来炫耀财富和身份是够"档次"的,但是像用它来安葬死者是不行的。

因此,《吕氏春秋》明确提出要"必俭必合必同",这与墨家的"节葬"态度是一致的。《吕氏春秋》指出:"先王之葬,以必俭,必合,必同。"(《安死》)对于"必俭",《安死》篇中提到了尧舜禹三位先王"以俭节葬死"的做法:"尧葬于谷林,通树之;舜葬于纪市,不变其肆,禹葬于会稽,不变人徒。是故先王以俭节葬死也,非爱其费也,非恶其劳也,为死者虑也。先王之所恶,惟死者之辱也。发则必辱,俭则不发。"可见,先王"以俭节葬死"并非吝啬财物和人力,而是担心刨坟掘墓的恶行凌辱死者,是真正的"为死者虑",达到了"安死"的目的。《安死》篇为强调"以俭节葬死"的合理性,还提到了孔子越礼救过的故事:孔子去参加鲁国季孙氏的丧事,对于季恒子用宝玉装殓死者的行为,"孔子径庭而趋,历级而上,曰:'以宝玉收,譬之犹暴骸中原也。'径庭历级,非礼也;虽然,以救过也"。(《安死》)不难看出,此篇通过强烈要求恢复周礼的孔子不惜越礼劝阻季恒子的厚葬侈葬行为,无非就是进一步强调"以俭节葬死"所具有的合理性。"必合""必同"实质上就是提倡坟墓应与周围环境和谐而融为一体,"葬于山林则合乎山林,葬于阪隰则同乎阪隰",表达出一种自然生化万物,而万物终归自然的超然情怀。

3. 举事无逆天数的生态哲学

《吕氏春秋》作为向秦始皇提供的关于施政纲领的书籍,它吸收了前人在天人关系上的基本主张,要求天子行事制令都应"无变天之道,无绝地之理,无乱人之纪"(《孟春》),具有明显的可持续发展、保持生态和谐的思想倾向。纵观全书,《吕氏春秋》的生态哲学主张主要集中在十二纪每纪的首篇和六论的《上农》《任地》《辩土》《审时》等篇，另有少许生态哲学思想散见于八览中。本节仅从节约资源、爱惜民力的角度，对《吕氏春秋》的生态哲学进行解析和阐释。《吕氏春秋》认为，"凡人物者，阴阳之化也。阴阳者，造乎天而成者也"。（《知分》）也就是说，人并非超乎自然之上的主宰，而是阴阳之气——自然的产物，是自然活动的参与者，人类的生产活动、政治活动都必须遵循自然规律，与自然协调发展。《吕氏春秋》以阴阳五行学说为依据，根据四季十二月的天文、历象和物候等自然现象，对君主的衣食住行应遵守的准则，以及祭祀、征伐、农事等活动对自然规律所应具有的尊重进行了详细的论述。

根据五行学说，春季属木，阳气渐盛，万物开始萌芽，是一个生养繁衍的季节。人的活动，尤其是政治活动应以宽厚仁爱为主旨。孟春之月——夏历正月，是立春的月份，上天之气下降，大地之气上升，天地融合而万物开始生化。此时，天子的政令应是"修祭典，命祀山林川泽，牺牲无用牝，禁止伐木"；"无覆巢，无杀孩虫、胎夭、飞鸟，无麛无卵；无聚大众，无置城郭，掩骼霾髊"（《孟春》）。在仲春之月——夏历二月，阳气散发，生命进入萌芽状态。政府应尽量"安萌牙，养幼少，存诸孤"；"无竭川泽，无漉陂池，无焚山林"；"祀不用牺牲，用圭璧，更皮币"（《仲春》）。到季春之月——夏历三月，生养之气日盛，萌芽都已长出。政府非但不能在此时敛聚财物，还要颁布禁令："田猎罼弋，罝罘罗网，喂兽之药，无出九门"；"命野虞无伐桑柘"；"禁妇女无观，省妇使，劝蚕事"（《季春纪·季春》）。一方面，春季是自然万物萌芽生长的阶段，对于山林川泽、飞鸟虫兽等自然资源的利用，应节约从事，不做"杀鸡取卵"式的破坏性开发；另一方面，农民开始进入春耕时节，民力处于弱势，天子应无作大事，不要大量征用民力、敛聚民财。

夏季属火，阳气最为旺盛，万物进入生长繁荣阶段，政令仍以宽厚仁爱为主。孟夏之月——夏历四月，是立夏的月份，万物开始生长壮大，不能对其进行破坏，要"驱兽无害五谷，无大田猎，农乃升麦"；"无起土功，无发大众，无伐大树"；"聚蓄百药，靡草死，麦秋至。蚕事既毕，后妃献茧，乃收茧税，以桑为均，贵贱少长如一"（《孟夏》）。在仲夏之月——夏历五月，农民进献黍米，但要"令民无刈蓝以染，无烧炭，无暴布，门闾无闭，关市无索；挺重囚，益其食，游牝别其群，则絷腾驹，班马正"。而且，在夏至来临的这个月，阴阳相争，死生相别，君子应该行斋戒，"处必掩，身欲静无躁，止声色，无或进，薄滋味，无致和，退嗜欲，定心气，百官静，事无径，以定晏阴之所成"（《仲夏》）。也就是要节俭饮食和节制感官享乐，摒除嗜欲，使身体和内心趋于平静，达到养生的目的。在季夏之月——夏历六月，"树木方盛，乃命虞人入山行木，无或斩伐"；"令渔师伐蛟取鼍，升龟取鼋，命虞人入材苇"；"无发令而干时，以妨神农之事"（《季夏》）。总之，在夏季，对已经发育成熟的自然资源，可以适当开发利用；对已经收获的农民，可以适当征收税赋。值得注意的是，此篇中提到的"以桑为均，贵贱少长如一"的税收思想，将种桑多少作为税基，而不论贵贱等级，体现出合理、公平征税的税制精神。

秋季属金，阳气转衰，阴气渐盛，万物进入成熟凋落的阶段，天子可以敛聚财物、役使民力。孟秋之月——夏历七月，是立秋的月份，农民进献五谷，天子可"命百官始收敛，完堤防，谨壅塞，以备水潦；修宫室，附墙垣，补城郭"（《孟秋》）。在仲秋之月——夏历八月，天子"乃命有司趣民收敛，务蓄菜，多积聚。乃劝种麦，无或失时，行罪无疑"。同时，由于敛聚了财物，政府还应"养衰老，授几杖，行糜粥饮食"（《仲秋》）。在季秋之月——夏历九月，天地之气开始收藏，人们也应顺应时节开始收敛，"藏帝籍之收于神仓"；"霜始降，则百工休"；

"天子乃厉服厉饬，执弓操矢以射"；"草木黄落，乃伐薪为炭"（《季秋》）。同时，颁布诸侯向百姓征税及诸侯向天子缴税的法规，而"轻重之法，贡职之数，以远近土地所宜为度"（《季秋》）。诸侯向农民征敛的赋税，实质上也就是农民租种土地所支付的土地价格——地租，因此这种税收思想，类似于马克思所提到的"级差地租"理论。马克思认为，这些不同的结果①，是由于下面两个和资本无关的一般原因造成的：肥力和土地的位置。②"以远近土地所宜为度"征税，一方面说明了这种税制的合理性，另一方面也体现为政者对民财爱惜和对民情的体恤。另外，天子还要"收禄秩之不当者，共养之不宜者"（《季秋》），裁退冗员，避免有限的财政资源浪费于供养不当、不宜之人。

冬季属水，阴气最为旺盛，万物进入收敛闭藏的阶段。所以天子应发布政令，要求人们顺应冬季闭藏之气，命令百官督促百姓收敛聚藏。孟冬之月——夏历十月，是立冬的月份，天子"乃命水虞渔师收水泉池泽之赋，无或敢侵削众庶兆民，以为天子取怨于下"；"大割，祠于公社及门闾，飨先祖五祀，劳农夫以休息之"；"工师效功，陈祭器，按度程，无或作为淫巧，以荡上心"（《孟冬》）。在仲冬之月——夏历十一月，"土事无作，无发盖藏，无起大众，以固而闭"；"省妇事，毋得淫，虽有贵戚近习，无有不禁"；"山林薮泽，有能取蔬食田猎禽兽者，野虞教导之"。而且，在冬至来临的这个月，阴阳相争，各种生物开始萌动，君主也应该行斋戒，"处必弇，身欲宁，去声色，禁嗜欲，安形性，事欲静，以待阴阳之所定"。（《仲冬》）在季冬之月——夏历十二月，日月星辰又将回归原位，新的一年即将重新开始，"命渔师始渔，天子亲往，乃尝鱼；冰方盛，水泽复，命取冰；命司农计耦耕事，修耒耜，具

---

① 由于一种与生产者投入的资本分离、可以垄断、数量有限的自然力的存在，使不同的土地产生了不同的超额利润，从而导致土地的价格有所不同。

② 《马克思恩格斯选集（第二卷）》，北京：人民出版社1995年版，第556页。

田器；命四监收秩薪柴，以供寝庙及百祀之薪燎"；"专于农民，无有所使"（《季冬》）。总之，冬季是收敛聚藏，天子一方面要避免淫巧之事，以节俭安形性，另一方面要勿用民力，让农民专心于筹备农事。

《吕氏春秋》生态哲学的精神主旨，一言以蔽之，即"凡举事无逆天数，必顺其时，乃因其类"（《仲秋》）。分论之则包括两个方面的内容：在节约和爱惜民财民力方面，"当时之务，不兴土功，不作师徒"；在节约并可持续开发自然资源方面，"制四时之禁：山不敢伐材下木，泽人不敢灰僇，缳网罝罦不敢出于门，罜䍡不敢入于渊，泽非舟虞不敢缘名：为害其时也"（《上农》）。《吕氏春秋》倡导一年十二个月都必须实施相应的政策和政令，如此精准、具体的施政方案，在科学性和合理性上虽存在疑问，但其在天人关系上尊重自然规律的态度和远见确实值得赞赏。在处理人与自然的关系上，《吕氏春秋》这种与天地参，既因循、利用自然，向自然索取，又不忘对自然加以养护、改造，既与自然相配合，又同自然作斗争，以保持天人和谐，使之向着有利于人类的方面发展，其主张和做法，是切实而有意义的。①

---

① 王启才：《〈吕氏春秋〉的生态观》，载《江西社会科学》，2002年第10期，第58—62页。

九　先秦法家的俭德思想

法家学派的思想家尽管从不同的角度对法、术、势各有侧重，但对"俭"或"节用"的重视也丝毫不逊于其他诸子。本章主要以《管子》《商君书》和《韩非子》等经典文献为依据，对法家中系统性稍强的节俭主张加以阐释。

（一）管子的俭德思想

管仲（约公元前725年—公元前645年）名夷吾，齐国颍上人。管仲原来很穷，做过小商人，后来成为齐桓公之相，在齐国推行封建制改革，并使齐国成为当时最大、最先进的诸侯国。现存《管子》一书，经某些学者们考证，有一部分是管仲自著，如《牧民》《权修》《乘马》《版法》《五辅》《八观》，等等。此外，还有一部分是管仲后学依据历史资料所整理的管仲思想，另有少数篇章是管仲学派的学者对管仲思想的发挥。① 本文对管子俭德思想的研究是针对《管子》这一文本来考察，

---

① 罗国杰：《中国伦理思想史（上卷）》，北京：中国人民大学出版社2008年版，第212—213页。

对其作者不做深入考究。①《管子》中"俭"字出现11次;"奢"出现3次,其中1处为人名,但"侈"字出现28次之多,而且皆是"奢侈"之意。从"侈"字出现的频率可以看出,《管子》对"奢侈"问题的关注甚于其他学派。《管子》的内容涉及政治、经济、哲学、法律、管理等诸多领域,它继承和发展了西周以来尚俭的思想智慧,提出俭财用、禁侈泰,但又独树一帜地主张以侈靡"兴时化",给中华民族的俭德思想传统注入了别样的思想火花。

1. "俭其道乎"的富民治国论

与其他诸子崇尚节俭一样,《管子》也将节俭作为其基本的道德价值取向,有关推崇节俭、拒斥奢侈的论述在该书中也随处可见。而且,《管子》将"俭"视为"道",可谓是把"俭"提升到了一个前所未有的理论高度,这是其他诸子所不及的。《管子》说:"明君制宗庙,足以设宾祀,不求其美;为宫室台榭,足以避燥湿寒暑,不求其大;为雕文刻镂,足以辨贵贱,不求其观。故农夫不失其时,百工不失其功,商无废利,民无游日,财无砥墆。故曰:俭其道乎!"②(《法法》)可见,作为治国之道的"俭"的基本涵义就是,以君主为首的统治阶级在宗庙、宫室、台榭、雕文、刻镂等方面不要刻意求其美、求其大、求其观,而只要能发挥其本身功用,足以区分贵贱等级便可,这也正好符合《管子》所提出的明君之"六务"。所谓"六务",首要之务便是"节用"(《七臣七主》)。"俭"的目的就是使农夫、百工、商贾、平民都能各安其业、各得其所,从而保持住统治阶级的安富尊荣。因此,在《管子》

---

① 从时间线上看,管仲生活于春秋前期,理应将本节内容放置于第六章。鉴于管仲是法家学派先驱人物,对后世法家学者具有重要影响,因此将其放在法家俭德思想这章一道论述。

② 张小木:《管子解说》,北京:华夏出版社2009年版,第139页。《管子》引言均为张本,只标章名。——作者注

看来,"俭"就是明君治国之正道。至于"道"是什么,《管子》认为"以无为之谓道"(《心术上》),"爱民无私曰德,会民所聚曰道"(《正》)。"道"就是虚静无为,顺应民心。求"道"的法门就是"不休乎好,不迫乎恶,恬愉无为,去智与故",其实质就是要摒除私欲,去智谋、去巧诈,保持内心的虚静恬淡,不受外物的诱惑与威胁。这样一来,《管子》的"俭"不仅成了一种治国正道,更蒙上了一层"形而上"的道家哲学色彩。

《管子》的俭德思想也是建立在其自然人性论之上。《管子》说:"夫凡人之情,见利莫能勿就,见害莫能勿避";又说:"凡人之情,得所欲则乐,逢所恶则忧,此贵贱之所同有也"(《禁藏》)。然而,"物有多寡,而情不能等",社会物质财富总是有限的,总是不能满足人的自然本性对物质的追求。因此,从天子以至庶人都有必要克制人的好利恶害、好佚恶劳的自然本性。

在《管子》看来,一人之治乱在其心,一国之存亡在其主,君主的言行和作风与国家的存亡关系甚大。《立政九败解》提到,有九种言论和风气能危及国家的安全,它们分别是君主只喜欢听寝兵之言、兼爱之说、阿谀奉承与私下议论,只求保全生命、金玉财宝,听任结党营私、观乐享受、托请保举。在这"九败"中,如果君主追求以美味、声色来养生,纵欲而行,势必使"男女无别,反于禽兽;然则礼义廉耻不立,人君无所自守也",君主地位不稳,国家也难以安宁;如果君主自己纵情于观乐享受,或者听任群臣观乐享受,国家必然败亡,因为"凡观乐者,宫室、台池、珠玉、声乐也,此皆费财尽力,伤国之道也"(《立政九败解》)。《版法解》也指出,扰乱国家有"六攻"——"亲也,贵也,货也,色也,巧佞也,玩好也",其中君主迷恋财货、声色、玩好就都属于君主放纵物欲、沉湎玩乐,与"九败"中的观乐享受类似。所以,当君主的言行和作风出现了"大其宫室,高其台榭……进其谀优,繁其钟鼓，流于博塞，戏其工瞽。诛其良臣，敖其妇女，撩猎毕弋，暴遇诸父，驰骋无度，戏乐笑语"（《四称》）的迹象，那他已经具备了"无道之君"的特征。

另外，《七臣七主》篇还提到有七种类型的君主，并作出了"六过一是"的评论。在七种类型的君主中只有"申主"——诚信的君主做到了"要审则法令固，赏罚必则下服度，不备待而得和，则民反素也"，是《管子》所赞赏的明主。惠主、侵主、芒主、劳主、振主、亡主等六种类型的君主都是《管子》所反对的，其中三种与背离节俭之道相关：惠主滥施恩惠导致积蓄耗尽，芒主纵情五色、沉湎五声导致祸事降临自身，劳主则横征暴敛使国家出现危患。足见，处在权力核心的君主从欲妄行，不能以"俭"为正道，便会陷入"亡其身失其国者"的险境。

综合来说，《管子》反对奢侈，崇尚节俭，主要是基于以下几方面的考虑。

第一，奢侈导致贫困，节俭带来富裕。《形势解》有云："人惰而侈则贫，力而俭则富。"这是直截了当地指明奢侈与节俭的后果：奢侈和懒惰使人贫困，勤力和节俭使人富裕，且这一结论也同样适用于国家。《权修》篇还认为："地辟而国贫者，舟舆饰，台榭广也；赏罚信而兵弱者，轻用众，使民劳也。舟车饰，台榭广，则赋敛厚矣；轻用众，使民劳，则民力竭矣。"从这里可以得知，《管子》所反对的奢侈主要有两种：一种是财用的奢侈；一种是用民的过度。国贫的原因就是统治者的奢靡，因为奢靡需要消耗大量财政资源，财政又以"赋敛厚"为基础，最终必然就导致"民力竭"。因而，《八观》又云"国侈则用费，用费则民贫"。民贫也就是国贫，民富就是国富。君主崇尚节俭，去除各种纵情任欲的奢侈享乐行为，把有限的财政资源用于生产，"实圹虚，垦田畴，修墙屋，则国家富；节饮食，搏衣服，则财用足"（《五辅》）。

第二，骄傲侈泰使福事不会降临，俭约恭敬则不致招来祸患。奢侈和节俭不仅关乎于国家的贫困和富裕,还与祸福息息相关。《禁藏》篇说:"故适身行义,俭约恭敬,其唯无福,祸亦不来矣;骄傲侈泰,离度绝理,其唯无祸,福亦不至矣。"虽然这一言论并未阐明奢俭与祸福之间的必然联系,但认为节俭即使不能带来福祉也必定没有灾祸,奢侈即使没有带来灾祸也必定远离福祉。一方面,奢俭于个人的祸福紧密相关。"立身于中,养有节……故意定而不营气情。气情不营则耳目谷、衣食足。"(《禁藏》)就个人而言,以节俭立身,不仅可以衣食充足,也可以使人意志坚定、耳聪目明。难道这不算个人的福祉吗?另一方面,奢俭与国家的祸福密切相关。《权修》有云:取于民无度,用之不止,国虽大必危。统治阶级过度地敛聚民财,财用又毫无节制,只会使百姓变得贫穷,最终给国家带来祸患。相反,如果能节俭为政,"取于民有度,用之有止"(《权修》),百姓便能"耳目谷、衣食足,则侵争不生,怨怒无有,上下相亲,兵刃不用矣"。(《禁藏》)如果一个国家没有侵争、没有怨怒,君民相亲相爱,兵刃战祸不起,"国虽小必安"。

第三,纵欲侈靡会导致奸邪,节欲俭用能防止奸邪。《五辅》曰:淫声诣耳,淫观诣目,耳目之所好诣心,心之所好伤民。可见,"淫声""淫观"等淫乱享乐行为会使人放纵情欲,使人无心去追求高尚的道德人格。正所谓"文巧不禁,则民乃淫"(《牧民》)。如果君主的纵欲行为得不到有效的控制,很多人就会犯上作乱,沉溺淫乐的颓废之风泛滥,世风日下,道德难免沦丧。这里的逻辑是:国家——从君主到民众的所有人——专注于侈靡享乐就必然要消耗大量财物,财物消耗导致民众贫困,民众贫困就会滋生奸邪巧作。所谓"奸邪巧作",可以从两个维度来理解:一种是统治者挥霍无度,"主上无积而宫室美",同时又肆无忌惮地搜刮民脂民膏,即"奸民在上位";另一种是底层老百姓由于奢侈导致贫困而出现生存困境,被生活所迫而作奸犯科,即奸民在下位。实质上,《管子》在此已对奢侈行为做出了道德评价,奢侈导致奸邪,必然就是恶的。故此,《八观》篇提出,"审度量,节衣服,俭财用,禁侈泰,为国之急也。不通于若计者,不可使用国"。衣服、财用等方面都应节俭行事,严禁奢侈,否则便不可能治理好国家。总之,无度的奢侈是导致奸邪产生的重要原因,而节俭正是遏制道德沦丧,防止奸邪的关键举措。

第四,奢侈会导致饥饿冻寒,节俭能防止饥馑。《管子》反对奢侈,是因为奢侈会使人民有"饥饿之色"和"冻寒之伤",并据此将奢侈称之为"逆"。故《重令》云:"菽粟不足,末生不禁,民必有饥饿之色,而工以雕文刻镂相稚也,谓之逆。布帛不足,衣服毋度,民必有冻寒之伤,而女以美衣锦绣綦组相稚也,谓之逆。"奢侈挥霍为什么会导致民有"饥饿之色"和"冻寒之伤"呢?其原因主要有二:一是奢侈挥霍会耽误农业生产,即"废民于生谷";二是奢侈挥霍使民力得不到休息,即"主上用财毋已,是民用力毋休也"(《八观》)。节俭则不然,《五辅》云:"义有七体。七体者何?曰:孝悌慈惠……纤啬省用,以备饥馑……凡此七者,义之体也。"可见,节俭不仅可以实现"积财"而避免或解决奢侈挥霍所导致的上述两个问题,而且还是"义"的重要表现,是德性的彰显。更重要的是,"非有积蓄不可以用人,非有积财无以劝下"(《事语》)。节俭积财还具有"用人"和"劝下"功利价值,有助于实现巩固统治的政治目的。

综上所述,"俭其道乎"的治理之道,就是通过节俭积财富民、彰显德性,进而实现有效治理。《治国》有云:"凡治国之道,必先富民。民富则易治也,民贫则难治也。"富民是治国的关键,而富民的关键则"在于强本事,去无用"(《五辅》)。蔡元培先生就曾指出,"管子之意,以为人民之所以不道德,非徒失教之故,而物质之匮乏,实为其大原因。欲教之,必先富之"[①]。而《管子》富民治国的重要主张之一就是

---

① 蔡元培:《中国伦理学史》,北京:东方出版社1996年版,第43页。

自上而下的对君民提出的禁奢侈、倡节俭的道德要求。《管子》认为,君主是治国的灵魂所在,"主身者,正德之本也。身立而民化,德正而官治。治官化民,其要在上"(《君臣上》)。因此,圣人明王治理国家,一是"能节宫室、适车舆以实藏,则国必富、位必尊";二是"能适衣服、去玩好以奉本,而用必赡、身必安矣";三是"能移无益之事、无补之费,通币行礼,而党必多、交必亲矣"(《禁藏》)。节宫室、适车舆、适衣服、去玩好,并不是因为圣人明王没有这些方面的喜好,也并不是因为这些事物不能带来快乐,而是因为它们"伤于本事"而又"妨于教"。概言之,"俭"之于有效治理的意义在于:一方面,通过去无用,减少奢侈浪费,便可以自上而下地实行宽政,"薄征敛,轻征赋",实现民富民安;另一方面,通过"禁末作文巧"使"民无所游食","民无所游食则必农"(《治国》),实现粟多国富。

2. "度爵量禄"的等级制消费道德

从生产与消费的关系来看,生产决定消费,为消费提供对象,决定着消费水平和消费方式。任何社会形态的消费水平和消费方式都受制于当时的社会生产水平和生产方式。《管子》的个人消费的标准,也只能受制于当时生产方式与生产所许可的一般水平,并充分体现了封建社会等级的标志[①]。《管子》十分重视封建等级制度,甚至将之视为维护社会秩序的基本法。所谓的等级制度,就是"上下有义,贵贱有分,长幼有等,贫富有度"(《五辅》)。如果"上下无义则乱,贵贱无分则争,长幼无等则倍,贫富无度则失"(《五辅》),其结果便是社会秩序混乱、国家进入危难。《权修》篇还强调,如果"贵贱不明,长幼不分,度量不审,衣服无等,上下凌节",而想要人民尊崇君主的政令是不可能的。

---

① 胡寄窗:《中国经济思想史(上)》,上海:上海财经大学出版社 1998 年版,第 311 页。

总之，封建等级制度贯穿于社会生活的方方面面，在消费领域亦是被视为基本的道德规范。

《管子》认为："法者，将立朝廷者也。将立朝廷者，则爵服不可不贵也。法者，将用民力者，则禄赏不可不重也。"（《权修》）"爵服"就是爵位和与之配套的服饰，"禄赏"则是与爵位匹配的俸禄、与功绩相应的奖赏，二者象征着等级制度中的君主权威，是治国的重要法门。如果轻易将爵服、禄赏授予不义之人、无功之人，百姓就会轻贱爵服禄赏，君主的权威也将受到挑战。"爵服贱、禄赏轻"乃是"败国"的表现。因此，《管子》提出了"度爵量禄"的等级制消费道德规范，对个人消费所应遵守的道德约束进行具体规定，即"度爵而制服，量禄而用财。饮食有量，衣服有制，宫室有度，六畜人徒有数，舟车陈器有禁。修生则有轩冕、服位、谷禄、田宅之分，死则有棺椁、绞衾、圹垄之度。虽有贤身贵体，毋其爵不敢服其服；虽有富家多资，毋其禄不敢用其财；天子服文有章，而夫人不敢以燕以飨庙；将军大夫以朝，官吏以命，士止于带缘。散民不敢服杂采，百工商贾不得服长鬈貂；刑余戮民不敢服絻，不敢畜连乘车"。（《立政》）所有的饮食、衣服、宫室、六畜、奴仆、车船、器用、棺椁、坟墓等消费行为必须有量、有制、有度，也就是要有具体的标准——不是天下人共有的同一标准，而是按照"爵""禄"等级制定的差异标准。天子、王后、将军、官吏、世人、平民、工匠、商贾以及刑戮之人都必须按照其所处的社会等级进行上述物品的消费，没有相应的爵位和俸禄便不能进行相应的消费。任何僭礼越分的奢侈行为，便意味着向封建等级制度提出挑战，是离经叛道之举，在道德上是必须坚决否定的。

在人性问题上，《管子》认为人具有好佚恶劳的自然本性。从这一维度来看，《管子》提出等级消费的道德规范实质上是想用等级制度来引导和节制人的欲望，用所谓的"礼""义"等道德规范来对人的自然欲求和生活消费行为进行节制。也只有如此，人们的欲望和需要才能得以满足，社会秩序才能避免混乱。在一定程度上，《管子》所提倡的节俭也就是不要僭越等级制度而消费，节俭之德便是自觉遵循这种等级消费道德规范。对于统治者而言，节俭便是要求统治阶级的消费行为能"知量""知节"，而不要"离度绝理""用之不止"，并保持和自己身份、等级的一致。对于老百姓而言，节俭就是要求老百姓"所好恶不违于上，所贵贱不逆于令；毋上拂之事，毋下比之说，毋侈泰之养，毋逾等之服"（《重令》）。可见，《管子》的节俭观并不排除统治者按照爵禄而保持相应的高档消费，却禁止老百姓的"侈泰之养"和"逾等之服"，还将老百姓"不违于上""不逆于令"的节俭称为"国之经俗"，将"氓家无积而衣服修"称为"侈国之俗"。因此，把消费列入等级制度中，虽然也是从多方面限制消费的一种办法，使人们的消费理念也打上等级制的烙印，其意义却在于使统治者阶层保持高档的侈靡消费，而广大贫苦百姓则满足于低档的基本物质生活消费。①

在强调等级制消费道德规范的同时，为了使"令顺民心"，使"民无怨心"，《管子》又对这一道德规定可能带来的阶级矛盾提出了"九惠之教"的缓和策略，作为对等级制消费道德的补充。所谓"九惠之教"就是："一曰老老，二曰慈幼，三曰恤孤，四曰养疾，五曰合独，六曰问病，七曰通穷，八曰振困，九曰接绝。"（《入国》）从其针对的对象来看，"九惠之教"就是要让老弱孤寡等处于社会弱势地位的人群能有所依靠，这类似于现代社会中的社会保障机制，在一定程度上是社会正义的彰显，能够缓减等级制消费道德造成的社会不公。"九惠之教"也可用《五辅》中的"匡急振穷"来概括，即"养长老，慈幼孤，恤鳏寡，问疾病，吊祸丧，此谓匡其急；衣冻寒，食饥渴，匡贫窭，振罢

---

① 周俊敏：《〈管子〉经济伦理思想研究》，湖南师范大学博士学位论文，2002 年，第 118 页。

露，资乏绝，此谓振其穷"。"匡急振穷"在一定程度上使"民之所欲"得以满足，使道德得以兴盛，从而使百姓能遵从君主的政令。但是，无论是"九惠之教"，还是"匡急振穷"，都是用以维护等级秩序的工具性策略。

3. "莫善于侈靡"的重奢倾向

《管子》俭德思想的整体倾向是"崇俭"，但在《侈靡》篇中，却又提出"侈靡"的理念。在先秦其他诸子那里几乎是完全对立的两个理论范畴，为何在《管子》这里却能同时加以提倡。不过有一点必须首先澄清，《管子》所倡导的"侈靡"或"奢侈"，并不是指挥霍无度、铺张浪费的意思，它是从促进生产特别是农业生产，提高人民生活水平，维护统治秩序的角度来重视"侈靡"。适当的侈靡消费具有一定的经济合理性和道德正当性。① 在《管子》的思想里，不论是"节俭"，还是"侈靡"，都必须有度，既不能像墨家那样"自苦为极"，也不能像某些昏聩君主、富豪巨贾那样丝毫没有节制地挥霍浪费。《侈靡》篇说："问曰：兴时化若何？莫善于侈靡。"可见，《管子》并不是认为"侈靡"本身具有何种善性，而是认为"侈靡"具有"兴时化"的功利效果。"教化"是《管子》十分肯定的一种治理方式，其次就是政令，"政教相似而殊方"。所谓"化"，《七法》中这样解释："渐也、顺也、靡也、久也、服也、习也，谓之化。"因此，"兴时化"就是顺应时代变化教化民众。

《管子》以侈靡兴时化的学说可以从这样三个层面来理解：第一，从这一学说基本原理来看，侈靡的要求是"贱有实，敬无用"（《侈靡》）。此处，"无用"指的是珠玉、金石、狗马等奢侈物品，"有实"

---

① 徐新：《现代社会的消费伦理》，北京：人民出版社2009年版，第49页。

指的是粟米、布帛等实用物品。《管子》这一主张的用意在于，通过轻贱粟米等劳动产品，而使其价格低廉；通过贵重珠玉等奢侈品，而抬高其价格以控制国家经济。第二，从其目的来看，侈靡学说意在实现"人可刑"，也即使人民服从管教。《管子》侈靡学说的真正目的是为政治统治服务，而不是单纯地从经济的角度以奢侈消费拉动生产。第三，从其具体规定来看，侈靡是按照"天子臧珠玉，诸侯臧金石，大夫畜狗马，百姓臧布帛"的标准进行等级消费。这就是说，《管子》所提倡的侈靡主要是针对天子、诸侯、大夫等具有等级特权的统治者阶层，而不是针对处在社会底层的老百姓。侈靡消费的实质还是统治者阶层按照自己的等级地位消费，下位者不得僭越，等级秩序稳定仍旧是消费行为应遵循和维护的原则。

那么，侈靡的功利效果又是什么呢？从《侈靡》篇对侈靡消费功利效果的讨论来看，主要包括以下六个方面。

第一，侈靡消费可以满足人民所需，提高人民生活水平。《侈靡》有云："饮食者也，侈乐者也，民之所愿也。足其所欲，赡其所愿，则能用之耳。"

如果将"饮食"理解为基本生存需要，将"侈乐"部分地理解为品质生活需要，那就都是人民所期待得到满足的。适当的奢侈品消费和物质上的享受是人民实现品质生活或美好生活的一种方式，也是民富国富的象征。这也和《管子》"甚贫不知耻""仓廪实而知礼节"等思想观点遥相呼应，物质生活的满足是兴教化的基础。满足人民的需要实际上与《管子》的人性论主张也是一致的，饮食玩好是人的本性所欲望的，恶衣恶食是人的本性所躲避的。只有消费满足人民的生活需要，实现人们对美好生活的期待，才能调动人民的生产积极性，推动经济发展，从而在根本上提高人民的生活水平。

第二，侈靡消费能刺激流通，发展农业生产。正所谓"积者立余日而侈，美车马而驰，多酒醴而靡，千岁毋出食，此谓本事"，"不侈，本事不得立"（《侈靡》）。一方面奢侈消费是建立在有一定积蓄的基础上，农业生产则是积蓄的来源，因而奢侈消费便成了农业生产的一种动力；另一方面"本事"和"末事"并不是截然对立的，发展工商业，促进奢侈品消费，能刺激商品和财物的流通，对农业生产也能起到推动作用，如建造宫室会增加对木材的需要、诸侯祭祀会增加对牲畜的需要。《管子》所提倡的是"省诸本而游诸乐"，并非为游乐而游乐，为侈靡而侈靡，而是审察于本事之需而游乐或侈靡。而且，《管子》这里提倡的侈靡消费是有条件有限度的，这个条件就是"积"，即一定物质财富的积累。在社会财富充裕的情况下，通过适当侈靡消费使货币流通，生产振兴，在当今社会恐怕也是重要国策。如果不具备这个条件，食无积蓄，财无富余，国贫民弱，就不能实行侈靡消费。所以，《事语》篇明确指出，通过侈靡消费来刺激生产的做法"不可用于危隘之国"，即土地狭小的国家是不用采用侈靡策略来治国，主要原因是这种效果很难满足"积"的前置条件。

第三，侈靡消费能促进产业发展，增加就业岗位。《侈靡》篇认为，"巨瘗培，所以使贫民也；美垄墓，所以使文明也；巨棺椁，所以起木工也；多衣衾，所以起女工也"。这里提到修建并美化大墓、制造并雕刻庞大的棺椁、设计并制作华丽的衣物，从现代产业分类的视角审视，这些活动涉及三大产业的建筑、园林、设计、雕刻、服饰等多个行业，提供了许多工作岗位，使穷人、画工、雕匠、木工、女工都能从事相应的工作。《乘马数》还指出，"若岁凶旱水泆，民失本，则修宫室台榭，以前无狗后无彘者为庸。故修宫室台榭，非丽其乐也，以平国策也"。也就是说，在遭遇自然灾害而农业歉收的情况下，通过修建宫室台榭等设施，来使"前无狗后无彘者"——贫穷的人可以从事工作。《管子》的这种主张和20世纪英国著名经济学家凯恩斯（J. M. Keynes）所提倡的通过政府干预,增加公共支出用于公共工程建设,以提高就业水平的理论是极为相似的。凯恩斯认为,投资和消费是提高就业的两驾马车,"当失业问题严重时,一定量的被雇用于公共工程项目的人员会比失业问题解决后的接近充分就业的状态时,对总就业量具有更大的作用","即使其本身的效用尚成疑问的公共工程项目也值得一次又一次地加以推行"。①《管子》提出的修建宫室台榭的观点,有一点类似于凯恩斯所热衷的公共工程项目。

第四,侈靡消费能形成一个从生产到流通再到消费的经济链条,促进社会繁荣。奢侈品和其他产品一样也需要经过生产、分配、交换、消费的社会再生产过程,而社会的发展离不开社会再生产。《侈靡》篇说:"丹沙之穴不塞,则商贾不处。富者靡之,贫者为之,此百姓之怠生,百振而食。非独自为也,为之畜化。"在一定意义上,《侈靡》篇的这一观点表明其作者已经注意到了社会再生产的过程。虽然侈靡消费的主体是具有特权的统治阶层,但它也不能由某一阶层的人单独完成。它包括贫者生产、商贾流通和富者消费等三个环节,因此能使百业相互赈济而生,百姓也因而安居乐业。

第五,侈靡消费可以密切人与人之间的联系,和谐人际关系。《侈靡》篇认为,厚葬久丧可以密切亲友之间的联系,即"长丧以毁其时,重送葬以起身财,一亲往,一亲来,所以合亲也"。特别是就君主而言,通过"侈靡"可以亲近士人,使君臣关系和睦融洽,即"通于侈靡,而士可戚","上侈而下靡,而君臣相上下相亲"。

第六,侈靡消费能缩小贫富差距,缓和社会矛盾。《侈靡》篇指出,"甚富不可使,甚贫不知耻",人民太富和太贫都不利于教化和管理。而且,那些"万金之贾""千金之贾"和"百金之贾"如若不能谨慎地使

---

① [英]约翰·梅纳德·凯恩斯:《就业、利息和货币通论》,高鸿业译,北京:商务印书馆1999年版,第131—132页。

其听从号令，就会出现"一国而二君二王"（《轻重甲》）——富商大贾凭借经济实力与君主分庭抗礼的现象，导致权力与资本之间的矛盾。为此，君主应该严格控制山林、沼泽、草地等最基础的生产资料，让百姓依据时节耕种、采伐、畜牧、渔猎并缴纳税收；国家还应准备一定的闲置资金，在百姓困急之时借给他们购买粮食和生产资料。如此一来，大量的资金就会源源不断地流入国库，而不是商贾的腰包，从根本上化解权力和资本的矛盾。最终，侈靡消费则使"君臣之财不私藏"，通过经济链条使财富向从事生产的贫穷者流动，以发挥缓解贫富矛盾、君民矛盾的效果。

《管子》这种"莫善于侈靡"的重奢思想倾向，在西方也有着众多信奉者，曼德维尔（B. Mandeville）、孟德斯鸠（Montesquieu）、伏尔泰（Voltaire）、休谟（D. Hume）、斯图亚特（J. Stuart）、凡勃伦（T. B. Veblen）、桑巴特（W. Sombart）、凯恩斯等人都持有这种崇奢观。法国哲学家曼德维尔在其名著《蜜蜂的寓言》中指出，"若一国的大多数人都挥霍，该国产品的数量就必定超过该国人口的实际所需，因而有大量的廉价产品，相反，若一国的大多数人都节俭，其生活必需品就必定稀少，因而物价昂贵"，"巨大财富和奇珍异宝永远不能为拥有者增色，除非你承认它们那些不可分割的伴随物，即贪婪和奢侈"[①]。因此，尽管曼德维尔将"挥霍""贪婪"都视为是恶德，但却将之称为"高贵的恶德"。英国哲学家休谟也认为，人的本性都希望"享受奢华之乐"，希望过着"奢侈豪华的生活"，而且具有一种"追求为他们的先辈所未曾享受过的更美妙的生活方式的欲望"。休谟还认为，"如果这批多余的劳力（农民之外的工匠）从事通常称为奢侈艺术的那种精巧手工艺生产，那就为国家增添了生活的乐趣，因为他们为许多人提供了享受这种乐趣的

[①] ［荷］伯纳德·曼德维尔：《蜜蜂的寓言》，肖聿译，北京：中国社会科学出版社2002年版，第141—142页。

机会，要不然，人们就无缘结识这种享乐"①。依据休谟的认识，奢侈不仅能发展商业、促进贸易，更是人的本性的满足，享乐乃是生活的一部分。在《有闲阶级论》一书中，美国经济学家凡勃伦则提出："为了有效地增进消费者的荣誉，就必须从事于奢侈的、非必要的事物的消费。要博取好名声，就不能免于浪费。仅仅从事于生活必需方面的消费是一无可取之处的，除非是同那些连衣食都不周的赤贫者作对比。"② 依据凡勃伦的观点，奢侈是"有闲阶级"区别于"赤贫者"的重要标志，也是其取得"好名声"的有效途径，它代表的是"有闲阶级"一种高品质的生活习惯。《管子》对"侈靡"的提倡，虽不及西方这些思想家们彻底和坚决，在理论建构上也不及他们周密和系统，但在两千多年前——在一个一致崇尚"节俭"的思想氛围中——就意识到了"侈靡"的重要性，不得不令人钦佩。还是要强调的是，《管子》所提倡的"侈靡"并非是一场全民的奢侈消费运动，而是建立在等级消费上的权宜之计。简言之，"侈靡"的真正涵义是通过实行与周代的礼乐制度和分封制度相适应的等级消费，流通社会财富，调整君臣关系，稳定社会秩序。③

4. "俭则伤事"与"侈则伤货"的辩证观点

《管子》俭德思想的一个鲜明的特色就是，在充分肯定"俭其道乎"的道德价值的同时，又强调在一定条件下侈靡的必要性与重要性。为了阐明节俭与侈靡的真实关系，《管子》以黄金为例，提出了"俭则伤事，侈则伤货"的辩证观点。《乘马》篇有云："黄金者，用之量也。辨于黄金之理，则知侈俭；知侈俭，则百用节矣。故俭则伤事，侈则伤货。俭

---

① [英] 休谟：《休谟经济论文选》，陈玮译，北京：商务印书馆1984年版，第6页。
② [美] 凡勃伦：《有闲阶级论——关于制度的经济研究》，蔡受百译，北京：商务印书馆1964年版，第73页。
③ 张固也：《管子研究》，济南：齐鲁书社2006年版，第253页。

则金贱，金贱则事不成，故伤事。侈则金贵，金贵则货贱，故伤货。货尽而后知不足，是不知量也；事已而后知货之有余，是不知节也。不知量，不知节，不可谓之有道。"特别要指出的是，"俭则伤事，侈则伤货"中所说的"俭"和"侈"与上文提倡的"节俭"和"侈靡"有一定的区别，此处的"俭"是指过分的节俭，"侈"亦是过分的奢侈。"伤事"是指因过分节俭，使得宗庙、宫室、车船、饮食、衣服等事务出现供过于求——"事已而后知货之有余"的情形，从而导致这些方面的生产处于停滞状态。"伤货"则是指因过于侈靡，使得黄金、珠玉等大量耗费，最终导致黄金、珠玉等越发贵重，而其他商品相对变得低贱，也即"货尽而后知不足"的情况。过分节俭是"不知节"，过分侈靡是"不知量"，这两种行为都是不值得赞赏的。

  巫宝三认为："《管子》在俭德思想中提到的'节'，是先秦思想家关于消费论的一个重要发展。'节'的意义是'制'、是'度'、是'适'。"① 也就是说，《管子》所主张的既不是过分的侈靡，也不是过度的节俭，而认为消费的度应与产品的多寡挂钩。侈靡应"知量"，节俭应"知节"，也即消费应该要适度，要与生产相适应。就侈靡而言，《禁藏》云："宫室足以避燥湿，食饮足以和血气，衣服足以适寒温，礼仪足以别贵贱，游虞足以发欢欣，棺椁足以朽骨，衣衾足以朽肉，坟墓足以道记，不作无补之功，不为无益之事。"也就是说，侈靡的"知量"要求就是懂得发挥宫室、食饮、衣服等事物的本身效用，以满足人的作为社会存在的生存需要，除此之外的"无补之功""无益之事"统统摒除；同时，民力的役使也不能过度，"用力苦则劳"，"众劳而不得息，则必有崩阤堵坏之心"（《版法解》），意思就是民众被过分役使而得不到休养生息，就会产生捣乱破坏之心。

---

① 司马琪：《十家论管》，上海：上海人民出版社2008年版，第463页。

就节俭而言，必须注意将之与"啬"区分开来。《管子》批判了社会上把"俭"视同为"啬"的思想主张，并指出了"啬"的危害。《版法》有云："用财不可以啬，用财啬则费。"《版法解》的解释是："用财啬则不当人心，不当人心则怨起。用财而生怨，故曰费。"这就是说，在将取之于民的财政资源用之于民时切不可吝啬，吝啬就不得人心，不得人心就会产生怨恨。所谓"费"，用现在的话讲便是"费力不讨好"，耗费了钱财，却又因吝啬而反遭怨恨。所以说，"蓄藏积陈朽腐不以与人者，殆"（《枢言》）。从个人的角度来看，节俭的"知节"要求就是"起居时，饮食节，寒暑适"，从而"身利而寿命益"（《形势解》）；从为政的角度来看，统治者应将积蓄、积财用之于民——"春以奉耕，夏以奉芸，耒耜械器，种镶粮食，毕取赡于君"（《国蓄》），从而使"民无废事"。总之，在《管子》的思想体系中，节俭和侈靡有倡有禁，但它们具有相同的目的——富民治国。既肯定节俭是富民治国的正道，又强调侈靡的合理性，并按"知量"和"知节"的要求将侈靡和节俭这一对看似矛盾的范畴辩证的统一起来，这是《管子》俭德思想的高明之处。

（二）商鞅的俭德思想

商鞅（约公元前 395 年—公元前 338 年），战国中期卫国人，是卫国国君后裔，故又称卫鞅。因为"商鞅变法"，他成为了中国历史上家喻户晓的人物。商鞅是战国中期法家学派的重要代表人物，其思想主要记载于《商君书》（又名《商子》）中。严格来说，商鞅才是纯粹的法家，他完全肯定自利是人的本性，不承认仁、义、利等，主张用利益为原动力来推动政策实施。[①] 作为记录商鞅变法的一本著作，《商君书》没

---

① 施觉怀：《韩非评传》，南京：南京大学出版社 2002 年版，第 124 页。

有直接谈到"俭"或"奢",但在阐述其"作壹""贫治""富治"等观点时,均表达出了反对奢侈浪费、提倡节俭的思想倾向。

1. 民壹上壹的重农促农论

商鞅在秦国实行以富国强兵为目的的变法改革,其中一个重要的指导思想就是"重农抑商"。其实也不仅仅是商鞅有这种"重农抑商"观,法家乃至大多先秦思想家都持有这种思想倾向。在《商君书》中,商鞅提出了"作壹"的重农促农变法总则。故曰:王道非外,身作壹而已矣(《农战》)。① 高亨指出,王道非外,是说王道不是身外之事。② 既然不是身外之事,也就是要求诸自身,使自己专心于农耕和作战。因此,蒋礼鸿精辟地总结道:"商君之道,农战而矣已。"③ 通观商鞅农战思想,"作壹"有两条实行的路径:一是民壹,即让农民专心于农业;二是上壹,即国家政策层面的统一。在《垦令》篇中,商鞅提出了"无宿治""訾粟而税""禄厚而税多"等二十条具体的重农促农政策,驱使百姓不得不从事农耕,使国内的土地尤其是荒地得到开垦。本节在此仅从商鞅禁止放纵享乐、反对奢侈消费的角度,对其"作壹"思想加以解读。

第一,要对爵高厚禄者多征税赋,以减少"辟淫游惰之民"。商鞅说:"禄厚而税多,食口众者,败农者也。则以其食口之数,赋而重使之,则辟淫游惰之民无所于食。"(《垦令》) 这一政策的目的在于,通过依据士大夫贵族阶层豢养食客的人数多少征收赋税,使这部分邪恶放荡游嬉怠惰之人失去"饭碗",从而只能去务农。

第二,要禁止淫声异服,使农民身心淳朴并专心于农业生产。商鞅

---

① 《商君书》,石磊译注,北京:中华书局 2011 年版,第 28 页。《商君书》引言均为石本,只标章名。——作者注

② 高亨:《商君书译注》,北京:中华书局 1974 年版,第 35 页。

③ 蒋礼鸿:《商君书锥指》,北京:中华书局 1986 年版,第 19 页。

认为："声服无通于百县，则民行作不顾，休居不听。休居不听，则气不淫；行作不顾，则意必壹。"（《垦令》）只要农民不看到奇装异服，不听到靡靡之音，便不会去追求这些声色享乐，便能使民"意必壹"。作为一个纯粹的法家学派代表人物，商鞅极其重视法，而对儒家推崇的礼乐则持否定态度。商鞅认为："礼乐，淫泆之征也。"（《说民》）所以说，"治国贵民壹；民壹则朴，朴则农，农则易勤，勤则富。"（《壹言》）"意壹"实质上就是让民心归于纯朴，没有对声色享乐的欲求，专心于农耕。但值得注意的是，商鞅这一政策的本质是"数"——统治之术的一种具体操作方案。

第三，要提高奢侈品价格和税率，减少粮食浪费、纵情享乐的机会。商鞅主张："贵酒肉之价，重其租，令十倍其朴。然则商贾少，民不能喜酣奭，大臣不为荒饱。商贾少，则上不费粟；民不能喜酣奭，则农不慢；大臣不荒饱，则国事不稽，主无过举。"（《垦令》）商鞅的这一政策主张，与我们现代社会征收奢侈品税的做法较为相似。奢侈品税至少可以获得这样两个方面的效果：一是通过征收高额奢侈品消费税，提高奢侈品价格，减少奢侈浪费的消费倾向；二是通过奢侈品税——征收对象一般是富人，可以实现社会财富的再次分配，促进社会公平。因此，美国学者罗伯特·弗兰克（R. H. Frank）在谈到针对奢侈品的累进消费税制时指出，如果税收方式导致了浪费的消费模式向较节俭的消费模式的转变，预期的结果将是福利水平的全面提高，而不是降低。[1]

第四，要以刑罚惩治有害农耕的人，勉励专心农战的人。商鞅概括了有五种人有害于农耕，必须"重刑而连其罪，则褊急之民不斗，很刚之民不讼，怠惰之民不游，费资之民不作，巧谀恶心之民无变也。五民者不生于境内，则草必垦矣。"（《垦令》）"费资之民不作"就是奢侈浪

---

[1] ［美］罗伯特·弗兰克：《奢侈病：无节制挥霍时代的金钱与幸福》，蔡曙光、张杰译，北京：中国友谊出版公司2002年版，第338页。

费的人不敢再挥霍。商鞅将"费资之民"作为应该施以"重刑"的五民之一，可见奢侈浪费是农业生产的严重危害之一。在运用"重刑"的同时，商鞅认为也要对专心从事农业生产的人给予奖励。"民见上利之从壹空出也，则作壹，作壹则民不偷。民不偷淫则多力，多力则国强。"（《农战》）通过奖惩相结合，农业必然将得到发展，国家也会因此而强大。

总之，上述四种禁止放纵、反对奢侈的政策，有一个共同的政策目标——土地（包括荒地）得到开垦，农业得到发展。因此，英明的君主治理国家首要的就是专心于农耕和作战，"去无用，止畜学事淫之民，壹之农，然后国家可富，而民力可抟也"。（《农战》）但在此需要指出的是，商鞅"作壹"与重农促农思想的内涵与政策方案远不止本文所提及的这四个方面。

2. 国富而贫治的治理主张

商鞅不仅在重农促农的问题上持反对奢侈淫泆的观点，而且把提倡节俭和禁止骄奢恣纵当成一项基本的治国方略。虽然先秦诸子都在一定程度上都把"节俭"作为重要的治国之策，但商鞅却是唯一一个明确提出以俭治国的思想家。在《去强》篇中，商鞅提出："国富而贫治，曰重富，重富者强。国贫而富治，曰重贫，重贫者弱。""贫治"就是用节俭的方式来治理国家，也即崇尚俭朴；"富治"就是用奢侈的方式来治理国家，也即崇尚奢侈。蒋礼鸿说："富而不使民得淫泆，曰国富而贫治。"如果国家富强，又倡导节俭而使人民不沉浸于奢靡享乐，那么国家就会越来越富强；相反，如果国家贫穷，却仍奢靡享乐之风不止，那么国家只会越来越贫穷。由此可见，不论是富国还是贫国，最佳的治国战略都是"贫治"——以俭治国。

商鞅的"贫治"思想要从两个方面来理解，因为他将国民分成了贫者和富者两个阶层,且针对这两个阶层所应采取的治理策略是不同的。商鞅认为:"治国之举,贵令贫者富,富者贫。""令贫者富"的原因是:"民贫,则国弱";"令富者贫"的原因是:"富,则淫。淫则有虱,有虱则弱。"(《说民》)在《弱民》篇中,商鞅列举了农商官这三种有稳定职业的人会产生危害国家的六种虱害:"农商官三者,国之常官也。农辟地,商致物,官治民。三官生虱六;曰'岁',曰'食',曰'美',曰'好',曰'志',曰'行'。六者有朴,必削。农有余食,则薄燕于岁。商有淫利,有美好伤器。官设而不用,志行为卒。"依高亨之说:"'岁'虱,即农民收入减少;'食'虱,即农民浪费粮食;'美'虱,商人贩卖华丽物品;'好'虱,即商人贩卖玩好物品;'志'虱,即官吏存自私的思想;'行'虱,即官员有舞弊的行为。"① 如果这六种虱害泛滥,国家就会陷入危机。因此,"贫治"的关键就是使贫者富、富者贫,只有这样才能"三官无虱,国强;而无虱久者,必王"(《说民》)。除了六种虱害之外,商鞅主张"令富者贫"还有一个原因:"商贾之士佚且利,则民缘而议其上"(《算地》)。也就是说,富裕的商人生活淫泆又能获利,其他民众便会攀附他们、跟随他们议论君主,尤其可能会使农民弃本事末。

"令贫者富"和"令富者贫"可以说是落实"贫治"方略的两个基本原则。然而,如何将这两个基本原则进一步落实到治国实践中呢?商鞅对这两个原则分别提出了一条具体的实施策略,即"贫者使以刑,则富,富者使以赏,则贫"(《去强》)。蒋礼鸿解释道:"民贫则国贫,民富而不归于上,国仍贫,且有虱。故民贫不可,富亦不可也。"因此,要"使民出财货以取爵赏,则民贫而国富。"② 如此一来,"富者废之以爵,不淫;淫者废之以刑而务农"(《壹言》)。富者不淫泆放纵,贫者

---

① 高亨:《商君书译注》,北京:中华书局1974年版,第159—160页。
② 蒋礼鸿:《商君书锥指》,北京:中华书局1986年版,第31页。

务农而变得富有，国家才能真正富强起来。另外，商鞅还从理财的角度提出了一个使家庭富有的"入多出寡"策略，用我们现在的话讲就是"开源节流"。商鞅说："所谓富者，入多而出寡。衣食有制，饮食有节，则出寡矣。女事尽于内，男事尽于外，则入多矣。"（《画策》）实际上，商鞅是号召秦人通过男耕女织实现开源而入多，通过节制衣食而实现节流而出寡。

对于刑赏策略的可行性和有效性问题，商鞅从自然人性论的角度给出了解释。商鞅认为，人的本性就是"饥而求食，劳而求佚，苦则索乐，辱则求荣""度而取长，称而取重，权而索利"（《算地》）。如今的盗贼"上犯君上之所禁，而下失臣子之礼，故名辱而身危，犹不止者"（《算地》），都是因为追求利益。古代的名士"衣不暖肤，食不满肠，苦其志意，劳其四肢，伤其五脏，而益裕广耳，非性之常，而为之者"（《算地》），都是因为追求名声。可见，名利、显荣、逸乐都是人的本性所喜好的，羞辱、贫贱、劳苦都是人的本性所厌恶的。从人性层面来考量的话，"人君不可以不审好恶；好恶者，赏罚之本也"（《错法》）。而且，对于赏罚之事，君主应该雷厉风行，切忌有丝毫怠慢。商鞅认为："国刑不可恶，而爵禄不足务也，此亡国之兆也。刑人复漏，则小人辟淫而不苦刑，则侥幸于上以利求。"（《算地》）如果国家的刑罚不能让人畏惧，爵禄奖赏不能吸引人们追求，这便是亡国的预兆。因此，赏罚的要义就是：刑罚必严则民众畏惧，民众畏惧就不会放荡奸邪；奖赏必达则民众不懒惰，民众不懒惰就会务本而富有。

（三）韩非子的俭德思想

韩非（约公元前280年—公元前233年），战国时期韩国人，出身韩国没落的贵族。他师从荀子，著有《韩非子》一书，是地主阶级激进派的思想代表，也是先秦法家学派的集大成者。通观《韩非子》全书，"俭"字共出现21次；"奢"共出现4次，"侈"字共出现25次，大致都可以解释为"奢侈"。韩非推崇"法治"，甚至达到了迷信的程度，将法与德对立起来，否定道德的作用与存在价值。在俭奢问题上，韩非以其"恶劳乐佚"的人性论为基础，从为君治国的角度，提出了"知侈俭之地"的君道主张。近代的大思想家梁启超指出，法家者，儒道墨三家之末流嬗变汇合而成者也。① 作为先秦法家思想的集大成者，韩非确实大量吸收了道家思想，他对老子的"治人事天莫若啬""知足""俭故能广"等观点进行了改造和发展。

1. 对老子俭啬观的改造与继承

法家对道家学说的吸收和发展，在韩非这里体现得非常明显。《韩非子》中专门有两章——《解老》和《喻老》来解读和改造老子的思想，其他各章关于君道、治理等方面的论说也都可以找到道家学说的影子。"《解老》是与《管子》四篇（《心术上》《心术下》《白心》《内业》），即稷下黄老之学相通的。《喻老》用生活中的实例说明《老子》。以见《老子》中的原则都是生活经验的总结。"② 本节在此主要集中讨论韩非对《老子》书中的俭啬思想的解读和改造。

《老子》说："天下有道，却走马以粪；天下无道，戎马生于郊。祸莫大于不知足；咎莫大于欲得。"（《老子·四十六章》）韩非在《解老》中说："治民事务本，则淫奢止……今有道之君，外希用甲兵，而内禁淫奢。上不事马于战斗逐北，而民不以马远淫通物，所积力唯田畴。积力于田畴，必且粪灌。故曰：'天下有道，却走马以粪也'；人君无道，

---

① 梁启超：《梁启超论先秦政治思想史》，北京：商务印书馆2012年版，第165页。
② 冯友兰：《中国哲学史新编（上）》，北京：人民出版社2001年版，第763页。

则内暴虐其民而外侵欺其邻国。内暴虐，则民产绝。民产绝，则畜生少。畜生少，则戎马乏。戎马乏，则牸马出。故曰：'天下无道，戎马生于郊矣。'"①在这里，韩非把"有道"从两个层面来解释：一是对内务本事——发展农业生产，同时禁止过度奢侈；二是爱惜民力民财，少动干戈。"无道"则刚好相反。对于老子的"祸莫大于不知足"，韩非指出："圣人衣足以犯寒，食足以充虚，则不忧矣。众人则不然，大为诸侯，小余千金之资，其欲得之忧不除也。胥靡有免，死罪时活，今不知足者之忧终身不解。"也就是说，圣人在衣食等物质方面的追求只要满足了人生命的保存就停止，所以没有忧患，但一般人则不同，不论高官、富贾还是普通民众，往往沉迷于物质欲求的满足，不惜走上犯罪的道路，甚至丧失自己的生命。韩非继续解释说："可欲之类，进则教良民为奸，退则令善人有祸。奸起，则上侵弱君；祸至，则民人多伤。然则可欲之类，上侵弱君而下伤人民。大罪也。故曰：'祸莫大于可欲。'是以圣人不引五色，不淫于声乐；明君贱玩好而去淫丽。"（《解老》）从个人层面看，欲望的不知满足会损害自我的生命；从社会层面看，引起人们欲望的外物，不仅会伤害人民，也会削弱君权的权威。因此，明君在五色、声乐、玩好、淫丽等感官的奢侈享乐方面必定是严格节制的。韩非在对老子思想进行解释时，总是将结论引入为君之道，实质上"他是把《老子》的原则加以改造和他所讲的统治术结合起来以作为他的统治术的哲学根据"②。

《老子》说："出生入死。生之徒，十有三；死之徒，十有三；人之生生，动之于死地，亦十有三。夫何故？以其生生之厚。盖闻善摄生者，陆行不遇兕虎，入军不被甲兵。兕无所投其角，虎无所措其爪，兵

---

① 《韩非子》，高华平、王齐洲、张三夕译注，北京：中华书局2010年版，第205页。《韩非子》引言均为高本，只标章名。——作者注

② 冯友兰：《中国哲学史新编（上）》，北京：人民出版社2001年版，第776页。

无所容其刃。夫何故？以其无死地。"（《老子·五十章》）在前文老子俭德思想中已经阐释，老子这段话实质上是强调"少私寡欲"对于养生的重要性。韩非解释说："人之身三百六十节，四肢、九窍其大具也。四肢九窍十有三者，十有三者之动静尽属于生焉。属之谓徒也，故曰：'生之徒也十有三者。至死也，十有三具者皆还而属之于死，死之徒亦有十三。'凡民之生生，而生者固动，动尽则损也；而动不止，是损而不止也。损而不止，则生尽，生尽之谓死，则十有三具者皆为死死地也。"（《解老》）韩非以生理的"四肢九窍"来解释老子的"十有三"，虽然看似是在机械地拼凑与"十有三"数字上的吻合，但从后文提到的"聪明睿智，天也；动静思虑，人也"来看，也具有一定的道理。"四肢九窍"是人人所具有的，具有"聪明睿智"等的天赋禀性，所以是"生之徒"，但"动尽"——过度的动静思虑就会损害这种禀性，因而就成了"死之徒"。由"生生"走向"死地"的关键原因就是"动不止"。因此，"圣人爱精神而贵处静。不爱精神不贵处静，此甚大于兕虎之害。民独知兕虎之有爪角也，而莫知万物之尽有爪角也，不免于万物之害"。如果"嗜欲无限，动静不节"，那么"风露之爪角""刑法之爪角""争斗之爪角""痤疽之爪角""网罗之爪角"（《解老》）都将成为生命的危害，使人进入"死地"。天地之道就是"爱精神而贵处静"，遵循这一法则，便能"动无死地"，便可谓是"善摄生"。全生养生的精要就是"爱精神而贵处静"。

《老子》说："善建者不拔，善抱者不脱，子孙以祭祀不辍。修之于身，其德乃真；修之于家，其德乃余；修之于乡，其德乃长；修之于邦，其德乃丰；修之于天下，其德乃普。"（《老子·五十四章》）韩非的解释是："恬淡平安，莫不知祸福之所由来。得于好恶，怵于淫物，而后变乱。所以然者，引于外物，乱于玩好也。引之而往，故曰'拔'。至圣人不然：一建其趋舍，虽见所好之物，能引，不能引之谓'不拔'；

一于其情，虽有可欲之类，神不为动，神不为动之谓'不脱'。……身以积精为德，家以资财为德，乡国天下皆以民为德……今治身而外物不能乱其精神，故曰：'修之身，其德乃真。'"（《解老》）韩非这是认为，在最初人们清静寡欲、平平安安的时候能知道祸福的由来，在被好恶情绪支配、被奢侈事物诱惑之后，纷乱的内心就迷失了取舍的标准和追求的方向。"拔"就是内心被外界的玩好、奢侈事物引诱，失去了清静寡欲的本初状态。圣人能保持"恬淡"，不欲求于"得"，不使"神"为外在淫物所引诱，做到"不拔""不脱"，修身、修家、修乡、修邦、修天下的活动都应学习圣人这一品质。对"不拔"和"不脱"的解释可谓是较好地诠释了老子的"恬淡"，但韩非对"德"的界定以及不同治理活动的效果有着自己的理解。在韩非看来，身体以积累精气为德，家庭以积累财物为德，乡国和天下都以获取民众为德。和圣人一样做到"不拔""不脱"，也即始终保持清静寡欲，用这个方法修治自身便能守护人最初的"恬淡"，用这个方法治理家庭就能积累财物，用这个方法治理乡里就能让家庭有更多盈余，用这个方法治理国家就能是乡里有德之人变得更多，用这个方法治理天下就能使人民受到恩泽而自然归顺。

《老子》说："治人事天，莫若啬。夫唯啬，是谓早服。"（《老子·五十九章》）对此，韩非在《解老》篇中说："聪明睿智，天也；动静思虑，人也。人也者，乘于天明以视，寄于天聪以听，托于天智以思虑。故视强，则目不明；听甚，则耳不聪；思虑过度，则智识乱。"韩非把"聪明睿智"看作是人的天赋禀性，把"动静思虑"看成是人为因素，正是继承了荀子"明天人之分"的思想。对"视强""听甚""过度"的强调，表明韩非认为人为的因素只有过度时才会使目不明、耳不聪、智识乱，较老子直接在字面上否定人的感官需要，认为"五色令人目盲；五音令人耳聋；五味令人口爽；驰骋畋猎，令人心发狂"的观点更合乎常理。韩非还说："书之所谓'治人'者，适动静之节，省思虑之费也。所谓'事天'者，不极聪明之力，不尽智识于任。苟极尽，则费神多；费神多，则盲聋悖狂之祸至，是以啬之。啬之者，爱其精神，啬其智识也。故曰：'治人事天莫如啬。'"在韩非这里，"费神"就是对"聪明睿智"的天赋禀性的消费、耗损，"治人""事天"的基本原则便是调适、节省人为因素对天赋禀性的此种耗损。因此，为了避免过度耗损人的"神"——天赋禀性，不致使人陷入盲聋悖狂的危险，人们用"神"时应该倍加爱惜。韩非还指出，由于一般人"用神也躁，躁则多费，多费之谓侈"，从而不可避免地"离于患，陷于祸，犹未知退，而不服从道理"。圣人则不同，其"用神也静，静则少费，少费之谓啬。啬之谓术也，生于道理。夫能啬也，是从于道而服于理者也。……圣人虽未见祸患之形，虚无服从于道理，以称蚤服。故曰：'夫谓啬，是以蚤服。'"我们所要学习的，正是圣人在祸患出现前便虚静无为地遵循和服从于事物内在规律之精神。因此，韩非进一步解释道："天地不能常侈常费，而况于人乎？是以智士俭用其财则家富，圣人爱宝其神则精盛，人君重战其卒则民众，民众则国广。是以举之曰：'俭，故能广。'"总之，节俭财用家庭便可富裕，珍视"精神"身体便可精力旺盛，爱惜民力民财国家便可富强。

综上，韩非对老子关于俭、啬的观点多有继承，这是毋庸置疑的。但从韩非的解释来看，他对老子的观点也有改造和创新。韩非和老庄一样对"恬淡"推崇备至，但没有和老庄一样把它和"道"联系一起来，没有把它和道德的本质联系起来，而只是将它视为修身、修家、修乡、修邦、修天下等活动的道德要求和有效策略。

2. 侈惰贫与力俭富的价值论证

韩非继承了《管子》中"人惰而侈则贫，力而俭则富"的观点，提出"侈而堕者贫，而力而俭者富"（《显学》），将"奢侈""节俭"与

"贫""富"联系起来,从功利主义的角度肯定"节俭"的善,否定"奢侈"的恶。和先秦其他思想家一样,韩非关于节俭问题的论述以其人性论为基础。作为荀子的学生,韩非继承了荀子的性恶论,但没有遵循荀子主张礼义来"化性起伪"的老路,而诉诸无所不能的"法";同时,韩非又吸收了《管子》中齐法家的"得所欲则乐,逢所恶则忧"和晋法家商鞅的"劳而求佚,苦则索乐"的人性论。韩非说:"夫民之性,恶劳而好佚"(《心度》);还说:"好利恶害,夫人之所有也"(《难二》)。在理论性质上,韩非的人性论也属于自然人性论的范畴。对于韩非的人性论,有不少人认为同荀子的人性论一样是性恶论,如蔡元培先生就认为,"荀子言性恶,而商君之观察人性也,亦然。韩非子承荀、商之说,而以历史之事实证明之"①;也有学者认为,"韩非根本没有对'好利恶害'的'自为心'作出'善'或'恶'的道德评价"②,也就是说,韩非的人性论是价值中立的。本书倾向于持后一种观点,主要基于这样两个方面的考虑:一是韩非虽主张人"皆挟自为心",但对人的这种"自为心"只做了肯定的描述,没有加以否定;二是荀子认为人性恶,故而主张"化性起伪",但韩非却提出"因人情"(《八经》)、"循天顺人"(《用人》),也即依顺和依据人之常情而制定法律,依靠法律来调节人这种"自然本性"。

在《奸劫弑臣》篇中,韩非指出"夫安利者就之,危害者去之,此人之情也"。这是韩非"好利恶害""好佚恶劳"的人性论的另外一种表述,强调的仍是人性追求利益、安乐、淫泆和躲避危害、劳作的"自然本性"。正是基于这一认识,韩非从个人、地方治理、国家治理三个层面对"侈而堕者贫,而力而俭者富"的观点进行了论证。

在个人层面,韩非认为"今夫与人相若也,无丰年旁入之利而独以

---

① 蔡元培:《中国伦理学史》,北京:东方出版社1996年版,第47页。
② 朱贻庭:《中国传统伦理思想史》,上海:华东师范大学出版社2003年版,第182页。

完给者,非力则俭也。与人相若也,无饥馑、疾疚、祸罪之殃独以贫穷者,非侈则堕也。"(《显学》)在解释老子的"俭故能广"的时候,韩非也提到了"智士俭用其财则家富"。这些都说明,绝大多数社会成员,如果没有碰到丰年和特殊的收入来源,能够自给而富足的,肯定都是勤俭节约的人;如果没有遇上自然灾害和人为的迫害,却贫穷困苦的,肯定都是奢侈懒惰的人。如果是上述情况造成的社会贫富差距,韩非认为国家还向富人征收税赋去施舍给穷人的"劫富济贫"做法,"是夺力俭而与侈堕也",是社会的倒退。但我们要清楚地认识到,韩非这里所维护的富人,实际上就是新兴地主阶级,从这个角度讲韩非的这一思想符合当时社会阶级发展的现实。

在地方治理的层面,韩非列举了"李克治中山"的案例,借李克之口提出了增加县级财政收入的策略:"利商市关梁之行,能以所有致所无,客商归之,外货留之,俭于财用,节于衣食,宫室器械周于资用,不事玩好,则入多。入多,皆人为也。"(《难二》)财政收入的增加都是人为造成的,主要途径之一便是节俭衣食财用、不贪恋于奇珍玩好之乐。

在国家治理的层面,如果人人都是好逸恶劳,"佚则荒,荒则不治,不治则乱",相反,"能越力于地者富"(《心度》)。依韩非之意,若放任人好逸恶劳的"自然本性",农耕之本事将被荒废,贫穷因之而起;君主根据人性制定法律,就是要调整人的"自然本性",通过刑赏使人们节俭并勤于农事,国家就会因此而变得富强。不过,在刑、赏两种治理手段方面,韩非是有所侧重的。韩非认为,刑罚应该严峻,奖赏不能泛滥,"刑胜而民静,赏繁而奸生"(《心度》)。因此,圣人治理天下,就是用法律作为衡量事物的根本,不放纵人们的欲望,用严厉的刑罚驱使人们接受法制,用恰当的奖赏鼓励人们致富建功。总的看来,韩非并没有像儒家、道家的一些思想家一样主张"寡欲""无欲",而是强调用法、刑、赏来对欲望加以调节和利用，以服务于治理的目的。

3. "知侈俭之地"的君道思想

如前所述，法家思想对儒、道、墨三家兼有吸收，在节俭问题上亦是如此。韩非吸收了儒家的名分等级思想，认为统治阶级内部应按照等级消费；吸收了道家的虚静无为，要求君主能去甚去泰；也吸收了墨家的"节用"思想，反对奢侈、反对厚葬。在《十过》篇中，韩非总结了君主治国会犯的十种过错，其中两种过错便与奢靡享乐直接相关：一种是"不务听治而好五音"，即君主不致力于治国理政而沉溺于靡靡之音，这是让君主自身走上末路的事情；另一种是"耽于女乐，不顾国政"，即君主沉溺于女子的轻歌曼舞而荒废国政，这是导致亡国的灾祸。

对于"什么叫沉溺于音乐"的问题，韩非用晋平公好音的案例进行了说明。《十过》篇中记载，晋平公欲听《清商》，师旷反对说："此师延之所作，与纣为靡靡之乐也"，乃"亡国之声"；晋平公又欲听《清徵》，师旷反对说："不可。古之听清徵者，皆有德义之君也。今吾君德薄，不足以听"；晋平公接着又要听《清角》，师旷继续反对说："不可。昔者黄帝合鬼神于泰山之上……大合鬼神，作为清角。今吾君德薄，不足听之。听之，将恐有败。"晋平公一而再，再而三地不顾师旷的反对，以"寡人老矣，所好者音也"为由，要求师旷演奏了《清徵》《清角》。但是，最终因为晋平公德不配位，天降异象，大雨袭来，大风吹裂了帐幕，掀翻了祭台，毁损了廊瓦，还导致了"晋国大旱，赤地三年"，平公自己也得了瘫痪病。所以，韩非说："不务听治，而好五音不已，则穷身之事也。"

对于"什么是沉溺于女子的轻歌曼舞"的问题，韩非又用戎王亡国的案例进行了说明。《十过》篇中记载，贤人由余在戎国为臣，由余出访秦国时，秦穆公认为由余有大才，害怕戎国因此而变得强大，便听从内史廖的建议，将十六名能歌善舞的女子送给戎王，借机向戎王请求延长由余访秦的期限。戎王"见其女乐而说之，设酒张饮，日以听乐，终几不迁，牛马半死"，也答应了内史廖延长由余访秦的归期。由余归戎后劝谏戎王不要沉溺于女乐，但劝谏不果，就离开戎王到了秦国，而秦穆公封由余为上卿，"举兵而伐之（西戎），兼国十二，开地千里"。因此，韩非说："耽于女乐，不顾国政，则亡国之祸也"。在《亡征》篇里，韩非还提出"好宫室台榭陂池，事车服器玩，好罢露百姓，煎靡货财者，可亡也"。简言之，君主奢靡淫泆、纵情声色，都是亡国的征兆。

在上述戎王亡国的案例中，韩非还借由余之口提出了"俭其道也"的治国方略。秦穆公询问由余得国失国的法门，由余回答说："臣尝得闻之矣，常以俭得之，以奢失之。"为了支持这一论点，由余从尧、舜、禹、殷四代从俭到奢的事迹进行了论证："尧有天下，饭于土簋，饮于土铏。……东西至日月所出入者，莫不宾服"；尧禅让天下给舜，虞舜"作为食器，斩山木而财之，削锯修其迹，流漆墨其上，输之于宫以为食器。诸侯以为益侈，国之不服者十三"；舜禅让天下给禹，"禹作为祭器，墨染其外，而朱画书其内，缦帛为茵，蒋席颇缘，觞酌有采，而樽俎有饰。此弥侈矣，而国之不服者三十三"；夏朝灭亡后，"殷人受之，作为大路，而建九旒，食器雕琢，觞酌刻镂，白壁垩墀，茵席雕文。此弥侈矣，而国之不服者五十三"。从尧到殷的奢侈程度与天下诸侯国的服从数量的变化关系来看，尧因为其节俭德性和德行获得全天下的臣服，尧之后的虞舜、夏禹、殷商之君渐渐远离俭德，变得奢侈起来，不臣服的诸侯国也变得多起来。可以说，君主越奢侈，不服从的诸侯国就越多；君主越节俭，服从的诸侯国就越多。这就是韩非所谓的"俭其道也"。另外，韩非还说："常酒者，天子失天下，匹夫失其身。"（《说林上》）由此，韩非是反对君主不务听治、不顾国政的奢侈享乐，并进而肯定了节俭在治国中的重要性。究其理论动机而言，韩非的理论体系是为地主阶级制定一整套的专制主义的中央集权的统治术，并认为法、术、势都是构成这套统治术的组成部分，缺一不可。① 这一动机亦也贯穿于韩非的节俭思想中，他提出了"知侈俭之地"——懂得奢侈和节俭的真谛的君道思想。从这一论断来看，韩非并没有完全否定君主的奢侈，只是要求君主不能不务听治、不顾国政的奢侈享乐。因此，我们需要认识到的是，韩非把奢侈和节俭也纳入了其统治术的一部分。

"知侈俭之地"意味着君主要懂得什么是可以奢侈的地方、什么是节俭的地方，并在此基础上做出有利于加强君权、巩固统治的选择。韩非说："为君不能禁下而自禁者谓之劫，不能饰下而自饰者谓之乱，不节下而自节者谓之贫。"（《难三》）君主在力行节俭、自我约束时，应该也能使臣下节俭并约束自己，做到"自节"与"节下"相结合。对那些"力尽于事而归利于上"的人，应该给予奖赏，而且在奖赏上不能节省。因为，"为人主者，诚明于臣之所言，则虽弋驰骋，撞钟舞女，国犹且存也；不明臣之所言，虽节俭勤劳，布衣恶食，国犹自亡也"（《说疑》）。可见，如果君主明于择臣、治理有方，"忠臣尽忠于公，民士竭力于家，百官精克于上"，即使生活上奢侈一点，也不会带来祸患。甚至韩非还认为，"有君以千里养其口腹，则虽桀、纣不侈焉"（《难三》）。对于君主的这种奢侈，韩非专门用齐桓公的事迹进行了证明："齐国方三千里而桓公以其半自养，是侈于桀、纣也；然而能为五霸冠者，知侈俭之地也。"但对管仲"朱盖青衣，置鼓而归，庭有陈鼎，家有三鼎"的奢侈行为，韩非借孔子之名说其"泰侈逼上"（《外储说左下》）。韩非这里对管仲的批评，明显带有儒家名分等级的思想特质，认为管仲的奢侈行为有赶超齐桓公的趋势，大大超出了其身份和地位。

---

① 冯友兰：《中国哲学史新编（上）》，北京：人民出版社2001年版，第747页。

对于什么是节俭的地方，韩非在还《外储说左下》中用孟献伯和孙叔敖的节俭行为来进行了分析。孟献伯在晋国做宰相，"堂下生藿藜，门外长荆棘，食不二味，坐不重席，晋无衣帛之妾，居不粟马，出不从车"，可谓是节俭，但遭到苗贲皇"是出主之爵禄以付下也"的非难。为什么节俭还会遭受非难呢？苗贲皇说："夫爵禄旗章，所以异功伐，别贤不肖也。故晋国之法，上大夫二舆二乘，中大夫二舆一乘，下大夫专乘，此明等级也。今（孟献伯）乱晋国之政，乏不虞之备，以成节，以洁私名，献伯之俭也可与？"苗贲皇的意思就是孟献伯节俭与他的等级身份不相符，这与晋国的法律是相违背的，这种节俭是不可取的。孙叔敖同样如此，"孙叔敖相楚，栈车牝马，粝饼菜羹，枯鱼之膳，冬羔裘，夏葛衣，面有饥色"，可谓是节俭，但韩非认为"其俭逼下"。也就是说，孙叔敖身为宰相应按其地位、等级进行消费，如果将其奉行的节俭严格按照等级制度往下推行，下级必然会艰苦到难以想象的程度，所以说他的节俭威胁到了下级。总之，节俭和奢侈都应根据等级制度、按照法律来执行。

韩非还指出，君主的奢侈行为往往不是单一的，而是一系列的连锁行为的组合。我们可以把这种组合行为称为"奢侈病"。在"纣为象箸"的案例中，韩非说："纣为象箸而箕子怖，以为象箸必不盛羹于土铏，则必将犀玉之杯，玉杯象箸必不盛菽藿，则必旄象豹胎，旄象豹胎必不衣短褐而舍茅茨之下，则必锦衣九重，高台广室也。称此以求，则天下不足矣。"（《喻老》）由"为象箸"而引起了犀玉之杯、旄象豹胎、锦衣九重、高台广室等一系列的奢侈行为，最终整个天下都不足以满足纣王奢侈享乐的欲望。君主这种过分的奢侈是韩非所反对的，而且，韩非认为奸臣会抓住并利用君主的这种奢侈享乐欲望，用阴谋手段来篡夺君权。在《八奸》篇中，韩非归纳了奸臣常用的八种阴谋手段来达到自己的目的，其中两种便与君主奢靡享乐的欲望息息相关：一种是"同床"。

"何谓同床？曰：贵夫人，爱孺子，便僻好色，此人主之所惑也。托于燕处之虞，乘醉饱之时，而求其所欲，此必听之术也。为人臣者内事之以金玉，使惑其主，此之谓'同床'。"其实质就是奸臣通过以"金玉"贿赂"贵夫人"，让"贵夫人"给好色淫乐的君主吹"枕边风"。另一种是"养殃"。"何谓养殃？曰：人主乐美宫室台池，好饰子女狗马以娱其心，此人主之殃也。为人臣者尽民力以美宫室台池，重赋敛以饰子女狗马，以娱其主而乱其心，从其所欲，而树私利其间，此谓'养殃'。"这里的"殃"主要包括两个方面，一是奸臣投君主"美宫室台池""饰子女狗马"之所好，谋取私利，损君肥私；二是奸臣为从君所欲，重赋敛于民，加剧君民矛盾。针对这两种奸臣的阴谋手段，韩非认为首先"明君之于内也，娱其色而不行其谒，不使私请"；其次，君主"其于观乐玩好也，必令之有所出，不使擅进擅退，不使群臣虞其意"。所谓"令"，意思就是君主的行为也必须依据法度，减少君主和为臣者行为的随意性。这也说明了，"法家之义，则全绝感情，一准诸法。法之所在，丝毫不容出入"①。"不使群臣虞其意"便是韩非所强调的"术"，为君者要做到"道在不可见，用在不可知，虚静无事。"（《主道》）明君就是要喜怒不形于色，在臣民面前表现得虚静无为，不使其揣摩到君意，"同床""养殃"的阴谋也就无法施展。

如上文所述，韩非把"恶劳好佚"看成是人的自然本性，那么寄希望于人们能自觉地远离奢侈浪费基本是不可能的。因为依照韩非之见，只有老子那样的人才能"知足不辱，知止不殆"，而普通人并不具有老子这样的品性。那么，要使人们能够节俭，便只能"因道全法"，如此则"君子乐而大奸止"（《大体》）。"因道"实际上就是要依顺人的自然本性，"全法"则是要健全和完善法律体系，"因道全法"也就是通过法

---

① 吕思勉：《先秦学术概论》，北京：中国人民大学出版社2011年版，第86页。

律来调节人的自然本性。韩非说:"凡治天下,必因人情。人情者,有好恶,故赏罚可用,赏罚可用,则禁令可立而治道具矣。"(《八经》)"因人情"便是"因道";依据法来调节人之情,就是根据人的好恶,用赏罚来落实法。

在《二柄》篇中,韩非对"赏罚"进行了这样的解释:"明主之所道制其臣者,二柄而已矣。二柄者,刑德也。何谓刑德?曰:杀戮之谓刑,庆赏之谓德。"可见,在韩非这里"德"已经不是我们通常理解的"道德"或"德性",而只是君主通过"庆赏"来巩固权位的工具。而在刑罚方面,韩非子不特尚刑罚而已,而又尚重刑。① 在《内储说上》的"齐桓公禁厚葬"的案例中,韩非这种"尚重刑"的思想倾向体现得淋漓尽致。案例说齐桓公对齐国"布帛尽于衣衾,材木尽于棺椁"的厚葬之风深感忧虑,便询问管仲禁止厚葬的对策。管仲告诉齐桓公:"凡人之有为也,非名之则利之也。"于是齐国就颁布法令:"棺椁过度者戮其尸,罪夫当丧者",通过斩死者尸体、惩罚主持丧事的人这样的严刑酷法来禁止厚葬。韩非还总结说:"夫戮死,无名,罪当丧者,无利,人何故为之也?"无名无利反而还要遭受刑法,这便是人的自然本性所要躲避的东西,这便是韩非的"因人情"。

也正因为坚持上述这一观点,韩非极力反对儒家仁爱、轻赋、轻刑的主张,特别强调重刑和适当的税赋。以家庭为例,韩非认为父母厚爱子女,子女的财用就会充足,财用充足就会滥用,滥用就会奢侈无度。父母又因厚爱而不忍加以约束,如此子女就更加骄横放纵,最后的结果只能是:"侈泰则家贫,骄恣则行暴"。究其原因,皆是"轻刑之患也"(《六反》)。因此,韩非主张"明主之治国也,适其时事以致财物,论其税赋以均贫富,厚其爵禄以尽贤能,重其刑罚以禁奸邪,使民以力得

---

① 蔡元培:《中国伦理学史》,北京:东方出版社1996年版,第49页。

富,以事致贵,以过受罪,以功致赏,而不念慈惠之赐,此帝王之政也"(《六反》)。简言之,"帝王之政"就是通过税赋"均贫富",通过刑罚"禁奸邪",通过庆赏"尽贤能","侈俭之地"皆在此中。

十　先秦墨家的俭德思想

墨家与儒家曾经并称为"孔墨显学",但二者却同源而异流。墨家学派的代表人物墨子（约公元前468年—公元前376年）名翟,战国初期鲁国人。墨子及其后学多出生低贱,为小农或小手工业者,他们没有显赫的身世,也没有世袭的权位和财富,生存权往往是墨家最为关注的问题。墨子作为小生产劳动者的思想代表,更能切身体会到以力谋生、以力谋利的艰辛,更能理解物质生产的重要性。① 墨家思想集中体现在《墨子》一书中,该书以墨翟的学说为核心内容。"俭"字在《墨子》中共出现7次,"奢"字共出现3次,且是以"奢侈"一词的含义出现。墨子在"节用""节葬""非乐"等内容中,集中阐释了小生产者对"节俭"之德的推崇。司马迁在《史记·孟子荀卿列传》就说:"盖墨翟,宋之大夫,善守御,为节用。"② 吕思勉先生在概括《墨子》的内容时也指出:"不利于民者,莫如兵争及奢侈,故言《兼爱》,必讲《非攻》《守御》之术。而《节用》《节葬》及《非乐》,则皆以戒侈也。"③ 这些记载和评说充分说明了"节俭"思想在墨学中所具有的极高地位,这是墨家思想的一个重要特征。

---

① 邢兆良:《墨子评传》,南京:南京大学出版社1993年版,第104页。
② 司马迁:《史记》,南京:江苏古籍出版社2002年版,第589页。
③ 吕思勉:《先秦学术概论》,北京:中国人民大学出版社2011年版,第110页。

(一) 俭节昌而淫泆亡的治理观

崇俭和节用是先秦思想家较为普遍的思想倾向,但在性质和特点上不尽相同。以墨子为首的墨家对"俭"或"节用"的推崇达到了无人企及的地步,甚至有人将之称为"苦行"或"禁欲"。虽然墨子把斥责的矛头直指"奢侈之君",但却也没有忘记谴责"淫僻之民"。和其"兼爱"主张要求无差别的爱一切人一样,墨子是把"节用"作为一切人共同的道德要求。墨子在论证其所提倡的"节用"观时,用到了一种逻辑严密的论证方法——"三表"法(也叫"三法")。"言必有三表。何谓三表?子墨子言曰:'有本之者,有原之者,有用之者。于何本之?上本之于古者圣王之事。于何原之?下原察百姓耳目之实。于何用之?废以为刑政,观其中国家百姓人民之利。此所谓言有三表也。'"① (《非命上》) 也就是说,论证要用古代圣明君主的事迹来考察其本源,用百姓的所见所闻来考察其事故,用将论说变为刑罚政治来考察其是否符合万民之利。墨子对其"俭节则昌,淫泆则亡"的观点论说,便是从这三个方面展开的。

1. 加费不加于民利弗为的理想君道

依据墨子的学说,所谓"节用",便是一切用度都必须以"节""俭"作为根本原则,就是要"去其无用之费",否则,便不是"节用"。至于为什么要大行"节用"之道,墨子首先从"本"——圣明君主的事迹上进行了论证。明王圣人之所以能王天下而正诸侯,是由于他

---

① 《墨子》,方勇译注,北京:中华书局2011年版,第286页。《墨子》引言均为方本,只标章名。——作者注

们"爱民谨忠,利民谨厚,忠信相连,又示之以利",实行以"诸加费不加于民利者,圣王弗为"(《节用中》)为根本精神旨归的"节用之法"。这一"节用之法"可以从三个方面来理解:一是从实然的层面,"去其无用之费"(《节用上》),即任何没有用的花费都必须去掉;二是从应然的层面,"无不加用而为者"(《节用上》),即任何不增加人民利益的事情不做;三是从欲望满足的层面,"凡足以奉给民用,则止"(《节用中》),即各种消费品的供给以百姓足够使用为度。做到了这些,故而"圣人为政一国,一国可倍也;大之为政天下,天下可倍也"(《节用上》)。墨子认为,圣王和贤明君主必然地遵循"加费不加于民利者弗为"的理想君道原则,并将这一原则与"当今之主"不顾民生的豪奢淫泆进行对比,充分肯定这一原则的合理性。

墨子的对比主要是针对圣王和当今之主的宫室、衣服、饮食、舟车和妻妾五个方面展开的。在展开深入比较之前,墨子先假定了一个"自然状态"或者说"原初状态",在这一状态下人们过着原始、古朴的生活。人们不知道建筑房屋居室,"就陵阜而居,穴而处";不知道制作衣服,"衣皮带茭,冬则不轻而温,夏则不轻而清";不知道如何合理饮食,"索食而分处";不知道制造车船,"重任不移,远道不至"(《辞过》)。圣人悲天悯人,以为在此种"自然状态"生活"不中人之情",因此,"圣王作为宫室",以免"下润湿伤民";"诲妇人治丝麻捆布绢,以为民衣";"诲男耕稼树艺,以为民食";"作为舟车,以便民之事"(《辞过》)。既然人们的衣食住行等方面都是由圣王开创先河,那么圣王在这几个方面又是以什么标准来做到合宜的呢?

在建筑房屋居室方面,圣王的标准是"其旁可以圉风寒,上可以圉雪霜雨露,其中蠲洁,可以祭祀,宫墙足以为男女之别则止"(《节用中》),不去增加费用修建对抵御风寒雨露雪霜、祭祀和区别男女无益的房屋居室;在制作衣服方面,圣王的标准是"冬服绀緅之衣,轻且暖;

夏服絺绤之衣，轻且清"，其目的是"适身体，和肌肤"（《节用中》），不去增加费用制作与轻便、冬暖夏凉等属性无关的衣服；在饮食方面，圣王的标准是"足以充虚继气，强股肱，耳目聪明"（《节用中》），不去增加费用烹饪五味调和、气味芳香以及来自遥远国度的奇珍异品；在车船方面，圣王的标准是"车为服重致远，乘之则安，引之则利，安以不伤人，利以速至"，"大川广谷之不可济，于是利为舟楫，足以将之则止"（《节用中》），不去增加费用修饰对载重行稳、安全渡河无益的车船；在男女之事方面，圣王顺应自然，使天地万物阴阳调和，娶妻纳妾做到"内无拘女，外无寡夫"（《节用中》），因而就不会伤害自己的品行。圣王的这些做法，如同梁启超指出的，墨家以为无论何人，其物质的享用，只以能维持生命为最高限度（以最低限度为最高限度），逾此限者谓之奢侈。① 在宫室、衣服、饮食、舟车和妻妾方面，"鲜且不加者去之"——凡是华而不实，不符合其本来效用的东西都应去掉。所以，圣王"节于身，诲于民"，"是以其民俭而易治，其君用财节而易赡也"，"民不劳而上足用"，"故霸王之业可行于天下矣"（《辞过》）。当然，圣王的节俭之道不止这些，墨子谈到了圣王在"为乐""丧葬"等方面的"节"，下文将单独论述。

然而，当今之主在宫室、衣服、饮食、舟车和妻妾方面的做法却刚好悖于圣王之道。墨子指出，在宫室方面，当今之主"厚作敛于百姓，暴夺民衣食之财，以为宫室台榭曲直之望、青黄刻镂之饰"，从而"左右皆法象之"，导致"其财不足以待凶饥，振孤寡，故国贫而民难治也"；在衣服方面，当今之主不满足于衣服"冬轻暖，夏轻清"的本来效用，还迷恋于"锦绣文采靡曼之衣，铸金以为钩，珠玉以为佩，女工作文采，男工作刻镂"，使财力和人力浪费在华而不实的衣物上；在饮

---

① 梁启超：《梁启超论先秦政治思想史》，北京：商务印书馆2012年版，第150页。

食方面，当今之主贪求"美食刍豢，蒸炙鱼鳖，大国累百器，小国累十器，前方丈，目不能遍视，手不能遍操，口不能遍味"，从而左右效法，导致"富贵者奢侈，孤寡者冻馁"；在舟车方面，当今之主也并不满足于车船的坚固轻巧便利，而大肆"饰车以文采，饰舟以刻镂"，导致"女子废其纺织而修文采，故民寒，男子离其耕稼而修刻镂，故民饥"的民不聊生景象，再加之上行下效，使饥寒交迫的民众雪上加霜；在男女之事方面，当今之主"大国拘女累千，小国累百，是以天下之男多寡无妻，女多拘无夫，男女失时"，使男女阴阳失和，严重限制了人口增长。因此，墨子认为，上有奢侈之君，"君奢侈而难谏"；下必有淫僻之民，"民淫僻而难治"，"以奢侈之君御好淫僻之民，欲国无乱不可得也"（《辞过》）。这便是墨子所说的从"用"的角度来考察，将奢侈变为刑法政治所带来的灾难。根据圣人在宫室、衣服、饮食、舟车和妻妾等五个方面的节俭做法和当今之主的奢侈做法，墨子推论君主如果在此五件事上节俭，国家便能风调雨顺、五谷丰登、人丁兴旺，否则便是自取灭亡，这便是墨子所说的"俭节则昌，淫泆则亡"（《辞过》）。

2. 用财节与自养俭的民富国治思想

墨子反对奢侈提倡节俭的目的，并不是简单地借圣王之名以斥当今之主，更是希望当今之主能效法圣王，以"俭节"之道养身为政。墨子主张自上而下地实行节俭，反对浪费。他认为，奢靡无度，暴殄资财，统治者是始作俑者，淫侈的社会风气是由上层统治者一手造成。[1] 墨子在《七患》篇中提到，国家的祸患有七种，而其中两种和统治者的奢侈浪费有关，即"城郭沟池不可守，而治宫室"；"先尽民力无用之功，赏赐无能之人，民力尽于无用，财宝虚于待客"。而且，墨子还指出，即

---

[1] 任怀国、陈新岗、李秀英：《中华伦理范畴：俭》，北京：中国社会科学出版社2006年版，第60页。

使是圣王也无法让"五谷常收""旱水不至",也就是说在气候、干旱、洪水等自然因素方面,当今之主和圣王的为政环境一样的。但是,在圣王的治理下就没有"冻饿之民",而在当今之主的统治下却"孤寡者冻馁",且多"淫僻之民"。造成上述两种不同治理效果的原因就是,圣王"其用财节,其自养俭"(《辞过》),而这正是当今之主所应汲取的民富国治策略。

纵观《墨子》全书,"兼爱"为其根本精神主旨。我们知道,墨子是一位比较典型的功利主义者,然而,他并不是那种狭隘的功利主义者——只关注个人私利、以个人为中心的功利主义者,而是以"兼相爱、交相利"为出发点的功利主义者,是具有博爱与献身精神的功利主义者。[1] 墨子认为,"天之行广而无私,其施厚而不德,其明久而不衰",且"天必欲人之相爱相利,而不欲人之相恶相贼也"。因此,最好的治理方式"莫若法天"——"兼相爱"而治,"爱人利人者,天必福之;恶人贼人者,天必祸之"(《法仪》)。"兼爱"是"仁"的进一步发展,孔子的"仁"还有宗法性,而墨子的"兼爱"已经没有宗法性。[2] "兼爱"要求包括统治者在内的人们无差别地爱所有人。君主、王公大人、士大夫以及其他富贵者纵情于奢侈享乐,"暴夺民衣食之财",使民饥寒并至,皆起于不相爱。因此,统治者要做的就是禁恶劝爱,而且要以身作则,率众而为。

"用财节"和"自养俭"首先就是要求君主节省财用,自我节俭。墨子还专门以晋文公的案例进行了证明:晋文公节俭,经常穿着粗布衣服,晋国的士人为了迎合晋文公,于是纷纷穿戴"大布之衣,牂羊之裘,练帛之冠,且苴之屦"(《兼爱下》)觐见文公、上朝议事。虽然穿

---

[1] 夏伟东:《墨子的俭德思想及其现代价值》,载《郑州大学学报(哲学社会科学版)》,1999年第3期,第89页。

[2] 童书业:《童书业著作集(第一卷)》,北京:中华书局2008年版,第804页。

粗布衣服、节食等节俭的行为是士人甚至天下人都难以做到的，但为了响应晋文公让他高兴，大家都争相为之，这就是"未逾于世而民可移"的道理。相反，如果"贵为天子，富有天下，于此乎不而矫其耳目之欲，而从其心意之辟，外之驱骋、田猎、毕弋，内湛于酒乐，而不顾其国家百姓之政，繁为无用，暴逆百姓"（《非命下》），不仅会加剧奢靡之世风，而且也将使自身陷入刑戮之中，最终政息人亡。这便是从"原"的角度，也即从百姓的所见所闻来考察奢侈和节俭。尽管墨子理据充足，但这种自上而下的"节用"观点向来就遭受诸多质疑与诘难，庄子就说"恐其不可以为圣人之道，反天下之心。天下不堪。墨子虽能独任，奈天下何！"（《庄子·天下》）但如果从为民的角度考虑，要求统治者自我节俭放到当今社会也具有合理性。所以，吕思勉先生说："尚俭之说，诸家之攻击墨子者，尤多不中理。非诸家之言之无理，乃皆昧于墨子之意也。"①

墨子还要求各级"正长"要有"俭节"之德。"正长"也就是行政长官。墨子认为"正长"存在的目的或职责就是"治民"，设置"后王""君工""大夫""师长"等正长，即天子与官吏组成的官僚体系，并不是要用高官厚禄使这部分人可以奢侈淫逸，而是要"为万民兴利除害，富贵贫寡，安危治乱"（《尚同中》）。墨子从君民关系的角度，对"节用"的合理性进行了阐释。墨子说："凡五谷者，民之所仰也，君之所以为养也。故民无仰则君无养，民无食则不可事，故食不可不务也，地不可不力也，用不可不节也。"（《七患》）尤其是在五谷不尽收的时候，从君主到士大夫都必须权宜力俭：遇到一谷不收的馑年，"仕者大夫以下皆损禄五分之一"；遇到二谷不收的旱年，"则损五分之二"；遇到三谷不收的凶年，"则损五分之三"；遇到四谷不收的馈年，"则损五

---

① 吕思勉：《先秦学术概论》，北京：中国人民大学出版社2011年版，第114页。

分之四"；遇到五谷不收的饥年，"则尽无禄，禀食而已矣"（《七患》）。墨子要求整个官僚体系都做到"节用"，"无疑是有积极的一方面，社会生活中的各个方面总是应该节省物用的。可是另一方面，就是在当时的情况下，向统治阶级提出节用的要求是不会真正见效的，这是统治阶级的本性所决定的"①。

尽管墨子的观点有其局限性，其"节用"思想还是存在不少值得我们引鉴的地方，如在农业歉收、农民生活陷入困境的情况下，各级政府缩减财政资金，帮助农民度过困境，这在任何时候都是为民的政府应该做的事情。墨子将"用之节"与"生财密"结合，辩证地看待"用财"和"生财"的观点也非常值得赞赏。墨子说："财不足则反之时，食不足则反之用。故先民以时生财。固本而用财，则财足。"（《七患》）这里墨子从主观层面——自我反省是否违背农时、是否用财节俭——而非客观层面寻找财用不足和食物不足的原因，显得难能可贵。按照墨子的思路，"生财"是君主以至庶人都要肩负起的分内之事，特别是墨子要求以君主为代表统治阶级要引导百姓按照农时进行生产，一方面创造财物，另一方面节俭使用财物，通过固本和节用实现"财足"。这便是墨子在《尚贤中》里憧憬的理想治理状态："贤者之治国也，蚤朝晏退，听狱治政，是以国家治而刑法正。贤者之长官也，夜寝夙兴，收敛关市、山林、泽梁之利，以实官府，是以官府实而财不散。贤者之治邑也，蚤出莫入，耕稼、树艺、聚菽粟，是以菽粟多而民足乎食。故国家治则刑法正，官府实则万民富。"墨子的这种通过有效管理或称勤政来实现"国家治"的思想，与现代管理哲学关于管理也是生产力的论断颇为相似。

上述墨子的"节俭"主张主要是针对国内而言的。墨子还将"节

---

① 胡子宗：《墨子思想研究》，北京：人民出版社2007年版，第312页。

俭"放置到国与国的角度来考察，这涉及墨子的另一个非常重要的理论——"非攻"。墨子认为，诸侯国之间的攻伐战争"上不中天之利""中不中鬼之利""下不中人之利"（《非攻下》）。从节俭的角度看，攻伐战争是统治者为满足私欲或是为享乐而掠夺他国财物而发动的战争，"下不中人之利"是非正义的战争。墨子在《节葬下》中提出了三条评价行为是否合乎仁义的标准，即"天下贫则从事乎富之，人民寡则从事乎众之，众而乱则从事乎治之"，简称"富贫、众寡、治乱"标准。墨子认为，攻伐战争兴师动众，"久者数岁，速者数月。是上不暇听治，士不暇治其官府"，从而会导致国家乱而社稷危，违背"治乱"标准；人民"散亡道路，道路辽远，粮食下继傺，食饮之时，厕役以此饥寒冻馁疾病，而转死沟壑中者，不可胜计也"，违背了"众寡"的标准；还有"车马之罢弊也，幔幕帷盖，三军之用，甲兵之备"，能收回五分之一就算多了，同时还使"农夫不暇稼穑，妇人不暇纺绩织纴"（《非攻下》），无法创造财富，违背了"富贫"标准。因而，诸侯国之间的攻伐战争劳民伤财，都是统治者为满足一己私欲而造成的恶果，故称攻伐战争"下不中人之利"。

总的来说，墨子的"节用"观或"节俭"观，是在社会物质财富尚不充足的条件下提出来的，当时的广大民众多数还要为温饱问题而劳心忧虑，墨子的这种思想可以说是他直面底层民众贫困生活的必然产物。墨子言辞激烈地抨击和斥责统治者生活的骄奢淫逸和敛聚民财的毫无节制，认为这是造成对照鲜明的"朱门酒肉臭，路有冻死骨"的社会画面的主要原因，具有进步的社会意义。但是，随着封建社会生产力、生产关系的不断进步，消费水平和生产水平必然同步前进，墨子要求"去无用之费"——取缔除基本生存需要之外的一切消费，这与人的需求规律和社会发展规律都是不相符合的。

心理学家马斯洛的研究指出，生活在高级需要（除生存需要以外的安全、尊重、爱、自我现实等需要）的水平上，意味着更大的生物效能，更长的寿命，更少的疾病，更好的睡眠，胃口等；高级需要的满足能引起更合意的主观效果，即更深刻的幸福感、宁静感，以及内心生活的丰富感。①墨子站在小生产者民众的立场，一心想要根除奢靡享乐的恶风陋俗，却没有抓住封建社会生产与消费发展根本趋势，其学说和学派最终也没有得到统治者甚至是人民大众的欢心，使结局略带悲剧色彩。李泽厚先生对崇尚"节俭"的墨子及其学派做出了较为中肯的评价："作为劳动者，他们知道稼穑之艰、生产之不易，反对一切铺张浪费、奢侈享受；但作为小生产者，他们又严重局限于亲闻目见的狭小环境里，而不知道由于劳心与劳力、统治与被统治的分化，使社会上层的消费生活方式变得日益富裕阔绰和奢侈，消费要求会日益提高，不会满足于仅仅食饱衣暖，要主观地加以人为限制，便只能空想。"②曾一度成为与儒学齐名的墨家显学，不仅没能将其节用观付诸现实的社会政治与道德实践，反而渐隐于历史长河，真可谓成也"节用"，败也"节用"。

（二）自苦为极的理想道德人格

墨子反对奢侈浪费，大力倡导"节用""自养俭"等理念，并身体力行地践行着自己提出的理念。墨子将"自苦为极"作为其生活与个人修炼的重要原则，并十分重视劳动在创造物质生产资料和个人品行修养上的作用。

---

① ［美］马斯洛：《动机与人格》，许金声、程朝翔译，北京：华夏出版社1987年版，第114—115页。

② 李泽厚：《中国古代思想史论》，北京：三联书店2008年版，第55页。

1. 独自苦而为义的修身论

纵观先秦诸思想家的论述，如何"修身"是受到普遍关切的议题。但如果要说中国伦理思想史上最早专门研究修身的著作，当属《墨子》书中的《修身》《所染》两篇。而且，墨子修身论的一个特色就是特别强调人的行为的修养，也即强调人的言行和德行的一致。那么，"行"究竟在墨子的修养论中处于怎样的地位呢？《修身》篇对"行"的地位进行了明确地阐释："君子战虽有陈，而勇为本焉；丧虽有礼，而哀为本焉；士虽有学，而行为本焉。"也就是说，"行"乃是"君子"和"士"的根本。《经上》篇还对"行"进行了概念上的界定："行，为也。"人的德性品行也就是通过人的所作所为来体现，就是人的行为的集合。所以，"善无主于心者不留，行莫辩于身者不立。名不可简而成也，誉不可巧而立也，君子以身戴行者也"（《修身》）。善良的品行必须通过人的身体力行才能树立，而君子这一理想人格正是成于亲身践履这些品行。墨子正是这样的身体力行之人，他反对没落的贵族和新生的地主阶级暴发户的奢侈淫泆，也反对儒家学者所允许的统治阶级在饮食、衣服、宫室、舟车、音乐以及丧葬等方面的高等级消费，大力提倡节俭——近乎于禁欲，告诫和带领着其门人"苦行"。上文所提到的"节用""自养俭""加费不利于民利弗为"的思想都是针对当时社会弊端、儒家的关于等级消费方面的言行提出的实用药方，同时也是墨子及其学派所亲身践行的道德准则。墨家学家自我节俭的做法有似于古希腊的"犬儒学派"，他们"主张返回'自然人'的原始生活中去，反对现实社会的一切规范束缚，主张避世绝欲"[①]。

对于墨子其人，清人孙诒让在《墨子间诂·墨子传略》中，综合

[①] 宋希仁：《西方伦理思想史》，北京：中国人民大学出版社2004年版，第92页。

《庄子》和《淮南子》对墨子的记载，给出了这样的评价："其务不侈于后世，不靡与万物，不晖于数度，以绳墨自矫而备世之急。"① 墨子及其学派，就是按照自己定下的"节用""节俭"标准身体力行，向世俗的奢靡之风和儒家的等级消费言论开炮。尽管奢靡的行为和言论包围着墨子，他却信心满满地秉承着"独自苦而为义"的俭朴气节。

《贵义》篇记载了墨子和一位故友的对话："子墨子自鲁即齐，过故人，谓子墨子曰：'今天下莫为义，子独自苦而为义，子不若已。'子墨子曰：'今有人于此，有子十人，一人耕而九人处，则耕者不可以不益急矣。何故？则食者众，而耕者寡也。今天下莫为义，则子如劝我者也，何故止我？'"对于老友询问为何要"独自苦而为义"，墨子用因"一人耕而九人处"，导致"食者众而耕者寡"的窘迫表明了自己的立场和决心。也就是说，墨子所生活的时代，整个社会风尚正是"食者众而耕者寡"的局面，奢侈忘义者众多，节俭为义者较少，这表达了墨子身处奢靡之风日盛的社会狂澜中，站在小生产者这一社会底层所做的颇为无奈的歇斯底里的呼喊。

《庄子·天下》篇中有这样一段关于墨子的记载，很形象地解释了墨子及其学派"自苦为极"的做法。"墨子称道曰：'昔禹之湮洪水，决江河而通四夷九州岛也。名川三百，支川三千，小者无数。禹亲自操橐耜，而九杂天下之川。腓无胈，胫无毛，沐甚雨，栉疾风，置万国。禹，大圣也。而形劳天下也如此。'使后世之墨者，多以裘褐为衣，以跂蹻为服，日夜不休，以自苦为极，曰：'不能如此，非禹之道也，不足谓墨。'"这段记载反映出：墨子所崇尚和引以为榜样的，就是大禹为了安置万国，亲自拿着盛土器和锄头疏通河流，直到自己腿肚子上没有肉，小腿上没有毛的精神。司马迁之父司马谈在其名篇《论六家要旨》

---

① 孙诒让：《墨子间诂（下）》，北京：中华书局2001年版，第682页。

中，也对墨者的德行做了这样的描述：在居室住房方面，"堂高三尺，土阶三等，茅茨不翦，采椽不刮"；在饮食方面，墨者"食土簋，啜土刑，粝粱之食，藜藿之羹"；在衣服穿着方面，墨者"夏日葛衣，冬日鹿裘"；在丧葬送死方面，"桐棺三寸，举音不尽其哀"。① 可见，墨家学者对待自身的物质生活条件方面是何等的清贫俭朴，他们对待生和死都严格贯彻和落实其提倡的"节用"理念，以自苦作为根本原则，并将之作为墨者的标志，难怪司马谈感叹说墨者之俭是"俭而难遵"。

《修身》篇对墨家所重视的"自苦为极"修养原则进行了总结，认为"君子之道也，贫则见廉，富则见义，生则见爱，死则见哀……畅之四支，接之肌肤，华发隳颠，而犹弗舍者，其唯圣人乎！"这里既包含了君子对自我的道德要求，也包含了与他我相处时的道德要求。对待自我，君子在贫穷时应表现出清廉，不被财物所诱惑而丢弃尊严与操守；在富裕时应表现出好义，不因财物丰盈而放纵物欲。对待他我，君子对待生者应表现出仁爱，尽己所能救危扶困；对待死者应表现出哀悼，注重精神情感层面的悼念而非物质层面的厚葬久丧。总之，墨家所追求的理想人格就是要将其所倡导的德性品质，畅达于四肢，接触于皮肤，直到白发落尽也不休止。墨子便是如此，他倡导"节用"，崇尚"节俭"之德，身体力行地践行着"自苦"原则。

2. 赖其力者生的劳动修行

墨子的"节用"思想和"自苦为极"的修身论的产生有一定的社会历史根源，符合其所提出的"衣食之利"是人生存的首要条件的主张。墨子认识到了劳动对于人的价值，认为只有劳动才能创造人生存所需的物质条件，劳动也是人之为人的重要标志。墨子在中国古代思想家中是

---

① 司马迁：《史记》，南京：江苏古籍出版社2002年版，第994页。

唯一论证了人的本质在于劳动的思想家。① 可以说，"劳动"也是墨子及其学派自苦修行的一项重要内容。和其他学派的思想家不同，墨子出身低微，这使他认识到一个人——尤其是一个社会底层的人生存之艰辛，因此他尊重人生存的权利，关心人的基本需要应如何得到满足。墨子认为，社会上的每一个人，不论是统治者，还是平民百姓，都必须努力劳动，不仅是为了生存，劳动更是让人成其为人的价值论证。所以，墨子说："今人固与禽兽、麋鹿、蜚鸟、贞虫异者也。今之禽兽、麋鹿、蜚鸟、贞虫，因其羽毛以为衣裘，因其蹄蚤以为绔屦，因其水草以为饮食。故唯使雄不耕稼树艺，雌亦不纺绩织纴，衣食之财固已具矣。今人与此异者也，赖其力者生，不赖其力者不生。"（《非乐上》）正如马克思所指出的："蜘蛛的活动与织工的活动相似，蜜蜂建筑蜂房的本领使人间的许多建筑师感到惭愧。但是，最蹩脚的建筑师从一开始就比最灵巧的蜜蜂高明的地方，是他在用蜂蜡建筑蜂房以前，已经在自己的头脑中把它建成了。"② 马克思讲到的蜘蛛、蜜蜂和墨子讲到的禽兽、麋鹿、蜚鸟、贞虫一样，都是依赖于自然本性而生存，然而人却要依赖于人所特有的劳动来生存，并且这种劳动将人和动物区分开来。

为了肯定劳动对于每一个人的意义，墨子对每一阶层的人们应该具体从事的工作进行了描述："王公大人蚤朝晏退，听狱治政，此其分事也；士君子竭股肱之力，亶其思虑之智，内治官府，外收敛关市、山林、泽梁之利，以实仓廪府库，此其分事也；农夫蚤出暮入，耕稼树艺，多聚叔粟，此其分事也；妇人夙兴夜寐，纺绩织纴，多治麻丝葛绪絪布缪，此其分事也。"（《非乐上》）可见，墨子提出的"赖其力者生"的劳动主张是针对全社会而言，王公大人、士君子和农夫、妇人一样，必须从事劳动，只是各自的"分事"有所不同。劳动不是仅局限于某一

---

① 胡子宗：《墨子思想研究》，北京：人民出版社2007年版，第326页。
② 《马克思恩格斯文集（第五卷）》，北京：人民出版社2009年版，第208页。

部分人，而使另一部分人能够不劳而获、安于享乐。对于那些不劳而获的卑劣行径，墨子将之痛斥为是"入人园圃，窃其桃李""攘人犬豕鸡豚""入人栏厩，取人马牛"，都是"亏人自利"，是"不义""不仁"(《非攻上》)的行径。当然，用现代的眼光来审视的话，墨子的这种劳动分工的划分也有其局限性，没有看到阶层与阶层之间的跨越和流动，仍旧维护的是"劳心者治人，劳力者治于人"的等级统治秩序。

墨子还对儒家轻视物质生产劳动的态度进行了批判，强烈反对儒家学者在物质上的享乐、浪费。墨子斥责儒家学者"倍本弃事而安怠傲，贪于饮食，惰于作务"，从而"陷于饥寒，危于冻馁，无以违之"(《非儒下》)。这是对儒家学者发起的诘难：儒家学者贪图享乐而厌于劳作，不仅浪费他人生产的物质财富，最终也使自己陷入生存危机。另外，墨子在《非命下》中，为了驳斥有命论，言辞激烈地指责了夏禹、商汤、周文王和周武王三个时代的"不肖之民"对自己"恶恭俭而好简易，贪饮食而惰从事"毫无反省之意，反而将"衣食之财不足"和"饥寒冻馁之忧"的结果归根于"吾命固将穷"的行为，并强调曾经禹汤文武三代时的虚伪之人才是如此。可见，在墨子那里，"力"已经突破了单纯的为生存而劳动的含义，更是代表着墨子所主张的"苦行"原则的落实。"赖其力者生"一方面意味着劳动创造生存所需要的物质资料；另一方面则将使劳动者通过自身劳动明白物质财富的珍贵，懂得"用财节"的重要性。相反，"惰于作务"一方面不能增加社会财富，反而消耗和浪费社会财富；另一方面还将增长贪于享乐、亏人自利等不仁不义的行为。因此，劳动既是为满足生存需要而动，更是为修炼道德德性而动。

(三) 乐非所以治天下的非乐论

"乐"，狭义上一般是指音乐，广义上则包括音乐、舞蹈、诗词歌赋、戏剧等方面。"乐"从古到今都是人民精神生活的一部分，对于个人的心性、品行以及民俗世风皆具潜移默化之功。然而，墨子为什么要反其道而行之，大肆"非乐"，其基本立场乃是小生产者对统治阶级极度追求声乐享乐的指责与痛恨。有研究者这样评价墨子的"非乐"思想：读墨子《非乐》，令人感到出气、痛快，因为墨子对特权和不公进行了无情地揭露与抨击；又令人感到困惑、迷惘，因为"乐"这一同人类与生俱来的、在人类生存发展中不可或缺的精神食粮，真的能够将其一非了之吗？① 由此说来，我们对墨子"非乐"思想的检视，应该用辩证的眼光来打量。

1. "圣王不为乐"释义

墨子的"节俭"主张基本都是针对当时社会的时弊以及儒家奉行的"为乐""厚葬久丧"主张以及"惰于作务"行为提出的。为了使自己的言论和观点更具说服力，墨子从逻辑上提出了论证的"三法"原则——叫"三表"法。墨子说："有本之者，有原之者，有用之者。于其本之也，考之天鬼之志，圣王之事；于其原之也，征以先王之书；用之奈何，发而为刑。此言之三法也。"（《非命中》）墨子非乐便是从"圣王之事""发而为刑"和"先王之书"三个维度进行考察，逐步提出"为乐"不符合"本""用""原"的三条标准。

在讨论墨子"非乐"的支持论据之前，我们有必要弄清楚墨子何以非乐，也就是要搞清楚墨子所非之为何物。在《公孟》篇中有墨子和程繁的这样一段对话："子墨子问于儒者曰：'何故为乐？'曰：'乐以为乐也。'子墨子曰：'子未我应也。'今我问曰：'何故为室？'曰：'冬避寒焉，夏避暑焉，室以为男女之别也。'则子告我为室之故矣。今我问

---

① 刘玉明、夏艺铭：《〈墨子·非乐〉评议》，载《管子学刊》，2010年第4期，第67页。

曰：'何故为乐？'曰：'乐以为乐也。'是犹曰'何故为室？'曰'室以为室也。'"这段话表面看上去，墨子好像在偷换概念进行诡辩，其实不然。墨子这两个问题实质上都涉及三个内容："何故为乐"的问题涉及"为乐"、乐——可以说是娱乐、快乐以及追求娱乐、快乐的目的；"何故为室"的问题涉及"为室""居室"以及"避寒、避暑、为男女之别"。墨子询问程繁"何故为乐"，想要得到人们应该追求娱乐、快乐的目的是什么的答案，就像"何故为室"的答案是"冬避寒焉，夏避暑焉，室以为男女之别也"一样。因此，墨子"非乐"所非的乃是现世之乐追求的快乐的目的。在这一点上，墨子与孔子有些相似，孔子也是反对季氏"八佾舞于庭"追求的那种快乐的，因为这种快乐完全与孔子提出的"兴于诗，立于礼，成于乐"（《论语·泰伯》）中"乐"的教化作用相违背。

为了论证"为乐非也"的观点，墨子首先从"本"的角度提出了"圣王不为乐"的观点。然而，这一观点一提出便遭到质疑。学者程繁诘难道："夫子曰：'圣王不为乐。'昔诸侯倦于听治，息于钟鼓之乐；士大夫倦于听治，息于竽瑟之乐；农夫春耕夏耘，秋敛冬藏，息于聆缶之乐。"（《三辩》）依据程繁的意思，不论是诸侯、士大夫，还是社会底层的农夫，都通过音乐安息身心。墨子当然并不示弱，他对程繁关于"圣王不为乐"的诘难进行了针锋相对的反驳。墨子指出，尧舜让第期制定音乐，汤承袭了尧舜之乐，增加了新乐《护》，重新修订了《九招》，武王在汤的基础上增加了《像》，周成王在武王的基础上增加了《驺虞》。但是，"周成王之治天下也，不若武王，武王之治天下也，不若成汤，成汤之治天下也，不若尧舜"，所以墨子得出结论："其乐逾繁者，其治逾寡。自此观之，乐非所以治天下也。"（《三辩》）也就是说，"治天下"与"为乐"之间是一种反向的变化关系。圣王虽然制定了音乐，但却很少，就像没有一样，因而天下治理得很好。可见，墨子所非的并不是圣王之乐，而是他所处时代中乐之繁者——代表的就是诸侯、士大夫沉迷声乐，追求感官刺激的愚陋之风。所以，墨子所非之乐，不是乐之本身，而是乐之附加物。①《鲁问》篇讲述的墨子出游时和弟子魏越的对话也可以为证，魏越问墨子："如果见到各国的国君，将要先说什么？"墨子的回答之一便是"国家憙音湛湎，则语之非乐、非命"。墨子的意思是，如果去到的国家纵情声色、沉湎于酒，便要以非乐、非命的理论进行游说。可见，墨子不是为"非乐"而"非乐"，而是为"憙音湛湎"而"非乐"。

2. 为乐亏夺民财废分事

在"用"的方面，墨子又是如何"非乐"的呢？墨子为了配合"发而为刑"的考察视角，还提出了两条实用的评价标准，即"兴天下之利，除天下之害"。对于音乐本身的功用，其实墨子也是意识到了的。《非乐上》说："是故子墨子之所以非乐者，非以大钟、鸣鼓、琴瑟、竽笙之声以为不乐也；非以刻镂华文章之色以为不美也；非以犓豢煎炙之味以为不甘也；非以高台厚榭邃野之居以为不安也。虽身知其安也，口知其甘也，目知其美也，耳知其乐也，然上考之不中圣王之事，下度之不中万民之利。"可见，墨子认为，"大钟、鸣鼓、琴瑟、竽笙之声"和"刻镂华文章之色""犓豢煎炙之味""高台厚榭邃野之居"的确能满足人身体、口、目、耳这些感官的需要，但是却不符合"圣王之事"和"万民之利"。相反，墨子还表示，如果"用乐器譬之若圣王之为舟车"，"舟用之水，车用之陆，君子息其足焉，小人休其肩背焉"，能够符合万民之利，那么"我弗敢非也"（《非乐上》）。

首先，墨子认为"为乐"夺民衣食之财。如前所述，墨子并不反对

---

① 徐可超：《墨子社会思想的理性色彩与其"非乐"论的祛魅性质》，载《黑龙江社会科学》，2010年第5期，第74页。

圣王之乐,他反对的是今之王公大人为乐。因为,今之王公大人制造乐器,"必厚措敛乎万民,以为大钟、鸣鼓、琴瑟、竽笙之声",给民众带来了沉重的赋税压力。墨子指出,通常人民有这样三个大的忧患:"饥者不得食,寒者不得衣,劳者不得息"(《非乐上》)。仁者为政,当以解决这三大忧患为本,但"撞巨钟、击鸣鼓、弹琴瑟、吹竽笙而扬干戚",并不能增加人民的衣食之财,对这三个忧患的解决于事无补。同样的,"撞巨钟、击鸣鼓、弹琴瑟、吹竽笙而扬干戚"对于禁止"大国即伐小国,强劫弱,众暴寡,诈欺愚,贵傲贱,寇乱盗贼并兴"的社会弊端也无能为力。根据墨子的分析,"为乐"而夺民衣食之财还有一个重要的原因,那就是为使演奏者的神态和形态符合乐器和音乐的优美,他们往往"食必梁肉,衣必文绣",这就必然使"不从事乎衣食之财,而食乎人者"(《非乐上》)增加。因此,"为乐"并不能"兴天下之利,除天下之害"。

其次,墨子认为"为乐"废君子听治与贱人从事。一方面,墨子认为演奏音乐会减少从事生产的劳动力。因为,演奏音乐一定不能使用老人和小孩,否则会使音乐"声不和调,明不转朴";演奏音乐必须使用年富力强的人,以保证"声之和调,明之转朴",但结果是"废丈夫耕稼树艺之时"和"废妇人纺绩织纴之事"(《非乐上》)。另一方面,欣赏音乐会耽误处理政务和从事生产的时间。最终,此二者所导致的结果就是:"王公大人说乐而听之,即必不能蚤朝晏退,听狱治政,是故国家乱而社稷危矣;士君子说乐而听之,即必不能竭股肱之力,亶其思虑之智,内治官府,外收敛关市、山林、泽梁之利,以实仓廪府库,是故仓廪府库不实;农夫说乐而听之,即必不能蚤出暮入,耕稼树艺,多聚叔粟,是故叔粟不足;妇人说乐而听之,即不必能夙兴夜寐,纺绩织纴,多治麻丝葛绪捆布縿,是故布縿不兴。"(《非乐上》)总的来说,就是"与君子听之,废君子听治;与贱人听之,废贱人之从事"。在

《非儒下》中，墨子还借引了晏子与齐景公的一段对话，以非难儒家"为乐"行为和思想。晏子说："不可夫儒浩居而自顺者也，不可以教下；好乐而淫人，不可使亲治……孔某盛容脩饰以蛊世，弦歌鼓舞以聚徒……积财不能赡其乐，繁饰邪术以营世君，盛为声乐以淫遇民，其道不可以期世，其学不可以导众。"墨子实际上就是借晏子之口说出对儒家学者的不满：儒家学者高傲而自以为是，爱好音乐而使人倦怠于政务，崇尚厚葬久丧、好穿盛装而消耗财物，注重繁文缛节而不利于百姓，繁复地修饰自己的学说以迷惑君主，因此不能让儒家学者来治理国政或委以官职。单从音乐方面来看，依墨子之言，孔子本人及其门人以歌舞音乐聚集徒众、迷乱愚蠢的百姓，儒家的学者本身也都沉迷乐音而不能积聚财物，儒家的学说更不能用来引导民众。墨子甚至还认为，儒家的学说足以丧失天下的原因有四点，其中有一点就与音乐相关，即"弦歌鼓舞，习为声乐，此足以丧天下"（《公孟》）。

3. 先王之书的非乐记载

对于"为乐"是否符合"原"的标准，墨子认真地考察了"先王之书"。墨子分别对《官刑》《黄径》《武观》三部先王之书对"为乐"的论述进行了分析：《官刑》把"恒舞于宫"当作是"巫风"，并对舞于宫的君子和小人各做处罚；《黄径》认为"舞佯佯，黄言孔章"不会得到上帝的保佑，并会"降之百殃，其家必怀丧"，九州之所以灭亡，"徒从饰乐也"；《武观》指出，淫溢康乐，饮食不合于礼节，舞蹈、管磬之音响彻天际，沉迷于饮酒作乐，这是"天"所不允许的（《非乐上》）。因此，从先王之书来看，"为乐"既不是上帝鬼神的法度，也不符合天下万民的利益。换言之，先王之书也没有为"为乐"的合理性提供任何理论支撑和直接证据。经过对"为乐"的"本""用""原"三个方面的分析、论证，墨子最后的结论是："今天下士君子，请将欲求兴天下之利，除天下之害，当在乐之为物，将不可不禁而止也。"(《非乐上》)"不可不禁"一词的使用足见墨子"非乐"的矛头指向和禁乐的决心。

关于墨子对"为乐"的态度，我们可以用李泽厚先生的一句话来概括："墨子不是不知道音乐以及丽色、美味、高楼、广室能给人以快乐，但因为它们'将必厚措敛于民'，既不能直接帮助生产，又不能保卫国家，而且还妨碍统治者的'蚤朝晏退，听狱治政'，妨碍农夫织妇'蚤出暮入，耕稼树艺'，'夙兴夜寐，纺绩织纴'，因此应该统统取缔。"①不可否认，情感在一个人的言行和举止中发挥着重要的作用，甚至有时处于支配地位。任何思想家当然都有着自己的情感归属，作为平民思想家的墨子当然也不例外。面对贵族和新生地主阶级亏夺人民衣食之财而为乐，导致废大人听治和贱人从事的客观现实，墨子站在自己的阶级立场，气愤地发出"非乐"的呼声，这是很自然的。墨子为反对世俗的乐之繁者，一气而将"乐"全盘否定，但我们在检视墨子的"非乐"思想时，则应注意不能将洗澡水和孩子一起倒掉。

（四）丧葬之有节的节丧主张

墨子提倡节用，而节丧主张正是墨子节用观重要内容之一。《鲁问》篇记载，"子墨子游，魏越曰：'既得见四方之君子，则将先语？子墨子曰：'凡入国，必择务而从事焉。……国家贫，则语之节用、节葬'"。《淮南子·要略》在评价墨子的学说时也指出，"墨子学儒者之业，受孔子之术，以为其礼烦扰而不悦，厚葬靡财而贫民，服伤生而害事。故背

---

① 李泽厚：《中国古代思想史论》，北京：三联书店2008年版，第54页。

周道而用夏政"①。可见，墨子不单单是反对厚葬，更是针对儒家的厚葬观展开针锋相对的驳斥。

1. 对"厚葬久丧"观的痛斥

墨子所生活的时代，统治阶级生活骄奢淫逸，死后的丧葬也极为奢侈浪费。儒家学者站在统治阶级的立场上主张实行"厚葬久丧"，不仅允许统治阶级根据爵位等级大修陵墓，用厚重的财宝随葬，而且要求居丧的时间应该长久，并且要用"强不食""薄衣"等方法，把生者的身体折磨得十分虚弱，以表达对死者的极其悲痛之情。墨子则认为，"厚葬久丧"不仅会花费人民巨额的原本可以用于生产和生活的财物，而且还占用从事生产的宝贵时间。因此，墨子对"厚葬久丧"的行为、制度和风俗都给予了言辞激烈的痛批和斥责。墨子对"厚葬久丧"的痛斥主要从以下几个方面展开。

首先，墨子对提倡"厚葬久丧"的思想倾向——尤其是儒家的丧葬观进行了驳斥。墨子认为，自三代圣王去世以后，天下便失去了道义。世俗有两种关于"厚葬久丧"的观点：一种认为"厚葬久丧"是符合仁义的，是孝子应该做的事情；另一种认为"厚葬久丧"是不符合仁义，不是孝子应该做的事情。墨子指出，这两种观点"言则相非，行即相反，皆曰：'吾上祖述尧舜禹汤文武之道者也。'而言即相非，行即相反，于此乎后世之君子，皆疑惑乎二子者言也"（《节葬下》）。也就是说，这两种观点都是站不住脚的。墨子还对持第一种观点的儒家给予了严厉的批评，认为儒家"其亲死，列尸弗敛，登屋窥井，挑鼠穴，探涤器，而求其人矣"的做法，简直是愚蠢之极；并斥责那些所谓的"良儒"用"繁饰礼乐以淫人，久丧伪哀以谩亲"，借着别人的丧事养活自己和充

---

① 《淮南子》，陈广忠译注，北京：中华书局2012年版，第1267页。

实家用,"富人有丧,乃大说,喜曰:'此衣食之端也'"(《非儒下》),就如同乞丐乞求温饱、田鼠储存食物、野猪纵身吃食一样,可谓是奸诈的骗子。墨子还指出,儒家的学说可以致使丧失天下的原因有四个,其中一个原因便是儒家推崇"厚葬久丧,重为棺椁,多为衣衾,送死若徙,三年哭泣,扶后起,杖后行,耳无闻,目无见,此足以丧天下"(《公孟》)。

其次,墨子认为"厚葬久丧"不符合"富贫、众寡、定危治乱"的三条标准,因而也就不能作为一条可普遍化的原则。为了给自己反对"厚葬久丧"提供理论上的支撑,墨子认为丧葬必须符合"天下贫则从事乎富之,人民寡则从事乎众之,众乱则从事乎治之"的标准。这三件事情,是真正仁义之士为天下考虑的,也是孝子应该为双亲考虑的。如果"'厚葬久丧'实可以富贫众寡,定危治乱乎,此仁也,义也,孝子之事也,为人谋者不可不劝也";但如果"'厚葬久丧'实不可以富贫众寡,定危理乱乎,此非仁非义,非孝子之事也,为人谋者不可不沮也"(《节葬下》)。墨子针对很多士君子怀疑"厚葬久丧"的是非利弊的情况,提出了将"厚葬久丧""以为事乎国家",也即将"厚葬久丧"作为一条普遍化的原则在国家里实行。

我们先看看厚葬作为普遍化原则后的情形:把厚葬的主张放置于有丧事的王公大人家中,则"棺椁必重,葬埋必厚,衣衾必多,文绣必繁,丘陇必巨";把厚葬的主张放置于有丧事的寻常百姓家中,则"殆竭家室";把厚葬的主张放置于有丧事的诸侯家中,则"虚车府,然后金玉珠玑比乎身,纶组节约,车马藏乎圹,又必多为屋幕、鼎鼓、几梴、壶滥、戈剑、羽旄、齿革,寝而埋之"(《节葬下》)。可见,厚葬对王公大人而言尚可承受,但使得诸侯府库空虚,使得平民百姓散尽家财。再看看久丧普遍化后的情形:如果为上士服丧三年,"寝苫枕块,又相率强不食而为饥,薄衣而为寒,使面目陷陬,颜色黧黑,耳目不聪明,手足不劲强",如果王公大人如此为之,"则必不能蚤朝,五官六府,辟草木,实仓廪";农民如此为之,"则必不能蚤出夜入,耕稼树艺";工匠艺人如此为之,"则必不能修舟车为器皿矣";天下妇人如此为之,"则必不能夙兴夜寐,纺绩织纴"(《节葬下》)。和墨子非乐的理由一样,久丧会使王公大人、士大夫无暇治理,荒废政事,会使农民、百工、妇人无暇生产,荒废产业。可见,"厚葬久丧"的实质就是把辛苦挣来的财富埋掉,让做事的人长期无法工作。用"厚葬久丧"的办法实现"富贫"的目标,"譬犹禁耕而求获也,富之说无可得焉"。由于久丧是生者的身体受到折磨,导致"百姓冬不仞寒,夏不仞暑,作疾病死者,不可胜计也",同时久丧也"败男女之交多矣"。因此,用"厚葬久丧"的办法实现"众寡"的目标,"譬犹使人负剑,而求其寿也"。又因为久丧长期地阻碍人们从事工作,造成"上不听治,刑政必乱;下不从事,衣食之财必不足"的局面,最终导致"盗贼众而治者寡"(《节葬下》)。所以,用"厚葬久丧"的办法实现"安危治乱"的目标,就像三次拒绝投奔自己的人而希望他不会背叛自己一样困难。总的来说,将"厚葬久丧"作为一条普遍化的原则,不符合"富贫、众寡、定危治乱"的三条标准,因此应予以禁止。

墨子反对"厚葬久丧"所提出的"以为事乎国家"的观点,与近代德国哲学家康德(Immanuel Kant)的"普遍法则"原理有着惊人的相似。康德认为,道德法则之所以被思想为客观必然,乃是因为它对每一个具有理性和意志的人应当都有效。[①] 在其《道德形而上学原理》中,康德还提到了一个关于遵守诺言的例证。当一个人对自己不兑现诺言而逃避责任存在侥幸时,他只需要问自己是否愿意将不兑现诺言而逃避责任的准则,变成一条普遍规律。也就是说,不仅愿意自己不兑现诺言,同样愿意别人在任何情况下,都可以不兑现诺言。那结果就是,全世界

---

① [德]康德:《实践理性批判》,韩水法译,北京:商务印书馆1999年版,第38—39页。

都是不兑现诺言的人,因而自己所做出的诺言本身也是不可能的,不管对自己的行为做出何种保证,人们都将不相信保证,最终便是诺言本身的崩塌。所以,虽然人们愿意自己不兑现诺言,但却不愿意让不兑现诺言成为一条普遍规律。这就是,除非我愿意自己的准则也变为普遍规律,我不应行动。① 因此,依据康德的普遍法则原理,处在上位的君主、王公大人,如果有志于实现"天下贫则从事乎富之,人民寡则从事乎众之,众乱则从事乎治之",便肯定不能、也不应将"厚葬久丧"作为普遍法则。

再次,墨子认为"厚葬久丧"不能禁止大国攻打小国,也不能得到上帝鬼神的赐福。在《节葬下》中,墨子指出大国之所以不攻打小国,是因为小国储蓄多、城墙坚实、上下团结一心。但小国如果实行"厚葬久丧",就会"国家必贫,人民必寡,刑政必乱。若苟贫,是无以为积委也;若苟寡,是城郭沟渠者寡也;若苟乱,是出战不克,入守不固"。从国家内部来看,"厚葬久丧"会导致国家贫困、人口减少、刑罚政治混乱;从国家间的战争来看,"厚葬久丧"势必无法积蓄战备资源,导致守则不能保障国家安全,战则不能击败敌人。同时,墨子还指出,"若苟贫,是粢盛酒醴不净洁也;若苟寡,是事上帝鬼神者寡也;若苟乱,是祭祀不时度也",强调因"厚葬久丧"而变得贫穷的国家或个人,上帝鬼神会憎恨他、降罪于他、抛弃他。虽然墨子这种上帝鬼神的观点本身也存在弊端的,但他想用高于人的上帝鬼神的赏罚给人以"敬畏之心",从而达到扬善抑恶的本意是好的。

最后,墨子还以"非圣王之道"来对世俗的"厚葬久丧"行为和言说进行了驳斥。墨子指出,尧向北教化八狄死在半路,便埋葬在蛮山北面,"衣衾三领,穀木之棺,葛以缄之,既窆而后哭,满陷无封"(《节葬下》),埋葬之后也不禁止牛马在上面行走;舜向西南去教化七戎死在

---

① [德]康德:《道德形而上学原理》,苗力田译,上海:上海人民出版社1986年版,第51页。

半路，便埋葬在南己的街市，也是"衣衾三领，榖木之棺，葛以缄之"，埋葬之后也不禁止人们在上面行走；禹向东教化九夷死在半路，便埋葬在会稽山，"衣衾三领，桐棺三寸，葛以缄之，绞之不合，通之不陷，土地之深，下毋及泉，上毋通臭"（《节葬下》），埋葬之后坟墓占地不超过三尺。所以，"厚葬久丧"并非圣王之道，却是夏桀、商纣、周幽王、周厉王等暴君所喜爱的。虽然墨子所讲述的这三位圣王丧葬的情景究竟是不是历史的真实，无从考证，这种托古言制的手法，古人却是经常使用。① 总之，墨子的态度是十分明确的，"厚葬久丧""辍民之事，靡民之财，不可胜计"，必须坚决予以反对和禁止。

2. "不失死生之利"的丧葬之法

"厚葬久丧"一不能使贫者富，二不能使寡者众，三不能使乱者治，已被墨子无情拒斥和弃置。那么，怎样的丧葬方式才是合宜、得当的呢？墨子在《节用中》里提到了圣王制定的节葬节丧之法："衣三领，足以朽肉，棺三寸，足以朽骸。堀穴深不通于泉，流不发泄则止"；埋葬死者之后，"生者必无久哭，而疾而从事，人为其所能，以交相利也"。圣王的节葬节丧之法依据的是"交相利"原则，并不是因为财用不足。墨子还指出，圣人这样对待死去的亲人，并不是不厚爱父母、不为父母尽孝道，而只是因为圣人"为天下也"，"体渴兴利"（《大取》），也就是说圣人没有厚薄之分，而是急于投身为全天下造福的事业。基于这些认识，墨子提出了自己认为合宜、得当的丧葬之法：在葬死方面，墨子提出应"棺三寸，足以朽骨；衣三领，足以朽肉；掘地之深，下无菹漏，气无发泄于上，垄足以期其所，则止矣"；在居丧方面，墨子主张"哭往哭来，反从事乎衣食之财，俛乎祭祀，以致孝于亲"（《节

---

① 陈克守：《墨学与当代社会》，北京：中国社会科学出版社2007年版，第160页。

葬下》)。以上两个方面的规定，就是墨子提出的"不失死生之利者"的丧葬原则。这种节葬节丧方式既对死者进行了适当的埋葬，不会有辱死者的尊严；同时也表达了生者对死者的哀痛之情，又不会损害生者的身体、耽误生者从事正常工作，从而使死者和生者的利益都得到了保证。

我们还必须认识到，墨子反对"厚葬久丧"，提出节葬节丧，并不是要轻慢死者。墨子认为，丧葬的方式是以自己习惯为便利，以自己的风俗为适宜，并不是所有地方都是实行"厚葬久丧"。墨子列举了三个不实行"厚葬久丧"的国家：越国东面的輆沐国，"其大父死，负其大母而弃之，曰鬼妻不可与居处"；楚国南面的炎人国，"其亲戚死朽其肉而弃之，然后埋其骨，乃成为孝子"；秦国西面的仪渠国，"亲戚死，聚柴薪而焚之，熏上，谓之登遐，然后成为孝子"(《节葬下》)。墨子提到这三个国家的丧葬方式，并不是要予以赞扬，而是要说明什么样的丧葬方式都只是"上以为政，下以为俗"的结果。墨子认为这三个国家的丧葬方式"大薄"，而中原之国的丧葬方式"大厚"，合宜、得当的丧葬方式应是"葬埋之有节"，也即墨子提出的"不失死生之利者"的丧葬方式。

通观墨子的节葬主张，既是他以节用为主的经济思想的重要组成部分，同时又不单是节用的问题，而是事关国家的强弱贫富，是个带有根本性的问题。① 因此，墨子说："今天下之士君子，中请将欲为仁义，求为上士，上欲中圣王之道，下欲中国家百姓之利，故当若节丧之为政，而不可不察此者也。"(《节葬下》) 我们知道，墨子是一个有神论者，但他却如此明确地反对"厚葬久丧"，认为平民百姓——也即墨子代表的小生产者无法承受这种沉重的负担，着实是站在为天下人虑的角度疾呼。尽管如此，墨子的节丧主张和反对"厚葬久丧"的学说并未引起世人——尤其是统治者的关注，历史甚至选择了墨子所批判的、倡导"厚

---

① 苏凤捷、程梅花：《平民理想——〈墨子〉与中国文化》，开封：河南大学出版社 2004 年版，第 118 页。

葬久丧"的儒家，并且随着儒家统治地位的确立，墨家及其学说更是渐渐衰落。如果要究其原因，一方面君主、王公贵族有"厚葬久丧"的条件，他们生前奢靡浪费，死后"厚葬久丧"固然是顺理成章的事；另一方面——也是最重要的一方面，在古代以宗法血缘关系为基础的家国同构的社会里，"厚葬久丧"既是孝亲的表现，更是忠君的表现。恐怕后者才是墨子的节葬节丧主张被统治者置若罔闻的根本原因。

下 篇

节俭美德传统的创造性转化

不论我们国家发展到什么水平，不论人民生活改善到什么地步，艰苦奋斗、勤俭节约的思想永远不能丢。艰苦奋斗、勤俭节约，不仅是我们一路走来、发展壮大的重要保证，也是我们继往开来、再创辉煌的重要保证。

——2019年3月5日 习近平总书记在参加十三届全国人大二次会议内蒙古代表团的审议时发表的重要讲话

十一 节俭美德传统的现代阐释

从起源上看,中华民族的节俭生活传统和"崇俭抑奢"伦理思想传统都发轫于先秦时期,且共同推动了中华民族节俭美德传统的形成。自先秦以降,中华民族的生活环境、生活条件都经历了沧海桑田般的变化,但节俭美德却历久弥新。从先秦到现代,"节俭"分别有着怎样的涵义?又发生了怎样的变化?作为一个伦理道德范畴,"节俭"具有何种伦理学意蕴?弄清楚这些问题,对我们正确认识节俭美德以及实现对节俭美德传统的创造性转化非常重要。

(一) 节俭美德的多维内涵

先秦典籍中尚未使用"节俭"一词,但对"节"和"俭"的论述非常多,而且很多时候"节"和"俭"具有相同的涵义。我们现在所使用的"节俭"一词与先秦典籍中的"节""俭"是否有着相同的涵义呢?

1. 先秦语境中的节俭

如果追溯词源,甲骨文和金文中都没有"俭"字,但金文中已出现

"𥳑"字。"节"在《说文解字》中的解释为:"节,竹约也。从竹,即声。"段玉裁补注:"约,缠束也。竹节如缠束之状。《吴都赋》曰:'苞笋抽节。'引申为节省、节制、节义字。"① "俭"字最早出现于《尚书》一书中。《尚书·大禹谟》有云:"克勤于邦,克俭于家,不自满假,惟汝贤。"从《尚书》开始,"俭"这一伦理范畴便受到先秦众多政治家、思想家的关注,我们在《周易》《论语》《老子》《墨子》《孟子》《庄子》等诸多先秦典籍中都能找到关于"俭"的论述。对于"俭"的涵义,中国最早的一部词典《尔雅》这样描述:瞿瞿,休休,俭也。郭璞注:皆良士节俭。释曰:"李巡曰:'皆良士顾礼节之俭也。'《唐风·蟋蟀》云:'良士瞿瞿。'毛传云:'瞿瞿然顾礼义也。'又云:'良士休休。'毛传云:'休休,乐道之心。'皆良士节俭也。"② 《说文解字》解释说:"俭,约也。从人,佥声。"清人段玉裁注:"约者,缠束也。俭者,不敢放佟之意。古假借险为俭,《易》'俭德辟难',或作险。"③ 从"俭"与"节"的词义上看,它们基本同义。

在先秦典籍中,"俭"的涵义有这样三层:

第一层涵义是"约束、节制"。在"约束、节制"这个意义上,"俭"反映的是主体与自我——特别是与自我的欲望和行为之间的一种关系,即主体对自我欲望的约束和对行为的节制。《尔雅》所说的"瞿瞿""休休",《说文解字》中解释的"约""缠束",都是指行为约束有节制的意思。先秦典籍中类似的表述较多,如《象》曰:天地不交,"否",君子以俭辟难,不可荣以禄(《周易·否卦》);夫子温、良、恭、俭、让以得之(《论语·学而》);不能善事亲戚君长,甚恶恭俭而好简易,贪饮食而惰从事(《墨子·非命下》);孟子曰:

---

① [汉]许慎、[清]段玉裁:《说文解字注》,南京:凤凰出版社2007年版,第337页。
② [晋]郭璞、[宋]邢昺:《尔雅注疏》,北京:北京大学出版社1999年版,第98页。
③ [汉]许慎、[清]段玉裁:《说文解字注》,南京:凤凰出版社2007年版,第659页。

"恭者不侮人,俭者不夺人。侮夺人之君,惟恐不顺焉,恶得为恭俭"(《孟子·离娄上》);虽有戈矛之刺,不如恭俭之利也(《荀子·荣辱》)。"节"字的意思和"俭"的这一层涵义有相似之处。如《周易·节卦》:"《节》:亨。苦节,不可贞。"《周易·杂卦传》还说:"《节》止也。"《荀子·不苟》中说:"君子大心则敬天而道,小心则畏义而节。"因此,在"约束、节制"这层涵义上,"节"与"俭"是同义的。

既然是"约束、节制"的意思,那么到底是约束什么、节制什么呢?约束和节制的乃是人的行为,更深一层是约束和节制人的私欲、贪欲,使其欲求有度、行为合宜。与之相反的情况是,放纵欲望、任意妄为,是"太过、无度、过度",也就是"俭"的对立面"奢"。《尚书·毕命》中提到"敝化奢丽,万世同流",可以说是最早关于"奢"的论述。从词源上看,甲骨文中没有出现"奢"字,金文中则已出现"奢"字。"奢"由"大"和"者"构成,"者"有结果的意思,整个字的意思就是从结果上看比实际需要大,由此产生了过分、过度的涵义。《尔雅》对"奢"的解释是:"奢,胜也。"① 这与我们现在讲到的"奢"有所不同,但《尔雅》对"侈"的描述,与我们现在的语义基本相同。《尔雅》记载:庶,侈也。释曰:富庶者多奢侈。② "侈"由"人"和"多"构成,意思是人用的东西过多,挥霍过多的财物。而《说文解字》对"奢"的解释为:"奢,张也。从大,者声。"段玉裁补注:"张者,施弓弦也。引申为凡充庡之称。侈下曰'一曰奢也'。"③ 《说文解字》对"侈"字的两个解释是:其一,"侈,掩胁也。从人,多声。"段玉裁注:"掩者,掩盖其上;胁者,胁制其旁。凡自多以陵人曰侈,此侈之

---

① [晋] 郭璞、[宋] 邢昺:《尔雅注疏》,北京:北京大学出版社1999年版,第22页。
② [晋] 郭璞、[宋] 邢昺:《尔雅注疏》,北京:北京大学出版社1999年版,第72页。
③ [汉] 许慎、[清] 段玉裁:《说文解字注》,南京:凤凰出版社2007年版,第868页。

本义也。"其二，"奢泰也。"段玉裁注："奢者，张也。泰者，滑也。凡传云'汏侈'者，即许书之泰字。《小雅》曰：'侈兮哆兮。'与上义别，今上义废而此义独行矣。《三礼》皆假移为侈。"① 可见，"奢"和"侈"的意思也基本相近，都是"过多、过分"的意思。在《韩非子·外储说左下》中，孔子评论管仲时提到"泰侈逼上""其侈逼上"，其中的"侈"就是"过分"的意思。因此，在第一层涵义上，"俭"和"奢""侈"是反义词。

第二层涵义是"简朴、简易、简单"。在"简朴、简易、简单、简陋"这个意义上，"俭"反映的是主体与外部生存环境、生活条件——主要是物质生活条件——之间的一种关系，即主体在简陋、简朴的生存环境中，用简易、简单的生活资料和方式满足自身的需要。先秦典籍中有这层涵义的表述如：礼，与其奢也，宁俭（《论语·八佾》）；祭，丰年不奢，凶年不俭（《礼记·王制》）；曾子曰："国奢则示之以俭，国俭则示之以礼。"（《礼记·檀弓下第四》）子为晋国重卿，而食鱼飧，是子之俭也（《春秋公羊传·宣公第七》）；常以俭得之，以奢失之（《韩非子·十过》）。我们也可以看到，在这些论述中"俭"和"奢"也是作为对立面一起出现的。"奢"反映的就是主体用华丽、贵重、豪华、丰富的物资生活资料来满足自己的需要。"奢"有"奢侈、奢华"的意思。可见，在第二层涵义上，"俭"和"奢""侈"也是反义词。

第三层涵义是"节省、节约"。在"节省、节约"这个意义上，"俭"反映的仍是主体与外部生存环境、生活条件之间的一种关系，不同于"俭"的第二层涵义的是，这里的"俭"强调的是主体尽可能用少量的物质生活资料来满足自己的需要。先秦典籍中有这层涵义的表述

---

① ［汉］许慎、［清］段玉裁：《说文解字注》，南京：凤凰出版社2007年版，第665页。

如：山上有雷，小过；君子以行过乎恭，丧过乎哀，用过乎俭（《周易·小过》）；道千乘之国，敬事而信，节用而爱人，使民以时（《论语·学而》）；故俭则伤事，侈则伤货，俭则金贱，金贱则事不成，故伤事（《管子·乘马》）；是以智士俭用其财则家富，圣人爱宝其神则精盛（《韩非子·解老》）。根据数量多少的不同，主体与外部生存环境和生活条件的关系有三种情况：侈、俭、啬。这便是《韩非子·解老》中提到的，"众人之用神也躁，躁则多费，多费之谓侈。圣人之用神也静，静则少费，少费之谓啬"。"侈"是数量上过多，过多容易造成浪费；"俭"是数量上适当，生活资料刚好满足需要；"啬"是数量上过少，生活资料只能勉强满足或部分满足需要。在一定程度上，"俭"便是"侈"与"啬"的中道。

2. 现代语境中的节俭

"俭"作为一个伦理道德范畴，从先秦到现在是未曾改变的；"节俭"作为一种美德，从先秦到现在一直都是社会所需要的。但是，随着社会历史的发展进步，节俭的内涵有没有发生变化呢？

我们先来了解一下，"俭"在现代汉语中的涵义。《现代汉语词典》对"俭"的解释是：俭省、俭约、节俭，爱惜物力，不浪费财物；而"节"有"节俭"之意，指用钱等有节制，俭省。"俭"和"节"基本上同义。《辞源》对"俭"的解释是：（1）节省；俭约。《左传·庄公二十四年》："俭，德之共也；侈，恶之大也。"（2）不丰足，歉收。郦道元《水经注·灉水》："境无俭岁。"（3）谦恭的样子。《荀子·非十二子》："俭然恀然。"从上述解释来看，"俭"在先秦语境和现代语境下的涵义基本一致。作为"俭"的对立面的"奢"，在现代汉语中又有何种涵义呢？《现代汉语词典》对"奢"的解释是：奢侈，花费钱财过多，享受过分；奢靡，奢侈浪费；过分的。而"侈"有侈靡、浪费和夸大的意思。《辞源》对"奢"的解释是：（1）奢侈；浪费。《谏太宗十思疏》："居安思危，戒奢以俭。"《阿房宫赋》："秦爱纷奢。"（2）张大；夸大。司马相如《子虚赋》："奢言淫乐，而显侈靡。"从上述解释来看，"奢"的涵义从先秦到现在也基本未发生改变。

在现代英语中，"节俭"是"thrift"一词。牛津词典对 thrift 的解释是：（1）节约、节俭，主要是节省钱财，合理花费而不浪费；（2）海石竹，一种海边野生植物。韦氏词典对 thrift 的解释是：（1）茁壮成长；（2）仔细管理尤其是钱；（3）白花丹属的多年生草本植物；（4）储蓄银行或存款贷款的组织。在词源上，thrift 源自中世纪英语的 thriven 一词，原意为"繁荣、兴旺、茁壮成长"，关于"储蓄和节省、节约"的用法的最早记录要到 1550 年。另外，英语中还专门有 temperance、moderation 两个词来表述"节制"。在亚里士多德（Aristotle）、柏拉图（Plato）等西方思想家的著作中，"节制"是使用频率更高的一个词。柏拉图的《理想国》就将"节制"作为四主德之一。在英语中，"奢侈"是 luxury 一词。牛津词典对 luxury 的解释是：（1）奢侈的享受，特别是在衣食住行方面；（2）奢侈品，非常昂贵的用于享受的非必需品。韦氏词典对 luxury 的解释是：（1）古英语中指好色，淫荡，强烈的欲望；（2）豪华舒适的环境；（3）能带来愉悦、舒适但不是绝对必要的东西；在追求安逸、娱乐上的沉溺和放纵。Luxury 源自古法语 luxurie 一词，有放荡、纵情酒色、无节制的意思；其拉丁词源是 luxuria，原意是丰富、充沛，引申为过度、无节制、浪费。

综上所述，我们现在用的节俭通常具有这样几层含义：一是作为一种日常行为，是指节约、节省的使用财物和消费资源、产品；二是作为一种生活方式，是指简朴、简约的生活；三是作为一种德性修养，是指对自我的约束、克制、节制。而"奢"基本与"俭"相对，也可以从上述三个方面来解释：一是作为一种日常行为，奢是指在消费产品和财物时的奢侈、浪费；二是作为一种生活方式，是指过分、过度，脱离经济基础而追求物质生活奢华、高端；三是作为一种自我修养，指的是放纵、无所节制。不过，节俭和奢侈都没有一种明确、完全量化的衡量标准。正如英国著名哲学家休谟所言："Luxury（享受，奢侈）一词是个涵义摸不透的字眼，既可用于褒义，也可以用于贬义。就一般而论，这个词是指满足感官需要的日益讲究，对于享受的每一次演进，都因时代、国家以及各人身份地位的不同，而有不同的评价，或认为无害，或认为应受谴责。"① 确实，虽然节俭在先秦语境和现代语境中的涵义不曾发生实质性变化，但是不同的时代满足人的需要的条件和方式发生了变化，人在社会生活中的地位发生了变化，整个社会的生存环境和境遇也发生了变化。因此，我们都不能套用先秦社会具有等级制特征的"俭""奢"的标准，来衡量当下人们的生活状态和行为。

我们需要赋予节俭以新的时代内涵。

首先，节俭是指节制欲望。在任何时代、任何社会中，作为主体的人都有满足自身生存、发展、完善的需要，也就必然有想要得到能满足需要的具体满足物的愿望——欲望。欲望与人的需要相伴相随，有需要就有欲望。需要有高低层次的不同，欲望也有强弱程度的不同。这里的高低、强弱反映的是主体需要和欲望的事实状态，并无善恶之分。但是，为满足虚假需要，贪得无厌的、毫无节制的欲望往往会使人失去理智，陷入恶的深渊。这就是《左传》中所讲的"骄、奢、淫、泆，所自邪也"。在当下，节制欲望意味着我们能在各种消费主义、拜金主义、享乐主义、利己主义思潮的影响下保持清醒和理性，在法治和公序良俗的框架下满足自己的真实需要。

其次，节俭是适度节俭。现代社会和先秦社会最主要的区别体现

---

① [英]休谟：《休谟经济论文选》，陈玮译，北京：商务印书馆1984年版，第17页。

在：其一，现代社会生产力和经济发展水平要发达得多，人们能够获取的物资生活资料的种类和数量要远远超过先秦时期；其二，现代社会人与人之间的关系是平等的，不存在一种具有命数等级的礼制来约束人们的消费行为。现代社会的绝大多数人，特别是社会底层的劳动者的生活水平比先秦社会处在相似阶层的人要高得多，节俭绝对不是要让现代人重回先秦时（大多数人）那种清贫、简陋的生活状态中。我们提倡的俭德，不是颜回"一箪食，一瓢饮，在陋巷"的苦行僧式的生活，而是主张在生活中节制过度的欲望，在用度上"俭而有度"。① 从经济学的角度看，苦行僧式的生活实际上就意味着减少消费而增加储蓄，储蓄增加则会减少国民收入，这就是"节约悖论"。相反，在正常需要得到满足的情况下，追求品质、精致的生活——在程度上可能介于"俭"和"奢"之间，也符合人民群众日益增长的美好生活需要，是无可厚非的。

再次，节俭是节约资源。现代社会和先秦社会也有一个最主要的共同点，那就是资源的有限性和人类需要的无限性的矛盾始终存在。而且，自工业革命以来，人类虽然创造了惊人的生产力和巨大的社会财富，但是对自然资源的开发利用也超过了以往一切时代。当下，许多动植物资源、矿产资源、石化能源都在减少甚至枯竭，节约资源已经成为一种全球共识。有学者在给"节俭"下定义时这样说：它是"人们对待个人生活欲望的态度，它要求人们节制自己的生活欲望，约束自己的消费行为，俭约生活，节约财用，充分体现了人类对自然资源和自身劳动成果的珍视"②。特别值得注意的是，这一定义就将自然资源纳入了"节俭"的范畴。节约资源、保护环境，使人与自然的关系归于和谐共生，这是人类为可持续发展做出的明智选择。

---

① 姚郁卉：《俭德的传统诠释与时代内涵》，载《伦理学研究》，2012 年第 4 期，第 33—37 页。

② 马永庆等：《中国传统道德概论》，济南：山东大学出版社 2000 年版，第 197 页。

最后，节俭是物尽其用。在资源有限的情况下，节俭一方面意味着要将资源进行最优配置，使其流向最需要的地方，另一方面还意味着这些资源能得到最高效率的使用。当下，个人层面的从众消费，社会层面的无序生产、消费升级、分配不合理、重复建设或重复投资等现象，都容易导致资源闲置和资源浪费，使资源得不到合理配置，不能实现资源效用最大化。这就需要我们在生产、分配、交换、消费四个环节，都要树立"物尽其用"的理念，实现资源的优化配置，最大限度地提高资源的使用效率。

（二）节俭美德传统的伦理学意蕴

从伦理学的角度看，人类社会道德的发展存在美德伦理和规范伦理两种态势。美德伦理也称美德论，通常被认为是一种"以行为者为中心"，主要讨论"我应该成为怎样的人"的问题的理论范式；规范伦理则被认为是一种"以行为为中心"，主要讨论"我应该采取怎样的行动"的理论范式。[①] 实际上，规范伦理是一个统称，它又包括义务论、功利论和契约论等具有鲜明区别的理论范式。义务论看重可普遍化的道德原则和主体行为动机的善良意志，功利论看重最大多数人的最大幸福原则和主体行为产生的结果，契约论则看重自主、平等和互利。从美德论的角度来理解节俭会使我们成为怎样的人，解释节俭为何是一种美德，对我们理解节俭的内涵是有益的。同时，从先秦俭德思想的论域来看，思想家们将节俭与道德原则（如：礼）、最大幸福（如：富）联系在一起，又使其具备了义务论和功利论的意蕴。

---

① ［新西兰］罗莎琳德·赫斯特豪斯：《美德伦理学》，李义天译，南京：译林出版社2016年版，第19页。

1. 节俭美德传统的美德伦理意蕴

美德是好的品质，也可以称为"德性"，它关乎我们将成为一个怎样的人。那么，什么是德性呢？亚里士多德曾指出，人的灵魂有三种状态——可以理解为影响行为的三种主体因素：感情、能力和品质，德性是其中之一。很显然，我们不能因为一个人具有欲望、心存恐惧、怒火中烧而判定他（她）是一个坏人或恶人，也不能因为一个人无欲无求、无所畏惧、满心欢喜就断定他（她）是一个好人或善人。同样地，我们不能因为一个人执行力弱、办事低效、缺乏创新而判定他（她）是一个坏人或恶人，也不能因为一个人执行力强、办事高效、善于创新就断定他（她）是一个好人或善人。德性不是感情，也不是能力，而是一种品质。亚里士多德对德性做了这样的界定：其一，"人的德性就是既使得一个人好又使得他出色地完成他的活动的品质"；其二，德性是"在适当的时间、适当的场合、对于适当的人、出于适当的原因、以适当的方式感受这些感情（如欲望、恐惧、怒气）"的品质，它使这些感情就既是适度的又是最好的；其三，"德性是一种适度，因为它以选取中间为目的"，具体来说，"德性是两种恶即过度与不及的中间"。① 当然，不是所有的行为和感情都存在适度的状态，有些行为和感情本来就是彻头彻尾的恶，如谋杀、通奸、盗抢、幸灾乐祸、妒功忌能、厚颜无耻。但是，不论是在行为上，还是感情上，节俭都是属于亚里士多德所说的适度状态。亚里士多德对德性的这种界定，和儒家的"中庸之道"颇为相似，"中庸之道"也是强调主客互动过程中的恰当、合宜、适度。不同的是，儒家的"中庸之道"深刻地受到"礼"的影响，认为"中庸之道"即是合乎"礼"

---

① ［古希腊］亚里士多德：《尼各马可伦理学》，廖申白译注，北京：商务印书馆2003年版，第45—48页。

的行为。① 这使得儒家伦理思想具有了规范伦理色彩。

相比规范伦理学，美德伦理学的理论基础或出发点是人不同于动物且超越动物的理性人性论。② 人虽然具有作为"自然存在物"一面的动物性，但人确确实实也存在超越其他动物的特性，这种特性就是人的理性。理性具有引导人们追求"好的"生活与身体"优良状态"的功能，而美德则是为了使人们配享理性所追求的"好的"生活所应具备的品质。节俭正是这样一种品质。它既是在指引我们追求"好的"生活，如富裕的生活，又是在确保身体的"优良状态"，如庄子所说的"全生"。作为一种品质，节俭在行为上是奢侈与吝啬的中间，在感情上是纵欲与禁欲的中间。为了对这两个"中间"有所区分，我们可将前者称为物质生活上的节俭，将后者称为感情欲望上的"节制"。它们两者之间的关系是：在逻辑上，先有节制，后又节俭，节制决定节俭；在表现上，节制是内隐的，节俭是外显的，节俭反映节制。在这个意义上，节俭美德的本质是欲望的节制，欲望的节制就是欲望的道德化。在物质生活上的节俭，是人们在道德化欲望的驱动下做出的理想选择。一位有美德的行为者，就是一位拥有并践行某些特定品质特征（即美德）的人。③ 因此，一位拥有节俭美德的行为者，就是一位拥有并践行将欲望道德化品质的人。

一般来说，节制欲望必须基于这样两个假设：首先要承认人有欲望；其次是某些欲望成为了人生存和发展的威胁或障碍。从先秦节俭美德思想的理论基础来看，诸多思想家基本上是将人性论作为其立论依

---

① 朱汉民：《中庸之道的思想演变与思维特征》，载《求索》，2018年第6期，第169年176页。

② 王淑芹：《美德论与规范论的互济共治》，载《哲学动态》，2018年第7期，第101—106页。

③ ［新西兰］罗莎琳德·赫斯特豪斯：《美德伦理学》，李义天译，南京：译林出版社2016年版，第32页。

据。可以说，先秦思想家几乎无一例外地不同程度地肯定了人存在欲望，如儒家的孔子说"富与贵，是人之所欲也"（《论语·里仁》），荀子说"有欲无欲，异类也，生死也，非治乱也"（《荀子·正名》），道家的庄子说"民有常性，织而衣，耕而食"（《庄子·马蹄》），法家的管子说"凡人之情，得所欲则乐，逢所恶则忧"（《管子·禁藏》）。从先秦诸子的这些观点来看，他们都抓住了这样一个不争的事实：人具有各种自然欲求。而且，人的"情欲"本身，本自天然，无关乎"善、恶"。[①] 就像现代心理学认为，人天生具有生理需要。生理需要是人固有的，是维系和延续人的生命特征所必须满足的需要。恩格斯就指出，"人们首先必须吃、喝、住、穿，然后才能从事政治、科学、艺术、宗教等等"[②]。诸子提出要节制、制约人的自然欲求，并不是要完全否认人的生理需要，而是要限制这种需要的过分，避免欲望遮蔽人之为人的真情本性，防止"己为物役""物于物""以性养物"的怪现象出现。因此，狭义上，"俭"仅指节制人的贪欲，限制欲望的无限膨胀。本文所关注的正是这种狭义上的"俭"，所提倡的也正是节制人的贪欲。

在这里我们还有必要对欲望和需要加以区分。需要和欲望都是心理学术语。需要是指个体生理上的一种匮乏状态。不过现代心理学突破了需要的这一狭义的界定，将其含义扩大到了生理匮乏和心理匮乏两个部分。按照心理学家马斯洛的需要层次理论，人的需要包括基本需要——生理需要、安全需要、归属和爱的需要、自尊需要和自我实现需要五个层次。[③] 基于这一需要层次理论，我们不难发现：需要具有指向性、交替性、转移性以及发展性等特点。而欲望则是指一种获得某种需要的东

[①] 李景林：《人性的结构与目的论善性——荀子人性论再论》，载《北京师范大学学报（社会科学版）》，2019 年第 5 期，第 118—127 页。

[②] 《马克思恩格斯选集（第三卷）》，北京：人民出版社 1995 年版，第 776 页。

[③] ［美］马斯洛：《动机与人格》，许金声、程朝翔译，北京：华夏出版社 1987 年版，第 40 至 55 页。

西的欲求或倾向。伦理学家斯宾诺莎（Spinoza）曾指出，"欲望是意识到的冲动，而冲动是人的本质自身"，"所谓欲望一字，我认为是指人的一切努力、本能、冲动、意愿等情绪，这些情绪随人的身体的状态的变化而变化，甚至常常是互相反对的，而人却被它们拖拽着时而这里，时而那里，不知道他应该朝着什么方向前进"。① 简单地说，欲望是与获得需要的东西相关的一种情绪。就欲望和需要的关系而言，需要引发欲望，有什么样的需要就会有什么样的欲望；欲望则是需要的主观形式，是需要得到满足的内在动力。但是欲望和需要又存在明显的区别：其一，欲望是主观的（属于人的意识和情绪）；需要则既是主观的，又是客观的（反映的是客观存在的主体对客体的依赖关系）。其二，欲望更多的是指生物本能，取决于生理条件；需要则形成于一定的社会历史条件中并受其制约，其中主要是指社会的生产和消费水平。其三，欲望通常以个体的形式出现；需要包括个体需要，同时又具有一定的社会性。其四，欲望往往是非理性的，它是本能、冲动、意愿等情绪；需要则是非理性与理性的统一。其五，欲望并不绝对地成为社会历史发展的原动力，有些个人欲望推动社会发展，有些个人欲望则造成社会历史倒退；需要则同生产一道构成了社会历史发展的原动力。

根据欲望与需要的关系，人的欲望的满足可分为三个层次：第一个层次的欲望的满足表现为人的需要的基本满足；第二个层次的欲望的满足表现为人的需要的充分满足；第三个层次的欲望的满足表现为人的需要的过度满足。第一和第二层次的欲望是健康的欲望，而第三层次的欲望是病态的、不健康的欲望。因此，欲望也可以按照这三个层次分为生存欲望、发展欲望和病态欲望（也即贪欲）三种。先秦思想家异口同声所提出的"节制欲望"，更多的是指节制病态欲望或贪欲，实际上还蕴

---

① ［荷兰］斯宾诺莎：《伦理学》，贺麟译，北京：商务印书馆1983年版，第151页。

含了这样两个判断：第一，基本的、正常的欲望是追求人的基本需要和发展需要的满足，因而是合理的、道德的；第二，放纵的、贪婪的欲望则是追求人的需要的过度满足，所以是不合理的、不道德的。反对放纵无度、奢靡淫泆，提倡自我节制、节约节俭，实际上就是去除欲望中不合理的、不道德的成分，使之合理化、道德化。

在对待欲望的问题上，向来有三种态度：一是禁止欲望、否定欲望，即"禁欲"；二是适当节制欲望，即"节欲"；三是完全放纵欲望，即"纵欲"。其实，人的欲望本身并没有所谓善恶，给人带来罪恶的是变异的寡欲和贪欲、纵欲。① 从先秦思想家们所反对的内容来看，他们基本都反对"纵欲""贪欲"，但各自采取的具体方式和反对的程度则有所不同。墨子以"苦行"著称，近乎"禁欲"，其他思想家则基本都是从不同的角度提倡"节欲"。但是，"苦行"或《周易》中提到的"苦节"都是我们不倡导的，因为它本身就是欲望的另一个极端，即"禁欲"或者更靠近"禁欲"。

或许是"纵欲"更让人表现出兽性，先秦思想家们才更关注各种奢靡淫泆行为——如八佾舞于庭、澶漫为乐、奢汰之室、靡曼之衣等，而较少关注吝啬行为。这些贪欲驱使下的行为之所以是不合理的、不道德的，就是因为它们放大了人的动物性。亚里士多德指出："放纵受到谴责也是正确的，因为这种感觉不是我和作为人独有的感觉，而是我们作为动物所具有的感觉。沉溺于这种快乐，最喜欢这些快乐而不是别的快乐，是兽性的表现。"② 节俭美德是人的理性功能的发挥。通过这种功能的发挥，人可以更多地摆脱动物性，使人成为一种具有人性光辉和注重

---

① 李建华、欧顺军：《节制：欲望的道德化》，载《湖南教育学院学报》，1995年第3期，第23—28页。
② ［古希腊］亚里士多德：《尼各马可伦理学》，廖申白译，北京：商务印书馆2003年版，第91页。

精神追求的"道德人"。

总之，节俭的本质是欲望的节制，也可以说是对人的动物性的节制。柏拉图曾指出，当一个人由于坏的教养或与坏人交往而使其较好的同时也是较小的那个部分受到较坏的同时也是较大的那个部分的统治时，他便要受到谴责而被称为自己的奴隶和没有节制的人。① 换言之，没有节制的人就成为了自己放纵的欲望或贪欲的奴隶。亚里士多德还强调："一个节制的人的欲望的部分应当合于逻各斯。因为，这两者都以高尚为目的。节制的人欲求适当的事物，并且是以适当的方式和适当的时间，也就是逻各斯所要求的。"② 可见，纵欲是对人性的放纵，禁欲是对人性的摧残，节欲才是符合道德的。

先秦思想家们所提倡的"俭"，实际上就是要以适当的方式、在适当的时间、选择适当的事物，就是要"知节""知量"，从而使欲望道德化。从欲望经过社会道德化后发生表达和满足机制的变化来看，欲望的变化以及自我随着欲望分化呈现出三个阶段和形态：（1）原欲与原我；（2）续发原欲与续发自我；（3）后原欲与道德自我。③ 原欲就是人的自然欲求，续发原欲则是经过道德制约的欲求，后原欲则是一种欲望道德化体系；而原我就是受自然欲求支配的自我，续发自我能在社会道德的约束下抑制自身表达情欲的愿望，道德自我则是具有高度道德自律的自我形态。先秦思想家所追求的通过自我节制而具备节俭美德的理想人格正是这种道德自我，只是他们将之称为"君子""大丈夫""圣人""至人"等。

---

① ［古希腊］柏拉图：《理想国》，郭斌和、张竹明译，北京：商务印书馆1986年版，第150页。
② ［古希腊］亚里士多德：《尼各马可伦理学》，廖申白译，北京：商务印书馆2003年版，第94页。
③ 丁大同：《论欲望的道德化》，载《江淮论坛》，1986年第6期，第1—6页。

2. 节俭美德传统的规范伦理意蕴

规范伦理，也称规范论，其基本问题是：一个人做什么以及应当如何做？自从18世纪哲学家康德提出义务论、边沁（Jeremy Bentham）提出功利论以来，伦理学的理论范式便出现了规范伦理雄踞天下的态势，直到20世纪美德伦理的复兴。这里我们不去讨论美德伦理和规范伦理两种范式的优势和缺陷，仅仅将它们作为理解和探究如何落实道德、如何追求"好的"生活等问题的两种视角。如果说美德论是将道德落实于人的内在品质，规范论则是将道德落实于人的外在行为。美德论关注人的内在品质，以人的道德品质作为道德评价的中心，是实质主义的；规范论关注人的外在行为，以行为是否符合普遍的规范形式作为道德评价的中心，是形式主义的。① 在节俭问题上，将节俭落实于人的内在品质，就是自觉地节制欲望，使其保持在纵欲和禁欲的中间；将节俭落实于人的外在行为，就是根据普遍的规范选择奢侈和吝啬的中间。实际上，在道德实践中美德和规范都与"正确的行为"相联系，内在品质和外在行为也都是对道德的落实，都在为人们追求"好的"生活提供指引。不同的是，美德伦理强调由"有美德的人"到"正确的行为"，规范伦理强调由"普遍性的规范"到"正确的行为"。"普遍性的规范"是什么呢？规范伦理中的义务论、功利论又有不同的回答。

（1）俭德传统的义务论解读

义务论，也称道义论，和美德论一样，也从人的理性出发来建构自己的道德理论。但是，义务论从理性出发没有直接推导出美德，而是提出人们应遵守的道德规则、应履行的道德义务。在康德的理论中，理性

---

① 崔宜明：《德性论与规范论》，载《华东师范大学学报（哲学社会科学版）》，2002年版，第95—101页。

就是指"纯粹理性",但它在不同的运用时会表现出不同的功能:一种情况是发挥纯粹理性的认识功能,就是理论理性——类似于亚里士多德的理智德性,这是理性认识的运用;另一种情况是发挥纯粹理性指导行为的功能,就是实践理性——类似于亚里士多德的伦理德性,这是理性实践的运用。康德所提到的"要这样行动,使得你的意志的准则任何时候都能同时被看作一个普遍立法的原则"①,就是纯粹理性提供给人的一条普遍法则,也即道德法则或绝对命令。在康德的理论中,这条普遍法则抽掉了行为者的道德心理、动机、情感以及具体的行为情境,因为诉诸这些方面就是诉诸经验,而道德法则只唯一地诉诸可普遍化的检验。所谓"善良意志",也就是将道德法则当作最高原则时的意志。而按照道德法则来行动,就是义务,只有出于义务的行为才具有道德价值。康德说:"行动的实践必然性,也即义务,完全不以感情、冲动和爱好为基础,而仅仅基于理性存在着的关系。"② 在这个意义上,义务论所推崇的道德行为,就是对道德法则或绝对命令的遵守,是一种纯粹的"道德义理"行为。之所以是"纯粹的",是因为这种行为不掺杂任何功利的考虑,强调道德本身的目的性。按照这一逻辑,"节俭"是因自身而被人们欲求,并非是因为有用或有利于人们才被欲求。

从道德层次论的角度来看,义务论推崇的是最高层次的美德,强调的是纯粹的善良意志和神圣的道德律令。义务论也强调德性的重要性,但义务论所理解的德性是人的意识基于自由法则,在履行道德义务的过程中所体现的道德力量。在义务论的视角里,节俭美德至少有这样三层涵义:第一,节俭美德是不为情所动的尊重节俭道德原则的力量。所谓"不为情所动"并不是我们现实生活中所讲的冷漠无情、无动于衷,而

---

① [德]康德:《实践理性批判》,邓晓芒译,北京:人民出版社2003年版,第39页。
② [德]康德:《道德形而上学奠基》,李秋零译,北京:人民出版社2013年版,第71页。

是克服情感的阻碍，将节俭法则果断地贯彻到道德行为中去；第二，节俭美德是理性积极地执行节俭道德原则的力量。也就是说，人的全部力量和偏好都在理性的支配之下，并支配人积极地节俭的生活。所以，节俭不仅仅是一种自我节制，而且是依据意志自由的原则，即完全由节俭义务观念根据其形式法则对主体施加的一种自我强制；第三，节俭美德还是不断发展与重新开始的力量。从客观方面来看，人的生活环境、生活条件都在发生变化，节俭的度也是不断发展的。从主观方面来看，节俭是一种未完成的德性，不可能今天的生活是节俭的，就意味着一个人在未来所有的时间里都具有节俭美德。德性准则不可能向某些技艺一样以习惯为基础，它需要行动者具有选择行动准则的自由。

在先秦诸子的俭德思想中，儒家的"礼"、道家的"道"、法家的"法"都具有道德法则的色彩，这也使得他们的理论具有一定的义务论意蕴。

"礼"是儒家用以评判俭奢行为的最高法则。孔子所主张的是"克己复礼"，认为必须将"非礼勿视，非礼勿听，非礼勿言，非礼勿动"作为人生的重要原则。因此，在"俭"和"奢"之间进行选择时，孔子做出了"宁俭勿奢"的决断。"俭"抓住了"礼"的本质，"奢"却丧失了"礼"的本质。尽管"俭"会使人固陋，但在"俭"和"奢"之间仍是最佳的选择。那么，"礼"究竟是什么？儒家认为，"礼"的实质就是以宗法血缘关系为纽带的封建等级秩序。礼就是"君君，臣臣，父父，子子"（《论语·颜渊》），就是"贵贱之等，长幼之差"（《荀子·荣辱》）。并且，儒家学者将这种等级秩序贯穿于服饰、饮食、祭祀、丧葬等个人行为与社会生活的方方面面。俭奢是否具有道德价值都取决于与身份等级是否相一致，否则便是于"礼"不合，也就可以说是恶的。季氏"八佾舞于庭"、管仲"有三归"等行为之所以是奢靡之举，皆因其"僭越违礼"。而对于墨家那种君民一律遵从同样的节俭原则的思想，荀子称其为"大俭约而僈差等",同样是因为"违礼"。孟子则在孔子孝道观的基础上,将"事亲"或"亲亲"界定为"仁"的本质,认为对于父母必须"生,事之以礼;死,葬之以礼",不能以天下人所得用之物俭约自己的父母。因此,在孟子看来,那种只顾自己豪奢享乐而"不顾父母之养"的人,既是不孝,也是不仁,当然更不合"礼"。总的来说,和儒家的爱有差等一样,"俭"和"奢"也是有差等的。在一定程度上,"俭""奢"是否具备善恶属性,是与"礼"密切相关的。只有合乎"礼","俭"才是善的;只有僭越"礼",奢才是恶的。实质上,儒家的节俭观,也如柏拉图所描述的"节制","对于一般人来讲,最重要的自我克制是服从统治者;对于统治者来讲,最重要的自我克制是控制饮食等肉体快乐的欲望"①。由于封建统治者是制定"礼"或规则的人,而"一般人"——老百姓是遵守规则的人,这注定了儒家所倡导的"俭德"最终只能成为在底层民众中生根发芽的"草根"德性。

  道家哲学思想体系的最高范畴是"道",其伦理思想的中心概念和基本立足点则是"无为"。俭德思想作为道家伦理思想的重要组成部分,必然地与"道""无为"这样的范畴和概念联系在一起。老子"宝俭去奢",以"少私寡欲""知足知止"来诠释"俭"的内涵。庄子反对嗜欲对人的自然本性的侵夺,将"无欲""寡欲"视为"俭"的本质。《吕氏春秋》同样不赞成过分追求物质享乐而"以性养物",用"节乎己""节乎性"来定义"俭"。道家不像儒家用"礼"这种人为制定的道德规范来作为衡量"俭""奢"的标准,他们将目光投向了"道",主张"惟道是从",用"道"的本质特征来判断"俭"和"奢"的道德性质。在老子看来,"道"的本质特征就是"朴""静""虚",是"无为";在庄子看来,"道"的本质特征就是"虚静恬淡寂漠无为"。"俭"

---

① [古希腊]柏拉图:《理想国》,郭斌和、张竹明译,北京:商务印书馆1986年版,第89页。

实际上就是通过"少私寡欲"使人内心保持虚静、素朴、恬淡，外在则表现为"无为"。"贵难得之货""富贵而骄""生生之厚""衽席之上"等这些行为，一方面是破坏了人内心的虚静、素朴、恬淡，另一方面也由于妄动妄为而难免"动之于死地"。因此，在道家看来，持守清静无为便是"俭"，便是"玄德"。

法家强调以"法"作为行为准则。《管子》主张礼法并重，用"礼"来维护等级秩序，用"法"来贯彻君主的意志；商鞅重视"法"，强调严刑重罚；韩非则将法术势三者结合，认为君主不仅要用严刑酷法捍卫自己的权威，更要懂得为君之术。虽然他们的理论各有所侧重，但有一个最重要的相同点，那就是"尊君"，就是要维护君主至高无上的权威。因此，法家的节俭理论也以等级制道德规范作为评论标准，这一点和儒家是一致的。君主是等级制道德规范的核心，利用等级制度维护自身的权威，而"法"则是君主为维护自身权威制定的制度化规范，其实质乃是等级制道德规范的一部分；而等级道德标准在实践中则是以法为标准。如《管子》提出要"度爵而制服，量禄而用财"，韩非则拒斥以"泰侈逼上"、以"俭逼下"，用度的量取决于身份等级。《管子》在等级道德标准之上，还提出了"知量""知节"的道德要求，认为统治阶级可以按照其等级进行高档消费，也可以自觉的严格自我约束，但如若"不知节""不知量"，最终会出现"俭则伤事，侈则伤货"的局面。商鞅则认为，要用"法"来遏制人们的奢侈倾向，一方面通过税法来抑制奢侈品消费，另一面通过刑罚惩治"费资之民"。韩非子十分赞赏商鞅严刑重罚的治奢思路，主张用禁令刑罚来杜绝"侈泰则家贫"的现象。简言之，法家是以其制度化的等级秩序——"法"来衡量和调节统治阶级和被统治阶级的俭奢行为。

(2) 俭德传统的功利论解读

功利论，也称功利主义或功用主义，是一种将功用或功利作为道德评价标准的伦理学说。功利主义提倡的道德标准是"功利原则"。功利主义所指的"功利"是任何客体所具有的一种性质,包含两种情形:一种是这种性质倾向于防止利益有关者遭受损害、痛苦、祸患或不幸;另一种是它倾向于给利益相关者带来实惠、好处、快乐、利益或幸福。按照边沁的解释,功利原则就是:"它按照看来势必增大或减少利益有关者之幸福的倾向,亦即促进或妨碍此种幸福的倾向,来赞成或非难任何一项行动。我说的是无论什么行动,因而不仅是私人的每项行动,而且是政府的每项措施。"① 这里的"利益有关者"不单指行为者本人,而是与该行为有关的所有人,也包括由若干成员组成的共同体。因此,功利原理所说的"幸福"自然也不仅是行为者本人的幸福,而是与该行为有关的所有人的幸福。穆勒便这样解释了他们推崇的功利原则:"功利主义的标准不是指行为者自身的最大幸福,而是指最大多数人的最大幸福。"② 从这个视角来看,节俭行为也不仅仅关涉行为者自身的幸福,也与最大多数人的最大幸福相关。

边沁还特别区分了符合功利原理的行动与不符合功利原理的行动。③ 符合功利原理的行动有两种:第一,当一项行动增加共同体幸福的倾向大于其减少共同体幸福的倾向时,它符合功利原理;第二,当一项政府措施增加共同体幸福的倾向大于其减少共同体幸福的倾向时,它也可以说是符合功利原理。不符合功利原理的行动,是在与功利原理相反的原理指导下的行动。边沁提到了两种与功利原理相反的原理:一种是禁欲主义原理,它倾向于对减少幸福的行动予以赞许,对增大幸福的行动予

---

① [英]边沁:《道德与立法原理导论》,时殷弘译,北京:商务印书馆2000年版,第58页。
② [英]约翰·斯图亚特·穆勒:《功利主义》,叶建译,北京:九州出版社2006年版,第29页。
③ 参见[英]边沁:《道德与立法原理导论》,时殷弘译,北京:商务印书馆2000年版,第59—71页。

以非难；另一种是同情和厌恶原理，是指所以赞许和非难某些行动，并不是因为它们倾向于增大利益有关者的幸福，也不是因为倾向于减小其幸福，而仅仅因为一个人自己感到倾向于赞许它或非难它。基于边沁的这些观点，不论是个人的节俭，还是社会组织的节俭（如政府），当节俭行为增加共同体幸福的倾向大于其减少共同体幸福的倾向时，它都是符合功利原理的。"禁欲"之所以是恶，是因为它倾向于减小而非增加行为者和共同体的幸福。

要从功利论的角度来理解"节俭"，就要审视节俭行为的后果。按照功利论的逻辑，无论是苦或乐，幸福或不幸，最终都表现在行动的后果上，即道德评价的最终依据是行为的（功利）后果。① 据此，我们可以先了解一下"俭"的对立面"奢"带来的不幸。按照先秦思想家俭德思想的逻辑，如果任凭"目好色，耳好听，口好味，心好利，骨体肤理好愉佚"，就会出现"欲多而物寡"的情况，从而导致如霍布斯（Hobbes）所描述的"战争状态"的出现。但从思想家们反对贪欲、纵欲所致的奢靡享乐行为的理由来看，"战争状态"可以从三个方面来理解：一是人与自我的"战争状态"，指的是纵欲而导致对自我身心的损害，如《吕氏春秋》提到的"招蹶之机""烂肠之食""伐性之斧"。二是人与他我的"战争状态"，指的是由于为满足贪欲而导致的人与人之间的矛盾和冲突，如老子描述的兕虎之害，荀子所指的"争夺生而辞让亡""残贼生而忠信亡""淫乱生而礼义文理亡"。三是通过君民关系体现出来的统治阶级与被统治阶级之间的"战争状态"，主要是指以君主为代表的统治阶级纵情奢靡之乐，并以滥用民力、强敛民财作为代价，最终导致身死国灭的情况，如墨子所言"以奢侈之君御好淫僻之民，欲国无乱不可得也"。

先秦思想家所提到"俭"的功利性效果，包括了对行为者自身、家

---

① 龚群：《德性伦理学的基本特征及其与道义论、功利论伦理学的根本区别》，载《中国人民大学学报》，2019年第4期，第45—54页。

庭以及国家带来的好处。在这个意义上，我们这里说"俭"是善德或美德，其实还暗含了另一个判断，即"俭"是因为其功利性效果才被认为是善的。换言之，先秦思想家并没有认为"俭"是目的，"俭"是"内在的善"，而只是由于"俭"所带来的功利性效果才把它当成"手段的善"。著名元伦理学家摩尔（G. E. Moore）认为，无论什么时候我们断定一事物"作为手段是善的"，我们就是正在做一个关于它的因果关系的判断；我们既断定它将有一种特殊的效果，又断定那种效果本身将是善的。① 确实，从先秦俭德思想来看，"俭"都伴随着某些特殊的效果，而这些特殊的效果又正是思想家们所推崇和积极追求的东西。

"俭"所伴随的特殊效果，在儒家的孔子那里是"安人"，是"安百姓"；在孟子那里是"求放心"，是"正人心"，是"保四海"；在荀子那里是避免"争""乱""穷"，是"裕民"，是"足国"。在道家的老子那里是"玄德"，是"广"；在庄子那里是"保身"，是"全生"，是"尽年"；在《吕氏春秋》中是"养性"，是"天全"，是"天下治"。在法家的《管子》那里是"财用足"，是"民富"，是"国家富"；在商鞅那里是"无虱"，是"国强"；在韩非那里是"家富"，是"帝王之政"；在墨家的墨子那里是"生财"，是"万民富"，是"昌"。虽然思想家们对"俭"带来的具体效果各有侧重，但总的来说这些效果都是"俭"作为手段所带来的好的结果。概括起来，我们可以把所有这些特殊的效果称之为"功利"。在先秦俭德思想中，节俭行为涉及的利益有关者有哪些呢？基于上述这些特殊效果，可以从两个角度来概括所有的利益有关者：一是从个人主义的角度来看，利益有关者主要是指"个人"，可以是处在下位的单个老百姓，也可以是统治阶级中的个体，如君主。如果从这个角度来定义利益有关者，那么"利益"便是指"保

---

① ［英］摩尔：《伦理学原理》，长河译，北京：商务印书馆1983年版，第28页。

身""养性""天全"等一类与个体生命保全相关的实惠。二是从整体主义的角度来看，利益有关者则包括人民大众和统治者。如果从这一整体视角来定义利益有关者，那么"利益"则是指"万民富""国家富""天下治"等一类的与安民治国相关的好处。

如果我们不囿于功利论和义务论的纷争，有这样一点是不难达成共识的：任何一个思想学派，不论它多么不愿意承认功利原则是道德的根本原则与道德义务的源泉，却都不会否认，在许多具体的道德问题上，行为对幸福的影响是一个最重要的乃至最为突出的因素。[①]虽然先秦思想家并未在其思想理论中直接用到"幸福"一词，也并没有就"什么是幸福"展开论述，但是他们满怀历史使命感和责任感所致力于追求的东西——不论是个人的，还是社会的、国家的——都是值得他们憧憬，值得他们为之周游列国而欲付诸实践的东西。这些东西对于利益有关者而言是好处、实惠，对先秦思想家来说更是平生志愿。如果放置于我们现代的话语体系中，这些东西其实就是"幸福"。而且，这种"幸福"可以从三个层面来理解：一是微观层面的幸福，指的是"节乎己"而全生、尽年；二是中观层面的幸福，指的是"俭用其财则家富"；三是宏观层面的幸福，指的是"俭节则昌"，是国富民强。因此，在这个意义上，先秦俭德思想是一种功利主义理论，先秦思想家也都是不同程度的功利主义者，在理论范式上将先秦各种的俭德思想单纯地划归为美德论、义务论、功利论都是不合适。

---

① ［英］约翰·穆勒：《功利主义》，徐大建译，上海：上海人民出版社2008年版，第4页。

十二　节俭美德传统的现代转化

先秦是中华优秀文化的源头,也是中华民族传统美德的源头。节俭美德起源于先秦,但并没有终结于先秦。相反,节俭美德历久弥新,在中华民族诞生、成长的过程中始终熠熠生辉。进入现代以来,中国经济社会的发展水平不断迈上新台阶,温饱问题解决了,一部分人富起来了,是不是就不需要节俭美德了呢?答案是否定的。在生产力水平低下,物质财富匮乏的时代,勤俭的美德和精神是重要的;在生产力高度发展的今天,勤俭仍然有极其重要的意义。[①] 现在生产力虽然发展了,但我们仍然要面临人口与资源、环境的矛盾,我们仍然生活在以共同富裕为目标的社会主义初级阶段,我们的身边仍然有许多群众生活相对贫困,倡导节俭美德,既是缓解资源环境约束、节约资源以帮扶援助带动后富的现实需要,又是完善道德人格、道德品质以推动人的全面发展的内在要求。先秦俭德资源内容丰富,富有洞见,其中包括着许多值得我们吸收和借鉴的思想精华。不过我们也应注意到,"传统文化在其形成和发展过程中,不可避免会受到当时人们的认识水平、时代条件、社会制度的局限性的制约和影响,因而也不可避免会存在陈旧过时或已成为

[①] 焦国成:《核心传统观念与民族精神》,载《河北学刊》,2004年第4期,第60—64页。

糟粕性的东西。这就要求人们在学习、研究、应用传统文化时坚持古为今用、推陈出新……努力实现传统文化的创造性转化、创新性发展,使之与现实文化相融通,共同服务以文化人的时代任务。"① 对待起源于先秦的俭德传统亦是如此,我们需要创造性地推动这种俭德传统的现代转化,使其与人民群众追求美好生活、中华民族追求伟大复兴的实践相融相通。

（一）俭德传统现代转化的基本问题

创造性地推动起源于先秦的俭德传统的现代转化,目的是将该美德传统的合理内容现代化,为新时代人民群众追求美好生活、中华民族追求伟大复兴的实践服务。实现这一转化,我们必须先搞清楚这样几个问题:俭德现代转化的本质是什么?为什么要进行现代转化?俭德的现代转化将遇到哪些阻碍?通过何种路径实现现代转化?

1. 俭德传统的现代转化是何义

从本质上来看,任何形态的道德都是在一定社会物质生活条件下形成的价值观念与行为规范。源于先秦的俭德传统是在先秦时期的特定社会物质生活条件下形成的,特别是在进入阶级社会之后,俭德就具备了等级属性,一直起着维系专制、等级秩序的作用。节俭,经过长期的生活实践、社会舆论、道德教化和先秦先民的内心信念而变得相对稳定,最终成为了中华民族的一种民族性格。但是,随着社会的发展,特别是当我们进入现代社会时,古老的道德传统或将出现与社会现代化相悖之

---

① 《习近平谈治国理政（第二卷）》,北京:外文出版社2017年版,第313页。

处。这就需要在社会现代化的同时，推动传统道德的现代化，或者说将道德现代化作为社会现代化的一项重要内容。道德的现代化绝不是向传统道德的认同和复归，而必须对传统道德进行根本改造，扬弃其基本结构和基本精神。① 源于先秦的俭德传统是先秦时期占主导地位的等级制道德的一项重要内容，以"周礼"所内含的道德规范、价值观念来看，"礼不下庶人"的理念充分说明了先秦社会的主导道德规范、价值观念都具有等级属性。而且，不论是作为道德规范的节俭，还是作为价值观念的崇俭，俭德传统乃至整个传统道德都是建立在自然经济的基础上。因此，推动源于先秦的俭德传统的现代转化必须抽掉其等级属性，将其从自然经济基础中剥离出来，将崇俭抑奢的精神内核与俭德规范的合理因子融入现代社会人们的生活实践。

俭德传统的现代转化是我国道德现代化的内容之一。所谓道德现代化指的是：在坚持马克思主义科学道德观的前提下，改革传统的和既定的道德文化观念中一切不适合社会主义现代化改革开放要求的成分，实现道德文化建设与现代化经济建设的同步，从而建立与我国社会主义现代化商品经济形势和改革开放形势相适应的现代道德价值观念体系。② 俭德传统的现代转化也就是在对源于先秦的俭德传统加以扬弃的基础上，建立与中国特色社会主义市场经济相适应、与人民日益增长的美好生活需要相协和的节俭道德规范和崇俭价值观念。

具体而言，俭德传统的现代转化至少包括三个方面：

第一，节俭文化的现代转型。自中华民族的俭德传统在先秦时期形成以来，中国社会一直倡导节俭，并将之作为一种伦理美德，形成了深

---

① 余陶：《传统道德的扬弃与道德现代化》，载《山东社会科学》，1998年第1期，第51—54页。
② 万俊人：《论中国道德现代化建设的基本内涵》，载《东岳论丛》，1992年第3期，第32—37页。

厚悠久的节俭文化。节俭文化是中国优秀传统文化的组成部分，实现源于先秦的节俭文化的现代转型是努力实现传统文化的创造性转化、创新性发展的题中之意。但要注意的是，现代转化不是全盘接纳源于先秦的节俭道德传统，也不是与这一道德传统相决裂，而是继承和弘扬其合理内核，批判和抛弃其落后因子。具体来说，推动传统节俭文化的现代转型应从这样三个层面入手：首先，这种转型必须与中国特色社会主义市场经济相适应；其次，这种转型必须转变源于先秦的节俭文化隐藏的价值观念导向，由强调等级转向重视平等；再次，这种转型必须实现节俭的社会功能的转化，由俭以养生、俭以持家、俭以治国扩展到促进人与自然和谐共生、代际正义等方面。

第二，节俭思维的现代化。在先秦时期，经济社会的发展水平较低，多数底层民众生活艰难，甚至存在生存危机，对多数人而言节俭就是一种生存方式。中国特色社会主义进入新时代，我国社会主要矛盾已经转化为人民日益增长的美好生活需要和不平衡不充分的发展之间的矛盾。① 人民的需要由"物质文化生活需要"转化为"美好生活需要"，特别是全面建成小康社会之后，绝大多数中国人考虑的问题不是生存危机，而是生活的质量与品质。这意味着，节俭行为的做出应从生活现实转向主体自觉，由严格遵循等级道德的规定到根据实际生活水平选择适度的节俭。

第三，节俭生活的现代化。这主要涉及日常生活中的节俭观念的更新、节俭行为规范的调整。不论何种德性，最终都要落实到日常生活层面才能真正成为实践精神。当前，人们在日常生活层面表现出的与节俭相关的观念比较复杂，既有源自于民族性格的节俭传统，又有经济发展或富起来之后对节俭的无视甚至鄙夷，还有在消费主义、享乐主义风潮

---

① 《习近平著作选读（第二卷）》，北京：人民出版社2023年版，第9页。

刺激下形成的奢侈观念。因此，我们需要根据日常生活实践来及时更新、明确节俭观念，不至于让人们在节俭观念上存在诸多矛盾与困惑。节俭行为规范的调整是要推动节俭作为部分人的行为规范转向作为所有人的行为规范，将节俭作为一项重要内容有针对性地吸纳进各种道德行为主体的特殊道德规范。

2. 俭德传统的现代转化因何由

在新时代，为什么要推动源于先秦的俭德传统——中华民族传统节俭美德的开端——的现代转化呢？我们可以从以下三个方面寻找答案。

首先，我们可以从传统本身来寻找答案，也就是说身处现代社会的我们在很大程度上也生活于传统之中，传统并未真正远去。尽管社会历史已经发生了沧海桑田般的变化，从先秦到现代，中国社会由农业社会转向工业社会、信息社会，经济基础由自然经济转向中国特色社会主义市场经济，道德体系也经过了马克思主义道德观的洗礼和改造，但我们从未完全与传统割裂。相反，在很大程度上，我们仍生活在传统之中，仁爱忠义、勤劳节俭、诚信友善、恭敬谦让等传统道德观念仍是众多中国人的信仰内容。一个民族的传统，一个民族的文化传统，就是这个民族的自我意识。① 只要中华民族的这种"自我意识"一直存在，都可以说我们仍生活在传统中。

爱德华·希尔斯（E. Shils）曾指出，尽管充满了变化，现代生活的大部分仍处在与那些从过去继承而来的法规相一致的、持久的制度之中；那些用来评价世界的信仰也是世代相传的遗产的一部分。② 按照希

---

① 唐凯麟：《传统文化的概念、要素、功能及与社会主义核心价值观的关系》，载《道德与文明》，2014 年第 4 期，第 6—7 页。
② ［美］E. 希尔斯：《论传统》，傅铿、吕乐译，上海：上海人民出版社 1991 年版，第 2 页。

尔斯对传统的理解，有些传统是事实性和描述性的，如技术惯例、物质制品或自然物质，还有些传统是规范性的，如法规制度、信仰、道德。正是这种规范性的延传，将逝去的一代与活着的一代联结在社会的根本结构之中，也正是在这种规范性的惯性力量的支配下，社会长期保持着特定的形式。① 就中华民族而言，节俭就属于这种具有规范性的传统之一，从它在先秦时期形成起就已刻入中华民族的民族性格，成为一种前一代与后一代联结的纽带，也成为"活着的"社会成员之间的内聚力的重要来源。当然，人们沿袭一个传统——接受它、遵循它并拥护它——所采取的形式和接受、遵循并拥护它的程度可能各不相同。某些中国人对节俭传统的沿袭比他人更明确、更坚定，某些中国人可能仅沿袭了节俭的一般倾向，某些中国人亦可能或多或少地认为这一传统已经过时。

其次，源自先秦的俭德传统本身是精华与糟粕、合理性与局限性的矛盾统一体。一方面，源自先秦的俭德传统赋予"俭德"的内涵是历久弥新的，它所重视的"节制""简朴""节约"是经过数千年历史进程的沉淀而凝结出来的生活智慧，让中华民族能克尽艰难，创造出不朽的文明；另一面，这种俭德传统毕竟产生于久远的先秦社会，作为社会意识形态的内容之一，它必然地成为了上层建筑的一部分，扮演着维护等级统治秩序的道德卫士的角色。而且，随着物质生产方式的变迁，中国社会经济发展水平和人民群众生活水平的不断提升，节俭的标准必然地也已发生变化。如果把源自先秦的俭德传统的现代转化理解为将先秦社会节俭的规范和标准视为在现代社会生活的每一种环境中都完全适用的判断和指南，这肯定不符合人们的实际需要。

在进入现代社会以前的大多数历史时期里，人们可能比现在更为肯

---

① [美] E. 希尔斯：《论传统》，傅铿、吕乐译，上海：上海人民出版社1991年版，第32页。

定地继承和发扬传统,认为祖先留下来的传统是应该遵循的。就节俭传统而言,传统社会面临着物质生活资料相对匮乏——至少处在社会底层的劳动者,不管是奴隶还是平民,他们的物质生活资料是相对匮乏——的现实生存境况,继承节俭传统是更有利于生存的选择。在现代社会,物质生活资料的匮乏并不成为一个困扰绝大多数人的生存难题,于是有些人开始怀疑节俭行为和节俭传统的合理性。因此,对于民族传统,我们既要肯定现代化冲击其陈腐落后内容的正当合理性,也要看到继承和弘扬民族优秀传统,守护千百年来形成的美好精神家园,对于促进现代化健康发展的积极作用。[1] 这就需要对源自先秦的俭德传统中的糟粕加以否定,对其局限性加以改造,对其精华赋予新的时代涵义,对其合理性加以弘扬。

再次,从先秦到现代,滋养俭德的社会土壤以及倡导节俭的文化和价值观并未发生实质性的改变。经过近 40 年的改革开放,中国社会发生了翻天覆地的变化,中国经历了从站起来到富起来的转变,新时代还将实现由富起来到强起来的转变,个人的物质生活确实已经大为改善,生活需要也呈现出多样性和层次性,再用统一的、传统的节俭标准来作为行动指南是不合宜的。但是,正如习近平所言:"不论我们国家发展到什么水平,不论人民生活改善到什么地步,艰苦奋斗、勤俭节约的思想永远不能丢。"因为,不管国家发展到什么水平,从整体维度来看,中华民族赖以生存和发展的资源和环境始终是有限的,人口与资源、环境之间的矛盾始终是存在的,节约资源、珍惜生态,约束人们对自然生态环境的肆意开发和破坏,在任何时候都是必要的。不管生活改善到什么地步,从我们当前所处的历史发展阶段来看,我们仍处于并将长期处于社会主义初级阶段,在中华民族的大家庭里仍然有一些群众相对贫

---

[1] 温克勤:《关于"传统与现代"的思考》,载《道德与文明》,2014 年第 4 期,第 7—9 页。

困，过着节衣缩食的苦日子，恩格尔系数较高，需要先富者承担起将一部分资源用于帮扶援助带动后富者的责任，这就要求先富者慷慨而节制。

同时，节俭作为一种文化和价值观，可以说是各民族共同的文化和价值观。中国有"俭，德之共也；侈，恶之大也""人惰而侈则贫，力而俭则富"的文化和价值观，国外也有"节制是一种好秩序""奢侈乃德义之灭亡"的文化和价值观。可以说，节俭养德是古今中外各民族的价值共识。更重要的是，节俭作为一种文化和价值观，与社会主义核心价值观一脉相承，互为表里。节俭，在行为上是"奢侈"和"吝啬"的中间，在欲望上是"纵欲"和"禁欲"的中间，这里所体现出的中道的平衡正是中国人始终追求的"和"，不仅是行为者与自我的和，也是行为者与他人的和。节约财物体现的是勤劳的中国人对劳动成果的珍惜，对天地万物的敬畏；勤俭持家体现的是一代一代中国人节俭自我，对家人、对他人的慷慨。因此，节俭虽然是行为者对自己行为的约束、对自己生活用度的控制，却同时也是对家人深深的爱、对天地万物的敬、对手足同胞的善。践行节俭，是贴近生活又行之有效的培养和践行社会主义核心价值观的方式。

3. 俭德传统的现代转化受何阻

推动俭德传统的现代转化尽管可行且必要，但在当下也存在一些阻碍因素。概括起来，源自先秦的俭德传统的现代转化的阻力主要来自于奢侈之风、面子文化、消费主义、现代性的断裂与反思性。

第一，来自经济发展后渐长的奢侈之风的阻碍。改革开放以来，我国经济社会不断发展，人民群众的生活水平和消费能力提高了，奢侈之风也渐长起来。根据麦肯锡发布的《中国奢侈品报告2019》，在2012年至2018年间，中国为全球奢侈品消费贡献了超过一半的增长，仅2018

年中国人在境内外的奢侈品消费额就高达7700亿元人民币（约合1150亿美元），占全球奢侈品消费的三分之一。① 这些数据表明，奢侈消费已经成为在改革开放过程中先富起来的一部分中国人的生活日常。用合法的收入购买奢侈品，来作为高品质生活的点缀是无可厚非的。但是，炫耀性的奢侈品消费，或者用非法收入来填补奢侈欲壑，都将带来恶劣的社会影响。有学者指出，在全面建成小康社会的进程中，以利益驱动为核心的文化动力日见其"小"，而经济与社会对文化的需求已达其"康"，文化供给不足所导致的经济与社会发展中"土豪"式的气质缺陷，是"小康瓶颈"的人格化表征。② 炫耀性的奢侈消费表现出的就是一种"土豪"式的气质。

特别是一些地方政府、娱乐明星对社会的奢靡之风也起到了推波助澜的作用。党的十大之后，针对个别政府招商团的奢侈行为，《人民日报》的评论员文章曾进行过批评：招待晚宴规模不厌其大，一顿早餐耗资数万；会展场地贪大求奢，参与人数多多益善；签约仅仅走个形式，招商引资成了公款旅游……在举国上下反"四风"之际，一些招商团的奢侈浪费之举，显得格外刺目。③ 一些娱乐明星更是在奢侈之风上"屡创新高"，动辄千万豪车、私人飞机、亿万豪华婚礼；还有些娱乐明星放纵欲望毫无底线，吸毒或聚众吸毒、婚内出轨等。在这些商品和事件的背后，弥漫的却是极尽能事的奢靡淫佚。我们不能苛求明星们都追求朴实无华的生活，但一个不用依靠炫耀来吸引眼球，而用自己的专业素养和善言善行建立知名度和公众形象的明星，肯定更能抓住"粉丝"的心；一个不放纵私欲、不沉迷纸醉金迷，时刻用崇高道德严格律己的明

---

① 《中国奢侈品报告2019》，McKinsey & Company，https：//www.mckinsey.com.cn/，2019年4月。

② 樊浩：《小康文明的伦理条件》，载《哲学动态》，2017年第7期，第80—87页。

③ 《狠刹境外招商奢华之风》，载《人民日报》，2013年08月26日，第001版。

星,肯定更能成为演艺圈的"常青树"。总的来说,近年社会上确实滋生了一些奢侈、纵欲的不良风气,对年轻一代产生了极坏的影响,对节俭传统的现代转化形成了一种掣肘。

第二,来自面子文化驱动的攀比浪费的阻碍。对许多中国人来说,"面子"一词既熟悉,又难以三言两语把它讲透,但不论如何,"面子"都能实实在在地影响国人的消费行为。面子文化对中国人的消费总量、消费时间以及消费档次意愿、消费类别意愿上都有显著的影响。据调查,为提升面子,我国居民在不经意间增加了自己的消费总量,增加对了高档商品的消费,增加对了能体现自身面子的商品(服饰、消费电子品、旅游等)的消费,而且促使消费者在尽可能早的时间节点购买这些商品。① 实际上,这种面子的背后就是攀比,就是炫耀,给我们民族的节俭传统带来了一定的冲击。

钱钟书在《吃饭》一文中曾这样分析过吃饭中的面子:"把饭给有饭吃的人吃,那是请饭;自己有饭可吃而去吃人家的饭,那是赏面子。交际的微妙不外乎此。"② 某人请朋友吃饭,朋友来吃饭是"赏面子",某人定然要好好款待,不能"丢面子";反过来,某人接受朋友请吃饭,朋友招待寒碜,某人又觉得朋友"不给面子"。在这种"面子"文化的影响下,公务接待、商务宴请、私人请吃中充斥着攀比消费,造成大量的资源浪费。据有关专家估算,我国每年在餐桌上浪费的食物约合2000亿元,相当于两亿多人一年的口粮。③ 这种比奢斗富在一些城市建设中也有体现:城市广场越建越大,办公楼越建越宏伟,楼堂馆所越来越豪华。以攀比、奢靡、浪费为表现形式的"面子文化"不能使人民群众真

---

① 陈刚:《面子文化对我国居民消费意愿的影响》,载《商业研究》,2016年第3期,第157—160页。

② 钱钟书:《钱钟书作品集》,昆明:云南人民出版社1999年版,第484页。

③ 曹华飞:《杜绝粮食浪费须全方位出重拳》,载《光明日报》,2014年10月28日,第002版。

正拥有品质生活，更不能丰富和提升人民的精神境界。相反，这种"面子文化"只会使人失去追求道德崇高的自觉和提升精神境界的机会，与发展社会主义先进文化背道而驰。

第三，来自消费主义催生的消费惯性的阻碍。消费主义是一种出现于美国，后来逐渐在发达国家蔓延开来的感性化的意识形态。改革开放以来，消费主义传入我国，与国内的一些消费观念结合，衍生了任性消费、随意铺张、奢侈腐败等消费行为以及消费至上的价值观。在消费主义的影响下，越来越多的人开始怀疑节俭传统继续存在的必要性，认为只有不断地跟上商品更新换代的脚步，及早地购买到最新潮或奢侈的商品，自我的价值才能得到彰显，人生的快乐也莫过于此。毫无疑问，阿伦特所描述的这样一种观念正在挑战我们民族一直沿袭的节俭传统：由于我们需要越来越快地替换掉我们周围的世界之物，我们就再也"用不起"这些东西，再也不尊重和保护它们固有的持存性了；我们必须消耗、吞噬我们的房子、家具和汽车，仿佛它们也是一些如果不迅即卷入人与自然无休止的新陈代谢循环中，就会白白地损坏掉的自然的"好东西"。① 这似乎是给抛弃节俭传统找了一个"充足"的理由：担心我们拥有的"好东西"白白地损坏掉！

在这个网络化生存的时代里，消费主义的影响仍在扩大。电视媒体、网络媒体——特别是近年兴起的社交平台、网络视频、网络直播正在无孔不入地、全天候地推送各种商业广告，激起人们的消费欲望，将人生的欢乐和喜悦、烦恼和忧愁全部同消费联系在一起。有研究指出，大学生"双十一剁手"现象展现出的就是大学生非理性的疯狂购物心理和行为，这也表明消费主义思潮在大学生群体中的渗透和流行，使得大学生群体在"双十一"购物活动当天的购物中表现出符号消费、攀比消

---

① ［美］汉娜·阿伦特：《人的境况》，王寅丽译，上海：上海人民出版社2017年版，第90—91页。

费、过度消费和超前消费。① 还研究显示，在消费主义思潮的影响下，年轻一代的"80后"和"90后"已经撑起中国奢侈品市场的半边天。根据麦肯锡的《中国奢侈品报告2019》，2018年约有1020万名"80后"消费者购买了奢侈品，超过中国奢侈品总消费的一半多（56%），人均奢侈品消费支出约4.1万元人民币；"90后"奢侈品消费者占中国奢侈品买家人数的28%，他们对中国奢侈品总消费的贡献值为23%，人均奢侈品消费支出约2.5万元人民币。而且，还有一个现象值得注意：中国中上收入家庭父母每月至少会补贴他们的"90后"子女4000元人民币，几乎相当于他们个人收入的三分之一；三分之二的"90后"受访者表示，父母会为其奢侈品消费买单。换言之，很多"90后"对奢侈品的消费并不是建立在自己的收入承受能力的基础上，而是一种"啃老式"奢侈消费。无疑，多数"00后"大学生群体的符号消费、攀比消费、过度消费和超前消费也是一种"啃老式"消费。在符号消费、攀比消费、过度消费和超前消费流行的人群中，节俭已经显得"过时"，推动俭德传统的现代转化必须要面对这一现实。

第四，来自现代性的断裂与反思性的阻碍。自工业革命以来，世界各国几乎都先后被卷入了由西方国家率先开启的现代化进程。中国亦是如此。从进入近代开始，中国经历了一个"传统→被迫现代化→主动现代化"的历史进程，当前中国仍处在现代化建设之中。社会学家安东尼·吉登斯（Anthony Giddens）认为，在传统进入现代的过程中，将形成"断裂"——"现代的社会制度在某些方面是独一无二的，其在形式上异于所有类型的传统秩序。"② 这种"断裂"的存在，使得传统和现

---

① 张梓琪、丁三青：《透视大学生"双十一剁手"现象：消费主义思潮的渗透和流行》，载《当代青年研究》，2019年第1期，第51—56页。

② ［英］安东尼·吉登斯：《现代性的后果》，田禾译，南京：译林出版社2000年版，第3页。

代之间具有了显而易见的异质性。

更为重要的是现代性的出现，使反思具有了不同以往的特征。在前现代文明中，反思——所有人类活动的特征——在很大程度上被限制为重新解释和阐明传统，这使得在时间领域上"过去"比"未来"或者说"尊重传统"比"开拓创新"更为重要。因此，在前现代社会，不论是经济制度、政治制度，还是伦理理念、道德规范（如节俭）都保持了更为持久的稳定性。但对现代社会生活的反思存在于这样的事实之中，即社会实践总是不断地受到关于这些实践本身的新认识的检验和改造，从而在结构上不断改变着自己的特征。① 在这种情况下，只有当传统正好与"新认识"在原则上吻合时，才能够被证明是合理的。或者说，现代社会的文化姿态总是"向前看"的、思维方式总是"前进式"的，因而其基本道德观点也总是立足于现代优于传统的文化价值判断基础上的"向前看"的观点。② 按照这一逻辑，如果节俭行为仅仅因为具有传统的性质就需要人们认可它是不够的，它需要用并非以传统证实的"新认识"来证明其合理性，而问题恰恰在于现代社会生活有些"新认识"并不支持这一传统。

4. 俭德传统的现代转化循何路

从中国历史进入近代史开始，中国社会开启了现代化之路，也开启了传统道德和价值观的现代转化之路。特别是近十多年来，这种转化大大加速，这是中国建设社会主义现代化强国、实现中华民族伟大复兴的

---

① ［英］安东尼·吉登斯：《现代性的后果》，田禾译，南京：译林出版社2000年版，第34页。
② 万俊人：《儒家伦理传统的现代转化向度》，载《社会科学家》，1999年第4期，第24—29页。

中国梦的客观要求。① 但是，这个现代转化的过程尚未结束，中华传统美德创造性转化和创新性发展的任务仍繁重而复杂。就节俭这一与个人日常生活息息相关，而又与中华民族整体延续联系紧密的道德传统而言，可以从道德行为、道德规范和道德德性三方面推进其现代转化。

首先，推动俭德传统向道德规范转化。任何社会都需要秩序，而秩序的建立需要依靠与该社会形态相适应的社会控制体系。社会控制体系一般包括两种：一种是法律制度、国家暴力机构所代表的"硬调控"体系；另一种是道德、宗教、艺术、习俗等代表的"软调控"体系。道德作为社会实施"软调控"的重要方式，它通过对人的活动和关系的调节、教育和导向来实现，这必然地使它具有了"道德规范"意蕴。也就是说，道德要提供各种各样的规范作为标准和尺度去评价人的活动和关系，向人们提出行为"应当怎样"和"不应当怎样"的道德要求。推动源自先秦的俭德传统的现代转化也就是要体现节俭的道德要求的规范性和约束性，使节俭成为处理人与人、人与社会、人与自然关系时的一种标准和尺度。节俭只有表现为道德规范，才能发挥其作为"软调控"体系要素之一的规范调节功能。基于对公民、企业、政府三个主要的道德行为主体的约束考虑，推动俭德传统向现代道德规范转化应重点推动其向公民基本道德规范、现代企业道德规范、公务员职业道德规范转化。

其次，推动俭德传统向道德行为转化。道德作为一种实践精神，关键在于"行"。任何道德行为都是特定的道德主体的行为，都是认知、情感、意志综合作用的结果。道德行为的"知"就是关于"应当怎样"和"不应当怎样"的知识，就是关于道德规范的知识。只有对道德规范建立正确的认知，道德主体才能对其建立深厚的道德情感和坚定的道德意志，才能使自己的行为具有道德价值。在社会主义市场经济条件下，

---

① 江畅、陶涛：《中国传统价值观现代转换面临的任务》，载《湖北社会科学》，2019年第3期，第174—182页。

作为消费者的公民个人、作为市场主体的企业、作为市场监管主体的政府都是道德行为的主体。俭德是一种与消费绑定在一起的道德德性，在一定程度上我们可以用消费的性质和多少来对俭与奢行为进行评价。从消费的视角来看，公民是市场中的消费者，也是大自然的消费者，是节俭行为的直接承担者和节俭美德的亲身践行者。因此，让每个公民接受、认可并践行俭德是推动俭德传统向现代转化的最直接、最关键的路径。企业作为市场主体既是生产者，也是消费者，这两个角色都与节俭存在较大的交集。政府是资源和商品的消费者，而且作为公共权威，政府的行为具有较强的示范效应，政府因而需要带头厉行节俭。通过公民、企业和政府的节俭力行，节俭才能由社会所提倡的价值观念转变为现实主体的行为习惯，俭德传统才能由先秦时期的旧习俗、老观念转变为新的、鲜活的现代实践。

最后，推动俭德传统向道德德性转化。道德德性，也称为道德品质或道德品德，是外在社会道德规范和道德要求经历道德认知、道德情感、道德意志、道德行为等环节后内化为道德主体比较稳定的行为特征和倾向。正如亚里士多德所言："道德德性则通过习惯养成，因此它的名字'道德的'也是从'习惯'这个词演变而来。"① 也就是说，一定的道德行为经常表现出来，形成了道德行为习惯，就表现为具有稳定特征的道德德性。源自先秦的俭德传统只有转化为现实道德行为主体的德性，才能从典籍和历史叙事中频频现身的"德目"变成现实道德行为主体的道德自觉。更为重要的是，这种自觉还能产生"俭以养德"的效应，能促进俭德向其他道德德性的转化：向后富者的积累、先富者的谦逊、公务员的廉洁等个人德性转化；向交往之和谐、发展之可持续、治理之为民等社会德性转化。

---

① [古希腊]亚里士多德：《尼各马可伦理学》，廖申白译，北京：商务印书馆2003年版，第35页。

(二) 俭德传统向现代道德规范的转化

道德是人的一种特殊的社会规定性，它使人具有了道德属性。这种社会规定性实际上是社会整体作为道德主体对个体社会成员的一种道德要求——道德的规范性要求，对社会成员的行为具有约束力。就像儒家推崇的"礼"，法家提倡的"法"，虽然"礼""法"具有正式制度的色彩，但它们同时都内含着道德要求。不论是从道德的规范性特征来看，还是从先秦俭德的"制度化"传统来看，在新时代我们都有必要将先秦时期开创的中华民族的节俭传统"制度化"，也即将节俭的道德要求融入现代中国社会的道德规范体系。不过，在推动起源于先秦时期的节俭道德规范的现代转化是，我们"要注意抛弃其在当时所包含的抹杀阶级矛盾和维护统治阶级私利的消极内容，弘扬其在今天调解人民内部矛盾、加强人民之间的团结友善关系的积极内容"①。

1. 向公民基本道德规范转化

党和国家一直都非常重视传承中华传统美德，节俭美德便是其中之一。2001年颁布的《公民道德建设实施纲要》就明确提出，在全社会大力倡导"爱国守法、明礼诚信、团结友善、勤俭自强、敬业奉献"的基本道德规范。而且将公民基本道德规范作为提高公民道德素质的重要手段，肯定了其对促进人的全面发展的重要意义。2019年10月，《新时代公民道德建设实施纲要》的印发实施同样对传承节俭美德予以高度肯定。

---

① 罗国杰、夏伟东：《古为今用 推陈出新——论继承和弘扬中华传统美德》，载《红旗文稿》，2014年第7期，第4—8页。

结合《新时代公民道德建设实施纲要》，推动俭德传统向公民基本道德规范转化，应从以下几个方面着手：

首先，继续倡导"爱国守法、明礼诚信、团结友善、勤俭自强、敬业奉献"的公民基本道德规范。儒家提倡"节用以礼"，"礼"就是一种道德规范，它对社会成员的道德行为进行了总体性规定。在新时代，公民基本道德规范便要像先秦时期的"礼"一样发挥其对公民个体的约束力。各地还可以根据《新时代公民道德建设实施纲要》，出台符合地方——尤其是少数民族地区——风土人情的《新时代公民道德建设实施细则》，对公民的节俭行为提出明确的要求，包括明确倡导哪些行为、反对哪些行为。

同时，要倡导家庭文明建设，将公民基本道德规范融入家风、家教，发挥家庭在培育节俭美德上的基础性作用。习近平强调，要积极传播中华民族传统美德，传递尊老爱幼、男女平等、夫妻和睦、勤俭持家、邻里团结的观念，倡导忠诚、责任、亲情、学习、公益的理念，推动人们在为家庭谋幸福、为他人送温暖、为社会做贡献的过程中提高精神境界、培育文明风尚。① 总之，家庭作为最基本的社会单元，家教应当成为公民基本道德规范代际传承的核心环节，家风应当成为公民基本道德规范融入生活的生动体现。

其次，将"节俭"融入社会公共道德规范，作为衡量"好公民"的标准之一。在《新时代公民道德建设实施纲要》中，"勤俭持家"已作为家庭美德的主要内容，而社会公德的内容中没有包括节俭。习近平指出，"绿色发展注重的是解决人与自然和谐问题。为此，我们必须坚持节约资源和保护环境的基本国策，坚定走生产发展、生活富裕、生态良好的文明发展道路，加快建设资源节约型、环境友好型社会，推进美丽

---

① 《习近平著作选读（第一卷）》，北京：人民出版社2023年版，第546页。

中国建设，为全球生态安全做出贡献。"① 可见，推动绿色发展包含了节约资源和保护环境两个主要方面。"勤俭持家"中的"俭"强调的是"俭"对经营好家庭的意义，作为基本国策的"节约资源"强调的是"节约"对推动绿色发展、建设生态文明的意义。因此，有必要在社会公德的主要内容中突出"节约"的重要性，或可将现在的"保护环境"的内容改为"节约环保"。

再次，将"节俭"融入市民公约、乡规民约、学生守则等具体道德规范。市民公约、乡规民约、学生守则等与公民生产生活息息相关，是一种比较"接地气"的道德规范。在文明创建的过程中，有许多地方已陆续制定乡规民约，并将作为传统美德的节俭融入其中。如南昌市新建区溪霞镇制定的乡规民约"提倡勤俭节约，移风易俗，反对婚嫁、丧葬大操大办"②；六安市叶集区姚李镇光华村制定的村规民约倡导"严禁放浪猪、牛、羊""红白喜事由红白喜事理事会管理，喜事新办，丧事从俭，破除陈规旧俗，反对铺张浪费，反对大操大办"③。可以说，将节俭融入市民公约、乡规民约、学生守则等具体道德规范中，是实现节俭传统向现代道德规范转化的最直接且有效的方式。

2. 向现代企业道德规范转化

在市场经济中，企业是最重要的市场主体。简单来说，经济就是由成千上万家生产我们日复一日享用的商品和服务的企业组成，中国石化生产汽油，中国移动提供通信服务，华为公司生产通信设备。一些企业是国有的，一些企业是民营的；一些企业是大型的，一些企业是小型

---

① 《习近平谈治国理政（第二卷）》，北京：外文出版社2017年版，第199页。
② 《乡规民约》，新建区人民政府，http://xjq.nc.gov.cn/xjqrmzf/xjbmgfxwj34/201712/b0f3c6f33f6e4af7a5679e80f05b4dfe.shtml，2017年12月6日。
③ 《光华村村规民约》，六安市叶集区人民政府，https://www.ahyeji.gov.cn/public/6619691/24120137.html，2023年2月21日。

的。不论何种类型的企业，作为商品和服务的生产者、提供者的同时，也是各类资源的消费者。作为消费者，节约使用资源已经是一种全球共识。

将"节约使用资源"作为各级各类企业的行为规范，我们可以从以下两个方面获得支持：

其一，节约资源与企业的利润最大化目标是一致的。经济学家通常假设，企业的目标是利润最大化，而且他们发现，这个假设在大多数情况下都能很好地发挥作用。① 不论何种类型的企业，追求利润都是企业的主要目标。如果按照我们在前文关于俭德传统的讨论，节俭作为道德行为，与企业追求利润的经济行为具有不同性质。但是，从"利润＝总收益－总成本"公式来看，节约资源能够降低企业的总成本，从而增加企业利润。具体来说，节约资源通常是节约原材料、人力资源和能源的使用，起到降低边际成本、提升边际收益的作用。

其二，节约资源是现代企业的道德责任。贯彻落实绿色发展理念，不仅是每个公民的道德责任，也是企业的道德责任。这种责任的承担，既有来自社会道德规范的外在要求，也有来自道德主体的内在自觉。正如阿玛蒂亚·森（Amartya Sen）所言："把所有人都自私看成是现实的可能是一个错误；但把所有人都自私看成是理性的要求则非常愚蠢。"② 市场经济活动中的行为者并不都是自私自利的，理性也并不必然驱使行为者成为自私自利的人。很多行为者（包括企业）也将一些非自利目标视为是有价值的或愿意追求的目标。节约资源、避免浪费资源可以成为现代企业的一种非自利目标，作为企业应承担的道德责任之一，融入到

---

① [美] 曼昆：《经济学原理：微观经济学分册》，梁小民译，北京：北京大学出版社2006年版，第262页。

② [印度] 阿马蒂亚·森：《伦理学与经济学》，王宇、王文玉译，北京：商务印书馆2000年版，第21页。

企业的组织道德规范和员工的职业道德规范。

3. 向公务员职业道德规范转化

在先秦社会的节俭生活传统和节俭思想传统中，我们都能发现节俭美德传统对统治者提出了节俭的道德要求。从贯穿夏商周三代的礼制，到先秦诸子的节俭思想，如孟子的"俭者不夺人"、荀子的"独侈危国"、墨子的"加费不加于民利弗为"，都对统治者的节俭提出了明确要求。按照这一思路，实现俭德传统的现代转化，就十分有必要将节俭作为掌握公共权力、管理公共事务的公职人员的一项道德要求。这里的"公职人员"实际上包括公务员以及党务机关、人民团体、国有企业和事业单位的工作人员。鉴于公务员群体的行为对政府形象、社会道德风俗的特殊影响，本节仅就推动俭德传统向公务员职业道德规范转化展开讨论。

推动俭德传统向公务员职业道德规范转化，应在以下方面对公务员职业道德规范予以加强和完善。

第一，继续严格执行"八项规定"。孔子说："道千乘之国，敬事而信。节用而爱民，使民以时。"治理一个泱泱大国，统治者必须节省财用，杜绝奢侈，做事使民都不违背人民生产生活的时节和规律。奢靡腐化是古代王朝灭亡的前奏。习近平指出："历史上的封建王朝都未能摆脱盛极而衰的历史悲剧，而'导致悲剧的原因很多，其中一个共同的也是极其重要的原因就是统治集团贪图享乐、穷奢极欲，昏庸无道、荒淫无耻，吏治腐败、权以贿成，又自己解决不了自己的问题，搞得民不聊生、祸乱并生，终致改朝换代'。"[①] 为了保持我们党勤俭节约的工作作风，2012年12月4日十八届中共中央政治局召开会议，审议通过了

---

① 习近平：《推进党的建设新的伟大工程要一以贯之》，载《求是》，2019年第19期，第3—7页。

《中央政治局关于改进工作作风、密切联系群众的八项规定》(简称"八项规定")。"八项规定"的第八条明确规定,"要厉行勤俭节约,严格遵守廉洁从政有关规定,严格执行住房、车辆配备等有关工作和生活待遇的规定"。为了继续贯彻落实"八项规定",中共中央、国务院印发实施了《党政机关厉行节约反对浪费条例》(简称《条例》);十九届中共中央政治局审议通过了《中共中央政治局贯彻落实中央八项规定的实施细则》(简称《实施细则》),对"简化接待工作""严格控制会议活动经费""控制随行人员""规范乘机安排""简化机场迎送和接待工作"等事项又进行了细节性规定。自"八项规定"和《条例》《实施细则》实行以来,各级党政机关、事业单位厉行节俭的工作作风盛行起来,奢侈腐败的现象大幅下降。在新时代,"八项规定"和《条例》《实施细则》无疑还是各级党政机关、事业单位及其工作人员的行为准则,不容违背。

第二,将"节俭"作为公务员职业道德的主要内容。2016年7月,由中共中央组织部、人力资源社会保障部、国家公务员局联合印发的《关于推进公务员职业道德建设工程的意见》(简称《意见》),对公务员职业行为的道德要求进行了规定。《意见》提出公务员职业道德建设以"坚定信念、忠于国家、服务人民、恪尽职守、依法办事、公正廉洁"为主要内容,并在"公正廉洁"的要求中强调公务员应"为人正派、诚实守信、尚俭戒奢、勤俭节约"。《左传》中有言:"俭,德之共也。""节俭"是善行中的大德,对廉洁德性的形成有推动作用。为了凸显"俭"作为"德之共"的地位,特别是配合"八项规定"提出的"厉行勤俭节约"的道德要求,在公务员职业道德建设中可将"勤俭节约"作为一条独立的内容来建设。

第三,将"节俭"纳入对公务机关和公务员的"德"的考核指标体系中。《国语》有云:敬恪恭俭,臣也;《左传》中提到,"大人之忠俭者，从而与之。泰侈者，因而毙之"。这其实都是将"俭"作为奖励官员的标准，将"侈"作为惩罚官员的标准。同时，这些先秦文献中很多都提到，当出现"大饥之年"，统治者应该将"省用"作为一项规范性要求，严格加以执行。自进入 2020 年以来，受新冠肺炎疫情的冲击，世界经济严重衰退，国内消费、投资、出口下滑，经济增长受阻，下行压力较大。李克强在第十三届全国人民代表大会第三次会议上作的政府工作报告明确提出，各级政府的"一般性支出要坚决压减，严禁新建楼堂馆所，严禁铺张浪费。各级政府必须真正过紧日子，中央政府要带头，中央本级支出安排负增长，其中非急需非刚性支出压减 50% 以上"①。这就是在疫情之下，中央政府对本级政府和地方各级政府及其工作人员提出的"省用"或"俭"的要求。抗击新冠肺炎疫情的战斗仍未结束，有必要让这一要求持续发挥约束力，可以将之纳入对公务机关和公务员的"德"的考核指标体系中，并将考核结果作为评价政绩、公务员年度考核、晋升等事项的依据之一。

（三）俭德传统向现代道德行为的转化

道德是我们人类"实践—精神"地把握现实世界的方式，其关键在"实践"或"行"。不论是道德规范，还是道德德性，总是要通过人的行为活动来实现。脱离人的行为，也就是脱离实践，道德将如同飘零的树叶，无所依附，也就无所谓道德了。节俭作为一种具体的道德规范和道德德性，同样必须落实在人们的行为上，落实在生产生活的实践中。

---

① 李克强：《政府工作报告——2020 年 5 月 22 日在第十三届全国人民代表大会第三次会议上》，载《人民日报》，2020 年 05 月 30 日，第 001 版。

1. 转化为公民日常生活中的节俭行为

从先秦时期人们的节俭生活实践和思想家们对节俭所作的思考来看，节俭道德规范调节的对象涉及饮食、服饰、出行、娱乐、祭祀、丧葬等生活中各方面的活动。就源自先秦的俭德思想传统而言，除了墨家近乎禁欲地强调"独自苦而为义"以外，其他思想家基本都主张节俭也应该有度，就像《周易》所提倡的"甘节"。推动俭德传统向现代社会的道德行为转化，实际上就是在当下人们的生活实践中倡导"甘节"或"适度节俭"。

如果将"适度节俭"的道德要求贯彻在日常生活中，以下三种类型的行为是比较符合这一要求的。

一是适度消费。对于物质生活方面的"度"，儒家强调用"礼"作为标准，法家强调用"法"作为标准，而这都是外在的、社会对个体提出的行为要求；道家强调人们应像"道"一样保持本性的虚静，追求一种"为腹不为目"的生活，也即自觉地节制欲望，做到少私寡欲。不过，在现代社会提倡或建立类似儒家的"礼"和法家的"法"这样的等级规范来约束人们的行为，显然是不合时宜的。但是，要求人们在物质生活中遵循一定的"度"去消费的理念，在当下仍是适用的；像老子一样警醒世人贪求"五色""五味""五音""难得之货"会导致身心受损，在当下仍是适用的。这个"度"就是人生存和发展的真实的需要，而不是虚假的需要。法国政治经济学家萨伊（Jean-Baptiste Say）指出，最得宜的消费有以下几种：第一种是"有助于满足实际需要的消费"。这里的"实际需要"是指关系到人类生存、健康和满意的需要，与之相反的是起因于好色、夸耀和任性的需要；第二种是"最耐久、好质量产品的消费"，如坚固的房屋、价格稍贵但质量高的上等物品；第三种是"很多人的集体消费"，如大学、大工厂中经济的共同餐厅；第四种是"和道德标准相符合的消费"①。

基于萨伊的"最得宜的消费"的逻辑，我们无法给"适当消费"划定一个固定的数量标准，也无法用花费多少钱来衡量节俭或奢侈。但是，我们还是可以尝试给"适度消费"确定这样几个粗线条的标准：一是出于自身或家庭成员的生存、健康和发展的实际需要的消费；二是追求高品质商品和服务的高消费（消费那种价格稍贵于同类产品，但质量明显更高的产品）；三是经济实惠的消费；四是在个人收入或家庭收入承受范围之内的消费；五是符合社会主义道德原则、道德规范、道德标准的消费——消费行为和结果不违背公序良俗，不损害公众和他人的正当权益。这五个标准主要针对奢侈消费和违背社会主义道德的消费，是对通过消费行为表现出来的"纵欲"的一种调节和控制，使欲望归于道德化。

二是绿色生活。推动绿色发展，建设生态文明，离不开每位公民的绿色生活方式的支持。为了加快形成推进生态文明建设的良好社会风尚，《中共中央国务院关于加快推进生态文明建设的意见》明确提出"培育绿色生活方式"，"倡导勤俭节约的消费观，广泛开展绿色生活行动，推动全面在衣、食、住、行、游等方面加快向勤俭节约、绿色低碳、文明健康的方式转变"②。可见，日常生活消费上的节俭节约是绿色生活方式的表现和践行途径，它贯穿于衣、食、住、行、游等生活的各方面。虽然绿色生活方式也和适度消费有密切关系，但我们这里提倡绿色生活主要侧重于日常生活中节约资源的习惯的养成。在谈到推

---

① [法]萨伊：《政治经济学概论：财富的生产、分配和消费》，陈福生、陈振骅译，北京：商务印书馆1963年版，第447—450页。

② 《习近平在中共中央政治局第四十一次集体学习时强调 推动形成绿色发展方式和生活方式 为人民群众创造良好生产生活环境》，载《人民日报》，2017年5月28日，第001版。

动形成绿色发展方式和生活方式的重点任务时,习近平强调:"要加强生态文明宣传教育,强化公民环境意识,推动形成节约适度、绿色低碳、文明健康的生活方式和消费模式,形成全社会共同参与的良好风尚。"① 绿色生活强调节约适度,不能将节约等同于吝啬,不能以"节约"之名阻挡人民对美好生活的向往;绿色生活强调绿色低碳,即日常生活应尽量减少污染、减少碳排放,避免资源浪费;绿色生活强调文明健康,节约节省的行为不影响他人的正常生活和正当权益,不损害身心健康。

三是俭己慷人。在先秦众多思想家的言论中,我们会发现这样一点:节俭的道德要求都是对行为者提出的自我约束。孟子提到的五种"不孝",其中有三种是指行为者自己放纵享乐,却在父母的赡养问题上表现得很"节约",甚至不承担赡养责任。因此,孟子提出"君子不以天下俭其亲",强调赡养父母应该竭尽全力。当然,"不俭其亲"并不是要求每个人都在物质生活条件上给父母最奢华、最珍贵的享受,而是在个人或家庭能承受的范围内在物质上尽可能能保障双亲安享晚年。对自己节俭,对父母慷慨,这不是奢侈,而是对父母的敬,对至亲的爱。除了父母亲人,慷慨也可以是对他人。道家的老子就指出:"金玉满堂,莫之能守。富贵而骄,自遗其咎。"如果将这句话放在现代语境中,我们可以将之理解为对先富者的一种警示:如果掌握大量的社会财富,却只知奢靡享乐、骄纵妄为,可能会引来灾祸。在借助国家改革红利富起来之后,慷慨的先富者应是自觉承担起一定的社会责任,扶弱帮困,为打赢脱贫攻坚战贡献自己的一份力量。这个时候,对自己节俭,对弱者、有困难者慷慨,也不是"奢侈",而是对社会的责任,是对骨肉同胞的爱。

---

① 习近平:《推动形成绿色发展方式和生活方式 为人民群众创造良好生产生活环境》,载《人民日报》,2017年05月28日,第001版。

2. 转化为企业生产经营中的节俭行为

"适度节俭"的道德要求主要针对的是公民日常生活中的非生产性消费。在非生产性消费之外，还存在另一种消费类型，即生产性消费。在现代社会，从事生产的主要是农民、个体手工业者以及企业。鉴于企业的生产消费是远远超出个体农民和个体手工业者的大宗消费，而且很多企业的生产往往会对生态环境造成比个体农民和个体手工业者的生产更大的破坏，我们这里仅以企业的生产经营行为加以讨论。

企业在生产经营中的节俭，可从以下三个方面的行为着手。

一是节约化开采。企业从事生产的原材料从源头上都是取自于自然界。节俭的道德要求首先就体现在开采自然资源时的有节有度。孟子说："数罟不入洿池，鱼鳖不可胜食也。斧斤以时入山林，林木不可胜用也。"(《孟子·梁惠王上》)强调的正是在开采生产性消费所需的资源时应该有所节制，要顺应"鱼鳖""林木"这些可再生资源的生长规律，不可任意、过度开采。这种做法就是让动植物完成一个生长周期，即顺应春生夏长秋收冬藏的自然规律，在秋冬季节进行猎杀和砍伐。①《管子》《礼记》《吕氏春秋》等对如何合乎时节和生产规律地开发利用自然资源都有过许多思考，其核心思想也是认为自然资源的利用应该节约从事，不做"竭泽而渔、杀鸡取卵"式的开发利用。根据这些思想，现在我们在开发利用各种自然资源的时候应该以"自然规律"为节度，以生态优先而不是经济优先为价值导向。如从事鱼类生产的相关企业应严格遵守政府相关休渔期或禁渔期的规定，在规定的期限内不违规捕捞。以生态优先的价值导向则强调，相关企业在开发利用自然资源时应以"生态平衡"为节度，不能一味地开发利用而忽视生态

---

① 乔清举：《儒家生态哲学的基本原则与理论维度》，载《哲学研究》，2013 年第 6 期，第 62—71 页。

环境的破坏。

二是绿色化生产。生产的绿色化或绿色生产是从生产的角度推动绿色发展，是建设生态文明的重要途径。企业的绿色生产主要体现在这样几个方面：第一，在生产经营过程中节约使用资源和能源，如节约生产所用之电、气、煤、水等。其实，生产力的节省，不论是劳动、土地或资本和原材料的节省，都是同样真实的节省，并具有同样实际的效用。① 在生产规模和质量保持不变的情况下，节省能给企业带来更具优势的竞争力。许多企业破产，其中一个原因就是组织庞大，开销过大，生产中存在许多浪费和不必要的开支。第二，推进资源的循环利用，对生产的废弃物合理加以回收利用，通过循环利用减少对资源的消耗。马克思曾指出，这种再利用的条件是：这种（生产）排泄物必须是大量的，而这只有在大规模的劳动的条件下才能可能；机器的改良，使那些在原有形式上本来不能利用的物质，获得一种在新的生产中可以利用的形态；科学的进步，特别是化学的进步，发现了那些废物的有用性质。② 相比马克思生活的时代，现代企业的规模化生产已更为普遍，生产机器和科学也要先进许多，很多生产排泄物的"再利用"是具备条件的，关键在于让更多的企业加入到"再利用"的行动中来。第三，逐步用绿色技术代替传统的生产技术，包括直接投资"低投入、低能耗、高产出"的绿色新兴产业，以及引进清洁技术推动既存产业的绿色化转型，通过产业升级来节约能源资源。对此，马克思就非常形象地说："机器零件加工得越精确，抛光越好，机油、肥皂等物就越节省。"③ 因此，生产型企业应该逐步实现生产技术的绿色化，这体现着现代企业对推动绿色发展和建

---

① ［法］萨伊：《政治经济学概论：财富的生产、分配和消费》，陈福生、陈振骅译，北京：商务印书馆1963年版，第445页。
② 《马克思恩格斯文集（第七卷）》，北京：人民出版社2009年版，第115页。
③ 《马克思恩格斯文集（第七卷）》，北京：人民出版社2009年版，第117页。

设生态文明的历史担当。

三是节俭式创新。随着全球经济紧缩以及人们对资源过度消耗的关注，在新兴市场内出现了一种与发达国家市场的创新不同模式，即节俭式创新或基于约束的创新。所谓节俭式创新是指企业在面对各种资源约束或消费者支付能力限制时，通过在开发、生产、交付等环节尽可能地节省资源及避免资源浪费，或采用全新的方法整合资源，大幅降低产品和服务的成本，从而将约束或限制转化为机会和优势的创新模式。① 由于这种运用有限资源进行产品和服务创新的方式，能够产生显著的经济、环境和社会效应，现在已经在新兴市场和一些发达经济体中流行起来。

有学者指出，资源与环境导向型节俭式创新内涵包含三个层面：一是资源效率高，强调每个单位资源所产出较高的经济、社会、环境等效益，从而降低产品生产成本，减少过程浪费；二是环境可持续，强调开展节俭式创新的企业提升环境意识，把追求环境可持续纳入企业文化建设范畴；三是循环经济，强调以资源的高效和循环利用为核心，注重资源的减量化、再利用以及再循环。② 在这种创新模式下生产出来的产品可成为节俭产品，具有物美价廉、绿色环保的特点。目前，中国市场也已经出现较多的节俭产品，如海尔设计的"小小神童"洗衣机，容量小、体积小，适应于在夏天单次换洗衣物较少的情况下使用，省电省水；迈瑞医疗生产的相对廉价的心电图设备等医疗产品；比亚迪制造的锂离子电池，大幅降低了市场上昂贵锂离子电池的价格。对于企业来说，节俭式创新不仅仅意味着用更少的资源创造更多的产品，还意味着

---

① 刘宝：《节俭式创新的兴起及其中国意蕴》，载《科技进步与对策》，2015年第1期，第7—11页。

② 赵蓓、兰福音：《节俭式创新内涵——基于中国制造企业的扎根研究》，载《经济与管理评论》，2020年第1期，第26—36页。

对整个生产过程和商业模式的重新思考，将"非消费群体"转化为"消费群体"，构建出一个全新的价值网络，成为在资源约束条件下增强企业竞争力的绝佳机会。同时，节俭产品顺应了节约资源的全球呼声，在一定程度上甚至能反过来引领社会的节俭风尚，为建设节约型社会，推动绿色发展贡献力量。

3. 转化为政府行政管理中的节俭行为

先秦诸子的节俭思想大多都涉及对治理问题的思考，从孔子的"节用爱民"、荀子的"节用裕民"，到管子的"俭其道乎"、商鞅的"国富而贫治"，再到墨子的"其用财节，其自养俭"，都是在强调"节俭治理"。概括起来，这些对"节俭治理"的思考集中在两个方面：一方面是要求君主在私人生活上应该节俭，不要毫无节制的沉溺于奢靡逸乐；另一方面是治理的过程要节俭，主要是指避免赋税和徭役过重。在推进国家治理体系和治理能力现代化的视阈下，"节俭治理"是要求治理者——掌握公共权力、管理公共事务的公职机关和公职人员——自身的运行是"节俭的、廉价的"，治理的方式和手段是高效的，治理的目的是用最少的资源提供最优质的公共服务，促进市场的繁荣和人民生活水平的不断提升。

首先，"节俭治理"要求节约行政。节约行政即严格控制行政成本，用尽可能低的行政成本带来尽可能多的公共利益。墨子在阐述其节俭思想的时候就提到，君主和行政长官都应该自我节俭，节省财用，这样做的好处是：上行而下效地使节俭成为一种社会风尚，天下因"兼相爱"而得到治理；相反，如果君主和行政长官奢靡无度，不仅会增加人民负担，引起人民的厌恶和反感，天下因"交相恶"而变得混乱。马克思在谈及巴黎公社的性质时也指出，公社的伟大目标之一就是"取缔国家寄生虫的非生产性活动和胡作非为，从根源上杜绝把巨量国民产品浪费于供给国家这个魔怪",为实现这一目标,"公社一开始就厉行节约,既进行政治变革,又实行经济改革"①。也就是说,公社不再和以往剥削阶级的国家机器一样是寄生的、靡费的,公社要给人们一个"廉价政府"。

在中国特色社会主义制度下,各级政府都应是"廉价政府",或者说都应该推行节约行政。党的十九届四中全会审议通过的《中共中央关于坚持和完善中国特色社会主义制度 推进国家治理体系和治理能力现代化若干重大问题的决定》(简称《决定》)在"优化政府组织结构"的具体措施中就明确提到,要"严格机构编制管理,统筹利用行政管理资源,节约行政成本"②。确实,企业的生产性活动要讲成本,政府的非生产性活动更要讲成本。不计成本必然造成浪费,这样的政府人民不会接受;追求排场必然导致奢靡,这样的政府人民不会拥护。各级政府一方面要严禁行政浪费、严禁行政奢侈、严禁行政资源滥用或挪用,一方面各级领导干部带头在节约行政成果方面做好表率,严格按预算支出,并向社会公开行政成本明细。要使"厉行节约、反对浪费"在全社会蔚然成风,领导干部要"严格遵守各项政德和官德规范,要求群众做到的自己首先做到,要求群众不做的自己坚决不做,从而以良好的道德形象取信于民"③。

其次,"节俭治理"要求简约行政。简约行政是要求各级政府理顺职权、精简机构,简化行政程序,推动部分行政权力向社会回归,促进社会自治,以提升治理效率。过去,各级政府在行政审批上存在几个突出症结:行政审批权过于分散,群众办事需要跑很多部门,盖很多公章,极不方便;审批程序不规范、流程不公开,甚至存在暗箱操作,容

---

① 《马克思恩格斯文集(第三卷)》,北京:人民出版社2009年版,第198页。
② 《中共中央关于坚持和完善中国特色社会主义制度 推进国家治理体系和治理能力现代化若干重大问题的决定》,载《人民日报》,2019年11月06日,第001版。
③ 郭广银:《德治:政治文明的伦理维度》,载《苏州大学学报(哲学社会科学版)》,2009年第6期,第1—4页。

易滋生贪污腐败。① 在推进国家治理体系和治理能力现代化的背景下，加快转变政府职能，改革政府治理体制机制，以"简约行政"换得"高效行政"势在必行。中共中央、国务院印发的《法治政府建设实施纲要（2015—2020）》，便就"依法全面履行政府职能"作出明确部署，通过"集中审批""一窗办理"，使以往那种群众办事"往各个部门跑断腿""在各个窗口反复折腾"的现象明显减少，改革成效明显。对于优化政府职责体系，《决定》进一步强调要"深入推进简政放权、放管结合、优化服务，深化行政审批制度改革，改善营商环境，激发各类市场主体活力"②。简约行政的实质就是要深入推进简政放权、放管结合、优化服务，用简约高效的行政程序为市场主体的活力保驾护航。

再次，"节俭治理"要求减税降费。在治理问题上，孔子提倡"节用而爱民"，"爱民"的体现是给人民实惠，而最直接的方式就是减免税赋。《论语·颜渊》中就特别提到，在年成荒歉的时候，应将十分抽二的税制改为十分抽一。孟子提倡"施仁政于民"，其具体措施也包括"省刑罚，薄税敛"（《孟子·梁惠王上》）。可见，在儒家学者看来，减免税赋能让人民获得实实在在的福利，是"爱民"和"仁政"的具体落实。这一理念放到新时代的国家治理问题上，仍是适用的。习近平在2019年新年贺词中就讲道："减税降费政策措施要落地生根，让企业轻装上阵。"③ 因为目前我国经济正处于"转方式、调结构、促增长"的攻关期，企业面临的内外风险增多，既要奋力前行，又要谋求转型，减税降费不仅可以使企业轻装上阵，更可以成为企业转型升级的助推力。

---

① 《行政审批局将带来什么——访中国行政体制改革研究会副会长汪玉凯》，载《人民日报》，2016月01月13日，第017版。

② 《中共中央关于坚持和完善中国特色社会主义制度 推进国家治理体系和治理能力现代化若干重大问题的决定》，载《人民日报》，2019年11月06日，第001版。

③ 《国家主席习近平发表二〇一九年新年贺词》，载《人民日报》，2019年01月01日，第001版。

从表面上看，减税降费可能会减少政府财政收入，政府要精打细算过"紧日子"；但从最终效果来看，减税降费切实降低企业经营成本，企业创新创造的热情得以激发，市场信心和活力得以提升，政府的"紧日子"换来的是企业转型升级和经济高质量发展的"好日子"。为了换来"好日子"，李克强在2020年的《政府工作报告》中还强调，进一步加大减税降费的力度，继续下调增值税税率和企业养老保险费率，将免征中小微企业养老、失业和工伤保险单位缴费，减免小规模纳税人增值税等减税降费政策延长，全年新增减负超过2.5万亿元。① 这正是体现出《论语》中所讲的"百姓足，君孰与不足"的道理！只有让人民真正富起来，政府才能持续获得人民的拥护和支持，才能成为人民满意的政府。

（四）俭德传统向现代道德德性的转化

道德规范、道德行为和道德德性之间具有密切联系。道德规范在社会层面表现为一定的习惯和社会风俗，在个体层面的表现是内化为个体的道德德性；道德行为则是行为主体依据道德规范做出的自愿、自择行为，构成道德德性的内容。同样地，节俭美德也是社会的节俭道德规范向个体内化而成的道德德性，是在个体的行为整体中表现出的稳定的节俭倾向。就其形成过程而言，道德规范、道德德性都是在长期的社会生活实践中培育和形成的。源自先秦的俭德传统便是中华民族在先秦时期的社会生活实践中，依据当时社会道德规范，在行为整体中表现出的稳定的节俭倾向。在新时代，尽管社会生活实践的内容和形式已经发生了变化，社会对个人节俭美德的需要却并没有改变。习近平强调："中华

---

① 李克强：《政府工作报告——2020年5月22日在第十三届全国人民代表大会第三次会议上》，载《人民日报》，2020年05月30日，第001版。

优秀传统文化中很多思想理念和道德规范，不论过去还是现在，都有其永不褪色的价值。"① 俭德传统便是中华优秀传统文化的一部分，如能加以创造性转化和创新性发展，对加强新时代的思想道德建设具有重要意义。从德性生成的角度来看，将俭德传统转化为现代社会的道德德性，需要经历一个这样的过程：建立和完善内含俭德传统的社会道德规范体系，通过道德教育、榜样示范、舆论宣传等方式使社会成员对社会的节俭道德规范形成理性认识以及崇俭的价值观念和价值目标，进而在生活实践的节俭行为中形成对节俭的深厚情感和坚定意志，最终使行为整体表现出稳定的节俭倾向。纵观中华民族的发展史，节俭美德的这一生成过程一直在历史长河中持续上演，才使先秦时期开创的俭德传统绵延至今，成为我们民族一以贯之的传统美德。在这个意义上，先秦社会给我们开创的节俭"传统是活着的，它以改变了的形式被浓缩在现实中，成为现实的有机因子，是现实的生存土壤，是川流不息的空气"②。不仅如此，节俭作为"德之共"，还能推动其他个人德性和社会德性的生成。

1. 向个人德性的转化

德性不是人与生俱来的品质，而是在个体按照一定的道德原则自主、自择的道德行为过程中形成的，并通过道德行为来表现。从合乎德性的行为到有德性的人，需要一个长期的过程，只有当一个人做出合乎德性的行为是出于一种确定的、稳定的品质，他（她）才能成为真正有德性的人。正如亚里士多德所言："我们通过做公正的事成为公正的人，

---

① 习近平：《在文艺工作座谈会上的讲话》，载《人民日报》，2015 年 10 月 15 日，第 002 版。

② 陈绪新：《中华传统美德传承发展的生生之理》，载《中州学刊》，2019 年第 3 期，第 87—93 页。

通过节制成为节制的人，通过做事勇敢成为勇敢的人。"① 这里提到的"通过节制成为节制的人"意思就是当且仅当节制欲望是出于一个人确定的、稳定的节制品质，他（她）才是节制的人。如此推论，当一个人在生活实践中的节俭行为是出于其确定的、稳定的节俭品质，他（她）便是一个节俭之人。从这个层面来看，节俭和其他具体的道德德性一样，都属于个人德性，它们都关乎"我应该成为怎样的人"的问题。由于节俭美德涉及对欲望的节制，与其他一些具体德性之间存在较高的关联性。

第一，节俭美德促进后富者的积累。人之所以需要德性，其根源是现实的个人相对于人与人、人与社会、人与自然的关系的非自足性。现实的个人不能孤立、独自地活着，必然要与生存于其中的环境——包括自然环境和社会环境——建立某种联系。在诸多联系中，最基本的一种联系就是现实的个人要从环境中获取生存、发展所需的资源，德性便是人能动地处理与生存环境关系的一种努力。在资源有限、资源短缺或资源无法很好地满足人生存和发展需要的情景下，节俭反映的就是现实的个人这种能动的努力。与节俭相伴而来的便是积累，资源消耗的节省意味着资源的积累。马克思指出："人靠自然界生活。这就是说，自然界是人为了不致死亡而必须与之处于持续不断的交互作用过程的、人的身体。"② 节俭和积累之为美德，正是因为它们是现实的个人在从自然界获取资源的过程中，处理人与"人的无机的身体"的关系时所做的能动的努力。

韦伯曾指出，新教禁欲主义束缚着消费，也使获利冲动合法化，"当着消费的限制与这种获利活动的自由结合在一起的时候，这样一种

---

① ［古希腊］亚里士多德：《尼各马可伦理学》，廖申白译，北京：商务印书馆2003年版，第36页。
② 《马克思恩格斯文集（第一卷）》，北京：人民出版社2009年版，第161页。

不可避免的实际效果也就显而易见了：禁欲主义的节俭必然要导致资本的积累"①。韦伯这种由节俭导致资本积累的思想，与荀子"节用裕民而善臧其余"和管子的"力而俭则富"的思想极具相似性。改革开放以来，有部分中国人抓住改革的红利，通过自身的努力积累了财富，实现了富起来，物质生活早已超过小康水平。但是，我们也要清醒地认识到，共同富裕的目标仍未实现，还存在部分群众生活相对贫困的现象。因此，在新时代我们依然需要节俭美德，特别是后富者更需要通过节俭培育积累之德，以积累实现财富的增长。当然，积累只是与财富增长相关的德性之一，更重要的是管子说的"力"——勤于创造财富。不过我们这里还是要强调，"未富先奢"是个人致富的大敌，也是共同富裕的拦路虎。

第二，节俭美德促进先富者的谦逊。首先要说明的是，先富者要实现财富的保值和增值，积累美德仍是必要的。我们这里提到谦逊，主要是针对部分先富者出现的奢靡、炫耀、傲慢现象。习近平指出，我国社会中比较突出的一个问题是："一些人价值观缺失，观念没有善恶，行为没有底线，什么违反党纪国法的事情都敢干，什么缺德的勾当都敢做，没有国家观念、集体观念、家庭观念，不讲对错，不问是非，不知美丑，不辨香臭，浑浑噩噩，穷奢极欲。"②确实，有部分先富者在掌握了大量的财富后，一方面在个人和家庭生活方面穷奢极欲，肆意浪费，并热衷于炫耀性消费，对社会生产和社会价值观起到消极作用；另一方面在社会生活中又为富不仁，表现出对社会秩序的漠视、对后富者的傲慢，激发社会层面的某种仇富心理，对社会和谐稳定产生负

---

① ［德］马克斯·韦伯：《新教伦理与资本主义精神》，于晓、陈维刚等译，北京：三联书店1987年版，第135页。

② 习近平：《在文艺工作座谈会上的讲话》，载《人民日报》，2015年10月15日，第002版。

面影响。

孔子指出:"奢则不孙,俭则固。"穷奢极欲会显得傲慢,节俭则会显得固陋。但是,在这两种品质之间,孔子认为与其成为傲慢的人,宁愿成为固陋的人。可见,傲慢是一种恶德,谦逊才是善德、美德。与孔子认为节俭会显得固陋不同,老子则认为懂得"知足知止"的人善于节制自己的欲望,就具备了像山谷一样"不自见""不自是""不自伐""不自矜"的品质,也即收敛而谦逊的品质。相比之下,老子的观点更能获得我们的认同。可以肯定:适度节俭的人更懂得控制自己的欲望,不自视高贵、不炫耀财富、不傲慢无礼,以敬畏、谦逊、包容来处理人我关系和赢得社会的尊重与认同。

第三,节俭美德促进公务员的廉洁。节俭是一种修身养性之道。不论是儒家孟子提倡的"养心莫善于寡欲",还是道家老子提出的"去甚去奢去泰",或是墨子呼吁的"独自苦而为义",观点虽有不同,但都肯定了一点:节俭是修养身心和德性的不二法门,奢侈导致"己为物役"——心被利欲蒙蔽、身为放纵所累。为政者奢侈,必然会用手中的权力去谋取私利,导致腐败丛生。从近年中央纪委通报的严重违纪违法案例来看,许多被开除党籍、开除公职的领导干部都有相似点:生活腐化奢靡,自我放纵,贪图享乐;个人贪欲膨胀,大搞权钱交易、权色交易。习近平在河南省兰考县调研指导党的群众路线教育实践活动时提到清朝廉吏张伯行的故事,并引用张伯行在《却赠檄文》中一句话,说道:"'一丝一粒,我之名节;一厘一毫,民之脂膏。宽一分,民受赐不止一分;取一文,我为人不值一文。谁云交际之常,廉耻实伤;倘非不义之财,此物何来?'我看,这也可以作为一面镜子。"① 这"一丝一粒""一厘一毫"看似是小事小节,如果领导

---

① 习近平:《做焦裕禄式的县委书记》,北京:中央文献出版社 2015 年版,第 49 页。

干部不自觉节制个人欲望，为了满足奢靡享乐而以权谋私、贪污受贿，小事小节便会成为溃千里之堤的蚁穴；如果领导干部节俭自爱，将取人民"一丝一粒"都看成是损害自己名节，将政府预算的"一厘一毫"都看成是人民的血汗，小事小节便会成为贪污腐败行为的第一道廉洁防线。

可见，节俭和廉洁是一种相互依存的关系，廉洁的公务员在生活上恪守节俭，节俭的公务员在工作中保持廉洁。因为，勤俭节约可以消解和克制人内心的欲望，减少外物的刺激需求，通过淡泊节制、勤勉有为来修身养性，从而磨砺人的意志，提升内在道德修养。① 从"人民的好总理"周恩来，到"县委书记的榜样"焦裕禄，再到"一辈子坚守共产党人精神家园"的杨善洲，党的好干部都有相似点：艰苦奋斗，生活简朴，勤俭办事；淡泊名利，廉洁奉公，无私奉献。践行美德，坚守道德防线，治理者才能走向清正廉洁、全心全意为人民服务的正路。相反，如果治理者一旦突破道德防线，就很容易踏上以权谋私的邪恶道路。② 总而言之，对于公务员来说，奢侈享乐是腐败者的标志，节俭为民则是廉洁者的名片。

2. 向社会德性的转化

在中华传统美德中，有些美德主要是人们为处理人与自我、人与他我关系所做的能动的努力，如仁、义、忠、信；有些美德则是为处理人与家庭、社会、国家的关系所做的能动的努力，如孝、谦、廉、和。在传统意义上，"俭"既可以理解为个人美德，因为它要个人能自觉节制

---

① 樊伟伟：《成由勤俭破由奢——注重勤俭节约》，载《解放军报》，2020年03月31日，第006版。

② 向玉乔：《国家治理的伦理意蕴》，载《中国社会科学》，2016年第5期，第120—135页。

欲望；也可以理解为家庭美德，因为它强调"克俭于家"。但是，在可持续发展已成为全球共识的背景下，节俭已从主要是个人的、家庭的德性上升为一种人类整体的德性，从一般生活的层面上升到人类生存境遇的层面。① 因此，节俭既是个人德性，又是社会德性。作为一种社会德性，节俭是某一个共同体的集体行为表现出的稳定的特征和倾向。当我们说"大力弘扬中华民族勤俭节约的优秀传统""努力使厉行节约、反对浪费在全社会蔚然成风"的时候，实际上就是将节俭作为中华民族这个共同体的美德，也即将节俭视为是一种社会德性。

先秦思想家在讨论节俭美德时，实际上也是从个人德性和社会德性两个层面来展开。从个人德性层面看，先秦思想家们看重节俭（特别是节制欲望）对修养德性、调养身心的重要意义；从社会德性层面看，先秦思想家们也意识到节俭（特别是君主的节俭）对国富、天下治等方面的特殊价值。既注重个人德性，也重视社会德性，这是东西方思想家的一个共同特点。从古希腊到中世纪的古典时期，哲学家研究了广泛的个人德性问题，也研究一些社会德性问题，如古典时期的柏拉图、亚里士多德都研究了理想的国家应具备的品质以及怎样使国家具备这些品质的问题，罗马思想家大量地研究了法治问题，中世纪思想家也涉及不少国家德性方面的问题。② 将节俭作为社会德性，先秦思想们思考的主要问题是"国家（特别是统治者）为什么要具备节俭美德""如何使国家具备节俭美德"。从对这两个问题的回答中，我们可以看到节俭对促进其他社会德性的生成具有促进作用。

第一，节俭能促进交往的"和谐"之德的生成。

---

① 吕耀怀：《"俭"的道德价值——中国传统德性分析之二》，载《孔子研究》，2003年第3期，第109—115页。
② 江畅：《社会德性研究与个人德性研究并重——价值哲学研究的回顾与展望》，载《马克思主义与现实》，2013年第3期，第10—16页。

任何人都无法作为孤立的个体而存在，他（她）总是要与周围的人、自然环境进行交往。笼统地说，交往包括两种类型：一种是人与人之间的交往；另一种则是人与自然之间的交往。在价值目标上，这两种类型的交往的理想状态就是"和谐"。当多数社会成员将人与人之间的和谐、人与自然之间的和谐当成一种理想价值目标，并在生产生活实践中努力追求之、实现之，那么"和谐"便成为了一种社会德性。从个体的角度来看，节俭可以帮助社会个体实现财富的积累，有益于化解其在家庭生活、社会生活中因财用不足、奢侈浪费问题带来的家庭纠纷和社会问题；节俭也可以促使社会个体形成知止知足的交往理念，减少人与人之间的争斗角逐，使越来越多的社会成员成为家庭和睦、社会和谐的创造者。从社会组织的角度来看，节俭要求企事业单位能节约使用资源——包括资源资源和人力资源，特别是在人力资源的使用上要避免将"压榨"合理化，建立起和谐的劳动关系；节俭要求各级政府部门及其工作人员节约行政，将有限的财政资源用于解决广大人民群众最关心、最直接、最现实的利益问题，建立起和谐的党群关系、政群关系。习近平强调，我们一定要牢记"奢靡之始，危亡之渐"的古训，对作风之弊、行为之垢来一次大排查、大检修、大扫除，切实解决人民群众反映强烈的突出问题。[1] 可以肯定，杜绝铺张浪费、骄奢淫逸、贪图享乐的现象和作风，是党和政府保持与人民同呼吸共命运立场，坚守全心全意为人民服务的必然要求，也是获得人民拥护和支持的必然选择。

从人与自然关系的角度来看，节俭是对作为"类"的人提出的道德要求，它推动着人类整体形成一种节约资源、合理利用资源的行为倾向。节俭成为一种已经获得较大共识的道德要求，在一定程度上可以说是人类形成集体理性的标志。因为它意味着人类在依据自然万物生长规

---

[1] 《习近平谈治国理政》，北京：外文出版社2014年版，第371页。

律、大自然繁衍生息规律获取自然资源，是人类自觉节制欲望的体现。节俭，因而也可以理解为人类在开发和利用自然时自觉确立的"取之有时"和"用之有度"的行动原则。人与自然是生命共同体。如果说节俭是一种促进人与自然和谐共生的努力，那是因为它向人类提出了这样的行动要求：积极关心生命共同体中所有生命的生存和发展利益，主动维护生命共同体中所有生命赖以生存的地球家园的安全与健康，着力促进整个生命共同体的和谐共生和协同进化。[1]

第二，节俭能促进发展的"可持续"之德的生成。

人类的生存和发展依赖于自然界提供的生产生活资料。正如马克思和恩格斯所言，我们连同肉、血和头脑都属于自然界和存在于自然界之中。[2] 自然界是人类生产生活的根基，离开自然界，人类什么也不能创造。如果将人类社会的发展理解为财富的增长，人类劳动和自然界相结合就是一切财富的源泉，自然界为人类劳动提供材料，人类劳动则是将材料转变为财富。但在人类社会的发展过程中，特别是在以工业化、城市化为主要内容的现代化过程中，人类创造了惊人的财富，一个传统发展模式内含的严重问题也逐渐暴露出来，那就是发展的不可持续性。造成这种不可持续性的原因之一就是人类过度的、不合理的开发和利用自然资源，导致大量资源被浪费、自然环境被破坏，人与自然关系陷入冲突。可以说，在很大程度上，传统现代化单从创造物质财富而言是一种好的发展，但从人与自然生命共同体的共生共荣角度看则不是一种好的发展。世界环境与发展委员会就曾指出，人类在取得成功和希望的同时也带来了地球和人类难以长期忍受的趋势：首先是"发展"的失败，富国和贫国之间的鸿沟正在扩大，世界挨饿的人数比以往要多；其次是

---

[1] 余泽娜：《论"人与自然和谐共生"蕴涵的三层关系》，载《江西社会科学》，2021年第1期，第24—30页。

[2] 《马克思恩格斯文集（第九卷）》，北京：人民出版社2009年版，第560页。

"人类环境管理"的失败，包括土壤沙化、酸雨、温室效应等在内的改变地球和威胁地球许多物种生存的环境趋势在加剧。① 正是这两种失败的存在，传统现代化不是一种好的发展，在人与自然生命共同体的层面不是一种存在德性缺陷的发展。

中华民族在先秦时期形成的俭德传统立足于天人合一的形上本体论，强调人应节欲以效法天道，对化解今天人类面对的全球性生态危机，进而走上可持续发展之路具有借鉴意义。节欲是道德主体心理、精神层面的活动，是其对自然欲望的自觉限制、约束，它外化为道德主体的行为便是节俭地生产生活。传统现代化模式的德性缺陷简单地说就是人类在消费自然资源时存在奢侈无度、大肆浪费的行为倾向，是人类对经济无限增长的贪求，最终导致了资源有限性和物质欲望无限性之间难以消解的矛盾。继承和弘扬俭德传统，就是要弥补传统现代化模式的德性缺陷，使发展成为一种实现人与自然生命共同体共生共荣的好的发展——一种具有可持续性的发展。欧美发达国家的发展模式告诉我们，技术进步对缓解紧张的人与自然关系确有帮助，但不能使我们从根本上免除全球环境问题的困扰。解铃还须系铃人，从人类自身的生产生活方式入手才能找到免除困扰的根本方法。这个方法就是节俭的发展。习近平指出，在整个发展过程中，我们都要坚持节约优先、保护优先、自然恢复为主的方针，不能只讲索取不讲投入，不能只讲发展不讲保护，不能只讲利用不讲修复。② 特别是中国这种资源不足的人口大国，富裕而奢要不得，未富先奢更要不得，奢侈浪费不可能给中国人民带来幸福、给中华民族带来复兴、给中华文明带来繁荣。节俭才是中国人民应该一以贯之的生活方式，崇尚节俭是中华民族应该持续传承的文化基因，勤俭

---

① 世界环境委员会：《我们共同的未来》，王之佳、柯金良译，长春：吉林人民出版社1997年版，第3页。

② 《习近平谈治国理政（第三卷）》，北京：外文出版社2020年版，第361页。

富强才是中华文明持久繁荣的精神密码。节俭的发展是能实现人与自然和谐共生的发展，是一种具有可能持续性的好的发展。

第三，节俭能促进治理的"为民"之德的生成。

在国家治理层面，节俭和"为民"是两种不同的治理之德，前者表现在治理过程中，具有工具性；后者表现在治理效果上，具有目的性。如果就个人的人格成长和德性完善而言，节俭特别是作为人的内在品质的节制也具有目的性，因为节俭之人是有德之人，是人道德化生存的重要一面。如果就国家治理的合理性、科学性而言，节俭作为一种可供选择的治理方式则具有工具性，因为节俭治理不是治理的最终目的，国家治理的一切工作都在于满足人民对美好生活的向往。如此看来，节俭治理就是要用节省的治理成本更充分地满足人民的美好生活需要，就是要通过节约治理资源的方式以最低的治理消耗高效地供给公共产品和服务。亚里士多德曾说："我们通过做公正的事成为公正的人，通过节制成为节制的人，通过勇敢成为勇敢的人。"① 同样地，党通过节俭执政成为节俭的党，政府通过节俭行政成为节俭的政府；党和政府又通过节俭执政、节俭行政将更多的资源用于公共产品和服务的供给，以满足人民的美好生活需要，成为节俭为民的党和政府。

对于国家治理的节俭和"为民"两种德性之间的关联性，习近平指出，"要改进领导经济工作的方式方法，坚持勤俭节约、反对铺张浪费，持续为基层减负，反对形式主义、官僚主义，把资源真正用到发展经济和改善民生上来"②。改进领导方式和方法宏观意义上就意味着推进国家治理体系和治理能力现代化。从节俭治理的角度看，推进国家治理体系

---

① [古希腊]亚里士多德：《尼各马可伦理学》，廖申白译，北京：商务印书馆2003年版，第36页。

② 《中共中央召开党外人士座谈会 习近平主持并发表重要讲话》，载《人民日报》，2019年12月07日，第001版。

现代化需要进一步完善倡导和践行节俭、反对享乐主义和奢靡之风的制度体系，推进国家治理能力现代化需要进一步提升治理主体依靠艰苦奋斗、勤俭节约增进人民福祉和实现民族复兴伟业的能力。领导干部是推进这两方面的现代化的关键，也是实施节俭治理的关键。因此，习近平强调，"节俭朴素，力戒奢靡，是我们党的传家宝。现在，我们生活条件好了，但艰苦奋斗的精神一点都不能少，必须坚持以俭修身、以俭兴业，坚持厉行节约、勤俭办一切事情"①。可以肯定，各级党政机关、事业单位，各人民团体、国有企业，各级领导干部，如能率先垂范，严格执行公务接待制度，严格落实各项节约措施，坚决杜绝公款浪费现象，不仅可以使厉行节约、反对浪费在全社会蔚然成风，更可以使党员、干部保持艰苦奋斗本色，不丢勤俭节约美德和廉洁奉公操守，成为人民幸福、民族振兴和国家富强的推动者和守护者！

---

① 《习近平在中央党校（国家行政学院）中青年干部培训班开班式上发表重要讲话强调 立志做党光荣传统和优良作风的忠实传人 在新时代新征程中奋勇争先建功立业》，载《人民日报》，2021年3月2日，第001版。

结　语

　　在一穷二白的时候，我们需要艰苦奋斗、勤俭节俭。在进入新时代，特别是当中华民族实现了从站起来、富起来到强起来的历史性飞跃之时，我们还需要艰苦奋斗、勤俭节俭的美德吗？答案是肯定的。习近平指出："过去我们党靠艰苦奋斗、勤俭节约不断成就伟业，现在我们仍然要用这样的思想来指导工作。"① 可以说，节俭美德是中华民族的道德瑰宝，蕴含着中华民族创造灿烂文明和实现从站起来、富起来到强起来的历史性飞跃的密码，不论何时勤俭节约的传统都不能丢。在新时代，为中华民族节俭美德传统注入新的时代内容，并推动其现代转化，是弘扬中华优秀传统文化的必要环节，也是创造美好生活和实现中华民族伟大复兴的中国梦的道德着力点。

　　从现实层面来看，随着越来越多的人"富起来"，中国社会的价值观在变迁，包括节俭美德在内的美德传统正遭遇冲击与挑战，有人甚至发出"中国正面临道德危机"或"中国社会出现道德滑坡"的警示。美国伦理学家麦金泰尔（MacIntyre）对西方德性传统的衰落有过这样的分析："当然在某个现代亚文化内部，诸美德的传统构架的变体还残存着；

---

　　① 习近平：《保持加强生态文明建设的战略定力 守护好祖国北疆这道亮丽风景线》，载《人民日报》，2019年03月03日，第001版。

但当代公共论争的这些状况却使这些亚文化中代表性的声音在试图参与其中时,人们都过于轻易地依据那种有淹没我们之虞的多元论来解释且错误地解释它们。这种误解乃是中世纪末迄今这一漫长历史的产物;期间,主要的德目变了,诸个别美德概念变了,美德本身的概念也变得不同于从前。"① 如果将中国社会当前存在的道德问题夸张地界定为道德危机或道德滑坡,似乎与麦金泰尔所描述的德性传统的衰落比较相像。

那么,中国社会是否存在道德危机或道德滑坡的整体趋势呢? 我们认为,根据中国社会存在奢侈浪费等社会问题和道德问题,做出中国社会存在道德危机或道德滑坡的整体趋势的判断是不合宜的。但是,我们也不能否认中国社会确实存在奢侈浪费现象以及由它引发的其他社会问题,如生态环境问题、贪污腐败问题,而且这些问题背后也确实存在部分人美德缺失、道德信仰动摇等道德问题。习近平曾说道:"现在,有些形式主义、官僚主义的东西,有些铺张浪费、豪华奢侈的东西,上上下下都有些表现,我们不能安之若素、司空见惯、见怪不怪。"② 面对中国社会存在的奢侈浪费问题,学术研究同样不能安之若素。相反,关注奢侈浪费等现实问题,并在中华民族的节俭美德传统中寻找化解之道,是学术研究应有的理论自觉。

因此,节俭美德起源的探究不单纯是做一种"黄昏中起飞的猫头鹰"式的理论反思工作,更重要的是对当前人们日益丰富而又复杂多样的道德生活实践给予关照和回应,让躺在历史典籍和刻在民族性格中的节俭美德传统焕发生机,并释放引导现实的巨大能量。亦如马克思所

---

① [美]麦金泰尔:《追寻美德:道德理论研究》,宋继杰译,南京:译林出版社2003年版,第226页。
② 《习近平关于全面从严治党论述摘编》,北京:中央文献出版社2016年版,第147—148页。

言："哲学家们只是用不同的方式解释世界，问题在于改变世界。"① 故而，我们一方面考察先秦社会的节俭生活史和节俭思想史，对中华民族的节俭美德传统在先秦时期的起源、发展和形成的历史必然性给出合理解释，另一方面又思考如何将源自先秦的节俭美德传统带回现实，推动其向现代道德规范、道德行为、道德德性的创造性转化。

中华优秀传统文化既有自身的连续性和稳定性，也随着时代的变迁与时俱进；既传承了民族的特色，又具有时代的价值。② 因此，在新时代，作为中华优秀传统文化重要内容的节俭美德传统可以和人民对美好生活的向往、中华民族伟大复兴的中国梦的现实国情有机地结合起来，将美德传统和道德实践统一起来，发挥这一传统中蕴藏的道德智慧，刹住奢侈浪费之风，并消解其给中国社会带来的负面影响，引导人们选择与社会发展水平相适应的节俭的生活方式，创造出善性生活、美好生活。现在，中国坚定不移地贯彻绿色发展新理念，坚持节约资源和保护环境的基本国策，必将迎来生态文明的繁荣，实现中华民族伟大复兴的中国梦。

---

① 《马克思恩格斯文集（第一卷）》，北京：人民出版社2009年版，第502页。
② 唐凯麟：《传统文化三题》，载《求索》，2018年第03期，第13—19页。

参考文献

一、著作类

（一）国内著作类

[1]《习近平谈治国理政》，北京：外文出版社 2014 年版。

[2]《习近平谈治国理政（第二卷）》，北京：外文出版社 2017 年版。

[3]《习近平谈治国理政（第三卷）》，北京：外文出版社 2020 年版。

[4]《习近平谈治国理政（第四卷）》，北京：外文出版社 2022 年版。

[5]《习近平关于全面从严治党论述摘编》，北京：中央文献出版社 2016 年版。

[6]《习近平著作选读（第一、二卷）》，北京：人民出版社 2023 年版。

[7] 晁福林：《夏商西周的社会变迁》，北京：北京师范大学出版社

1996 年版。

　　[8] 晁福林：《夏商西周史丛考》，北京：商务印书馆 2018 年版。

　　[9] 陈绍棣：《两周风俗》，上海：上海文艺出版社 2017 年版。

　　[10] 陈戍国：《中国礼制史：先秦卷（第 3 版）》，长沙：湖南教育出版社 2011 年版。

　　[11] 陈瑛：《中国伦理思想史》，贵州：贵州人民出版社 1985 年版。

　　[12] 杜维明：《现代精神与儒家传统》，上海：三联书店 1997 年版。

　　[13] 顾德荣、朱顺龙：《春秋史》，上海：上海人民出版社 2003 年版。

　　[14] 郭静云：《夏商周：从神话到史实》，上海：上海古籍出版社 2013 年版。

　　[15] 李泽厚：《论语今读》，合肥：安徽文艺出版社 1998 年版。

　　[16] 李泽厚：《中国古代思想史》，北京：三联书店 2008 年版。

　　[17] 吕思勉：《先秦史》，天津：天津社会科学院出版社 2016 年版。

　　[18] 吕锡琛：《道家与民族性格》，长沙：湖南大学出版社 1996 年版。

　　[19] 罗国杰：《中国伦理思想史》，北京：中国人民大学出版社 2008 年版。

　　[20] 任怀国、陈新岗、李秀英：《中华伦理范畴：俭》，北京：中国社会科学出版社 2006 年版。

　　[21] 宋兆麟：《原始社会风俗》，上海：上海文艺出版社 2017 年版。

　　[22] 宋镇豪：《夏商社会生活史》，北京：中国社会科学出版社 1994 年版。

［23］宋镇豪：《中国风俗通史：夏商卷》，上海：上海文艺出版社 2001 年版。

［24］唐凯麟：《伦理学》，北京：高等教育出版社 2001 年版。

［25］童书业：《春秋史》，上海：上海古籍出版社 2003 年版。

［26］万俊人：《道德之维：现代经济伦理导论》，广州：广东人民出版社 2000 年版。

［27］王泽应：《中华民族道德生活史：先秦卷》，上海：东方出版中心 2014 年版。

［28］许倬云：《西周史（补增二版）》，北京：三联书店 2018 年版。

［29］张小木：《管子解说》，北京：华夏出版社 2009 年版。

［30］朱贻庭：《中国传统伦理思想史（增订本）》，上海：华东师范大学出版社 2003 年版。

（二）传统典籍类

［1］［汉］司马迁：《史记》，南京：江苏古籍出版社 2002 年版。

［2］［汉］孔安国、［唐］孔颖达：《尚书正义》，廖明春、陈明整理，北京：北京大学出版社 1999 年版。

［3］［汉］赵岐、［宋］孙奭：《孟子注疏》，北京：北京大学出版社 1999 年版。

［4］［魏］王弼：《老子道德经注校释》，楼宇烈校释，北京：中华书局 2008 年版。

［5］［魏］何晏、［宋］邢昺：《论语注疏》，朱汉民整理，北京：北京大学出版社 1999 年版。

［6］［晋］郭象、［唐］孔颖达：《周易正义》，李申、卢光明整理，北京：北京大学出版社 1999 年版。

［7］［晋］郑玄、［唐］孔颖达：《礼记正义》，北京：北京大学出版社 1999 年版。

［8］［宋］朱熹：《四书集注》，长沙：岳麓书社 1987 年版。

［9］［清］孙诒让：《墨子间诂》，北京：中华书局 2001 年版。

［10］钱穆：《论语新解》，成都：巴蜀书社 1985 年版。

［11］蒋礼鸿：《商君书锥指》，北京：中华书局 1986 年版。

［12］《楚辞》，林家骊译注，北京：中华书局 2015 年版。

［13］《诗经》，刘毓庆、李蹊译注，北京：中华书局 2011 年版。

［14］《尚书》，王世舜、王翠叶译注，北京：中华书局 2012 年版。

［15］《礼记》，胡平生、张萌译注，北京：中华书局 2017 年版。

［16］《仪礼》，彭林译注，北京：中华书局 2012 年版。

［17］《周礼》，徐正英、常佩雨译注，北京：中华书局 2014 年版。

［18］《周易大传今注》，高亨译注，济南：齐鲁书社 1979 年版。

［19］《周易译注》，黄寿祺、张善文译注，上海：上海古籍出版社 2007 年版。

［20］《国语》，陈桐生译注，北京：中华书局 2013 年版。

［21］《左传》，郭丹、程小青、李彬源译注，北京：中华书局 2012 年版。

［22］《春秋穀梁传》，徐正英、邹皓译注，北京：中华书局 2016 年版。

［23］《春秋公羊传》，黄铭、曾亦译注，北京：中华书局 2016 年版。

［24］《晏子春秋》，汤化译注，北京：中华书局 2015 年版。

［25］《穆天子传》，高永旺译注，北京：中华书局 2019 年版。

［26］《论语·大学·中庸》，陈晓霞、徐儒宗译注，北京：中华书局 2011 年版。

[27]《孟子》，方勇译注，北京：中华书局 2010 年版。

[28]《荀子》，方勇、李波译注，北京：中华书局 2011 年版。

[29]《老子注译及评价》，陈鼓应译注，北京：中华书局 1984 年版。

[30]《庄子今注今译》，陈鼓应译注，北京：商务印书馆 2007 年版。

[31]《老子道德经河上公章句》，王卡点校，北京：中华书局 1993 年版。

[32]《吕氏春秋》，高诱注，上海：上海书店出版社 1985 年版。

[33]《吕氏春秋》，陆玖译注，北京：中华书局 2012 年版。

[34]《韩非子》，高华平、王奇洲、张三夕译注，北京：中华书局 2010 年版。

[35]《商君书》，石磊译注，北京：中华书局 2011 年版。

[36]《商君书译注》，高亨译注，北京：中华书局 1974 年版。

[37]《墨子》，方勇译注，北京：中华书局 2011 年版。

[38]《逸周书汇校集注》，黄怀信、张懋镕、田旭东校注，上海：上海古籍出版社 2007 年版。

[39]《竹书纪年译注》，张玉春译注，哈尔滨：黑龙江人民出版社 2003 年版。

[40]《说苑》，王天海、杨秀岚译注，北京：中华书局 2019 年版。

（三）国外译著类

[1]《马克思恩格斯文集（第一——十卷）》，北京：人民出版社 2009 年版。

[2]［古希腊］柏拉图：《理想国》，郭斌和、张竹明译，北京：商务印书馆 1986 年版。

[3][古希腊]亚里士多德：《尼各马可伦理学》，廖申白译，北京：商务印书馆2003年版。

[4][英]边沁：《道德与立法原理导论》，时殷弘译，北京：商务印书馆2000年版。

[5][英]约翰·斯图亚特·穆勒：《功利主义》，叶建译，北京：九州出版社2006年版。

[6][英]约翰·穆勒：《功利主义》，徐大建译，上海：上海人民出版社2008年版。

[7][德]康德：《实践理性批判》，邓晓芒译，北京：人民出版社2003年版。

[8][德]马克斯·韦伯：《新教伦理与资本主义精神》，于晓、陈维纲等译，北京：三联书店1987年版。

[9][法]萨伊：《政治经济学概论：财富的生产、分配和消费》，陈福生、陈振骅译，北京：商务印书馆1963年版。

[10][美]希尔斯：《论传统》，傅铿、吕乐译，上海：上海人民出版社1991年版。

[11][美]麦金泰尔：《追寻美德：道德理论研究》，宋继杰译，南京：译林出版社2003年版。

[12][美]汉娜·阿伦特：《人的境况》，王寅丽译，上海：上海人民出版社2017年版。

[13][美]张光直：《商文明》，张良仁、岳红彬、丁晓雷译，北京：三联书店2019年版。

二、报纸期刊类

[1]习近平：《在文艺工作座谈会上的讲话》，载《人民日报》，

2015年10月15日，第002版。

[2]《习近平在中共中央政治局第四十一次集体学习时强调 推动形成绿色发展方式和生活方式 为人民群众创造良好生产生活环境》，载《人民日报》，2017年5月28日，第001版。

[3]《习近平在中央党校（国家行政学院）中青年干部培训班开班式上发表重要讲话强调 立志做党光荣传统和优良作风的忠实传人 在新时代新征程中奋勇争先建功立业》，载《人民日报》，2021年3月2日，第001版。

[4]曹华飞：《杜绝粮食浪费须全方位出重拳》，载《光明日报》，2014年10月28日，第002版。

[5]陈刚：《面子文化对我国居民消费意愿的影响》，载《商业研究》，2016年第3期，第157—160页。

[6]陈来：《儒家的政治思想与美德政治观》，载《中国哲学史》，2020年第1期，第16—25页。

[7]陈瑛：《论"风尚"》，载《求是》，2008年第11期，第52—55页。

[8]崔宜明：《德性论与规范论》，载《华东师范大学学报（哲学社会科学版）》，2002年第3期，第95—101页。

[9]戴木才、王艳玲：《中国传统核心价值观的源流发展及其启示》，载《湖南师范大学社会科学学报》，2019年第4期，第1—16页。

[10]丁大同：《论欲望的道德化》，载《江淮论坛》，1986年第6期，第1—6页。

[11]丁四新：《"礼不下庶人，刑不上大夫"问题检讨与新论》，载《江汉学术》，2020年第4期，第92—101页。

[12]董琦：《王城岗城堡遗址分析》，载《文物》，1984年第11期，第69—72页。

［13］樊浩：《小康文明的伦理条件》，载《哲学动态》，2017 年第 7 期，第 80—87 页。

［14］樊伟伟：《成由勤俭破由奢——注重勤俭节约》，载《解放军报》，2020 年 03 月 31 日，第 006 版。

［15］高秀昌：《老子"三宝"之道："仁慈""俭约""居后"》，载《中国社会科学报》，2012 年 9 月 1 日，第 B04 版。

［16］龚群：《德性伦理学的基本特征及其与道义论、功利论伦理学的根本区别》，载《中国人民大学学报》，2019 年第 4 期，第 45—54 页。

［17］郭大顺、马沙：《以辽河流域为中心的新石器文化》，载《考古学报》，1985 年第 4 期，第 417—444 页。

［18］郭广银：《德治：政治文明的伦理维度》，载《苏州大学学报（哲学社会科学版）》，2009 年第 6 期，第 1—4 页。

［19］何汉南：《陕西长安澧西张家坡西周遗址的发掘》，载《考古》，1964 年第 9 期，第 441—451 页。

［20］河南省博物馆、密县文化馆：《河南密县莪沟北岗新石器时代遗址发掘报告》，载《河南文博通讯》，1979 年第 3 期，第 30—46 页。

［21］河南省文物考古研究所：《河南三门峡李家窑西周墓发掘简报》，载《文物》，2014 年第 3 期，第 4—18 页。

［22］贺福安、吕锡琛：《〈吕氏春秋〉的心理学思想及其现代意义》，载《求索》，2001 年第 4 期，第 121—124 页。

［23］侯马市考古发掘委员会：《侯马牛村古城南东周遗址发掘简报》，载《考古》，1962 第 2 期，第 55—62 页。

［24］江畅：《社会德性研究与个人德性研究并重——价值哲学研究的回顾与展》，载《马克思主义与现实》，2013 年第 3 期，第 10—16 页。

［25］江畅、陶涛：《中国传统价值观现代转换面临的任务》，载《湖北社会科学》，2019 年第 3 期，第 174—182 页。

［26］焦国成：《核心传统观念与民族精神》，载《河北学刊》，2004年第4期，第60—64页。

［27］李建华、冯昊青：《道德起源及其相关性问题——一种基于人类自演化机制的新视角》，载《中南大学学报（社会科学版）》，2007年第3期，第245—250页。

［28］李建华、欧顺军：《节制：欲望的道德化》，载《湖南教育学院学报》，1995年第3期，第23—28页。

［29］李景林：《人性的结构与目的论善性——荀子人性论再论》，载《北京师范大学学报（社会科学版）》，2019年第5期，第118—127页。

［30］李伟波：《中华美德现代转化与传承》，载《光明日报》，2015年01月16日，第016版。

［31］李友谋：《裴李岗文化墓葬初步考察》，载《中原文物》，1987年第2期，第86—92页。

［32］刘宝：《节俭式创新的兴起及其中国意蕴》，载《科技进步与对策》，2015年第1期，第7—11页。

［33］刘玉明、夏艺铭：《〈墨子·非乐〉评议》，载《管子学刊》，2010年第4期，第63—67页。

［34］吕耀怀：《"俭"的道德价值——中国传统德性分析之二》，载《孔子研究》，2003年第3期，第109—115页。

［35］罗国杰、夏伟东：《古为今用 推陈出新——论继承和弘扬中华传统美德》，载《红旗文稿》，2014年第7期，第4—8页。

［36］乔清举：《儒家生态哲学的基本原则与理论维度》，载《哲学研究》，2013年第6期，第62—71页。

［37］青海省文物管理处考古队、中国科学院考古研究所青海队：《青海乐都柳湾原始社会墓地反映出的主要问题》，载《考古》，1976年

第 6 期，第 365—381 页。

[38] 山西省考古研究所：《山西绛县横水西周墓发掘简报》，载《文物》，2006 年第 8 期，第 4—20 页。

[39] 陕西周原考古队：《陕西岐山凤雏村西周建筑基址发掘简报》，载《文物》，1979 年第 10 期，第 27—37 页。

[40] 宋晔、牛宇帆：《道德自觉·文化认同·共同理想——当代道德教育的逻辑进路》，载《教育研究》，2018 年第 8 期，第 36—42 页。

[41] 随县擂鼓墩一号墓考古发掘队：《湖北随县曾侯乙墓发掘简报》，载《文物》，1979 年第 7 期，第 1—31 页。

[42] 孙秀昌：《老子"俭"德探微》，载《河北学刊》，2012 年第 5 期，第 35—41 页。

[43] 唐凯麟：《传统文化的概念、要素、功能及与社会主义核心价值观的关系》，载《道德与文明》，2014 年第 4 期，第 6—7 页。

[44] 唐凯麟：《传统文化三题》，载《求索》，2018 年第 3 期，第 13—19 页。

[45] 万俊人：《论中国道德现代化建设的基本内涵》，载《东岳论丛》，1992 年第 3 期，第 32—37 页。

[46] 万俊人：《儒家伦理传统的现代转化向度》，载《社会科学家》，1999 年第 4 期，第 24—29 页。

[47] 王启才：《〈吕氏春秋〉的生态观》，载《江西社会科学》，2002 年第 10 期，第 58—62 页。

[48] 王淑芹：《美德论与规范论的互济共治》，载《哲学动态》，2018 年第 7 期，第 101—106 页。

[49] 温克勤：《关于"传统与现代"的思考》，载《道德与文明》，2014 年第 4 期，第 7—9 页。

[50] 吴根友、熊健：《传统社会的道德耻感论》，载《伦理学研

究》，2017 年第 6 期，第 31—38 页。

[51] 吴新智：《周口店山顶洞人化石的研究》，载《古脊椎动物与古人类》，1961 年第 9 期，第 181—211 页。

[52] 夏伟东：《墨子的节俭思想及其现代价值》，载《郑州大学学报（哲学社会科学版）》，1999 年第 3 期，第 3—5 页。

[53] 向玉乔：《国家治理的伦理意蕴》，载《中国社会科学》，2016 年第 5 期，第 120—135 页。

[54] 修建军：《〈吕氏春秋〉与墨学》，载《齐鲁学刊》，1995 年第 4 期，第 98 页。

[55] 徐可超：《墨子社会思想的理性色彩与其"非乐"论的祛魅性质》，载《黑龙江社会科学》，2010 年第 5 期，第 71—75 页。

[56] 杨锡璋：《由墓葬制度看二里头文化的性质》，载《殷都学刊》，1987 年第 3 期，第 17—23 页。

[57] 姚郁卉：《俭德的传统诠释与时代内涵》，载《伦理学研究》，2012 年第 4 期，第 33—37 页。

[58] 余陶：《传统道德的扬弃与道德现代化》，载《山东社会科学》，1998 年第 1 期，第 51—54 页。

[59] 余泽娜：《论"人与自然和谐共生"蕴涵的三层关系》，载《江西社会科学》，2021 年第 1 期，第 24—30 页。

[60] 詹石窗、胡瀚霆：《道家"玄同"思想解析》，载《中国高校社会科学》，2018 年第 4 期，第 64—73 页。

[61] 张怀承、蒋建辉：《略论传统服饰流变中的伦理权变》，载《湖南师范大学社会科学学报》，2015 年第 1 期，第 61—66 页。

[62] 张全晓：《治人事天莫若啬——老子崇俭思想的现代解读》，载《中国宗教》，2007 年第 3 期，第 64—66 页。

[63] 张学智：《道家在先秦的发展轨迹》，载《北京大学学报（哲

学社会科学版)》，2018年第6期，第42—49页。

［64］张梓琪、丁三青：《透视大学生"双十一剁手"现象：消费主义思潮的渗透和流行》，载《当代青年研究》，2019年第1期，第51—56页。

［65］浙江省文物考古研究所：《杭州市余杭区良渚古城遗址2006—2007年的发掘》，载《考古》，2008年第7期，第3—10页。

［66］中国科学院考古研究所二里头工作队：《河南偃师二里头早商宫殿遗址发掘简报》，载《考古》，1974年第4期，第234—252页。

［67］中国社会科学院考古研究所安阳工作队：《安阳殷墟五号墓的发掘》，载《考古学报》，1977年第2期，第57—134页。

［68］中国社会科学院考古研究所安阳工作队：《河南安阳殷墟大型建筑基址的发掘》，载《考古》，2001年第5期，第18—27页。

［69］朱汉民：《中庸之道的思想演变与思维特征》，载《求索》，2018年第6期，第169—176页。

［70］朱贻庭：《"天人合一"的道德哲学精义》，载《华东师范大学学报（哲学社会科学版）》，2017年第4期，第12—19页。

后　记

本书是在我的博士学位论文《先秦俭论》的基础上修改、完善而成。

当我写作博士学位论文的时候，曾怀疑这个选题的研究意义，但最后还是坚持写完并顺利通过了答辩。一个人或一个民族过节俭的生活，大致可归于这样三个方面的原因：一是面对资源有限的理性考量；二是约束自身欲望的内在需要；三是尊重劳动成果的主体自觉。相比传统社会，虽然当今社会人们的生活水平已经普遍得到提高，但资源有限的客观生存环境仍未曾改变。更为重要的是，经过漫长历史时期的发展与反思，整个民族乃至人类已经就约束自身欲望、尊重劳动成果达成较为普遍的共识。因此，面对资源短缺、生态破坏、铺张浪费等现实社会问题，重申中华民族的节俭美德传统，引导人们选择绿色节俭、简约适度的生活方式具有重大意义。特别是在贯彻绿色发展理念、建设生态文明和美丽中国的时代背景下，倡导节俭、力行节俭必要且紧迫。如果将写作本书放置于这一现实情境下考虑，所有疑虑便烟消云散了。

博士毕业之后，我一直没有着手将这篇学位论文修改出版。2020年新冠肺炎疫情爆发才再次提醒我，拒绝浪费、节约资源不仅关乎个体的德性提升和人格完善，也关乎家庭在经济窘境中的抗风险能力，更涉及国家推动绿色低碳发展、建设人与自然和谐共生的现代化的大局。而且，被疫情"困"于家中的时间也让我有充足的时间伏案写作，仿佛又回到了在寝室完成学位论文的时光。

从学位论文到修改出版，吕锡琛教授、廖小平教授给予了莫大的帮助和细心的指导。两位先生既是循循善诱的良师，也是和蔼可亲的长辈，启迪和鼓励我去思想和探索。答辩的时候，万俊人教授、李建华教授、吕耀怀教授、蒋美仕教授、左高山教授、高恒天教授等给出了许多宝贵的意见；北京师范大学出版社的刘溪老师也给出了许多中肯的修改建议。中央编译出版社的郑永杰老师、兰鹏老师、周雪凝老师为本书的审稿、编辑做了大量工作，张胧洁同学也花了许多精力协助书稿校对，在此一并表示感谢！

节俭，宛如一种显性文化基因，在一代代中国人的生活中展现，不管是在食不果腹的贫困年代，还是在全面建成小康社会的美好时代。我的父亲生长在贫困年代，"节俭"贯穿于他的每个生活细节，但他对子女总是慷慨，不以天下俭其子女！子欲养而亲不待，悲恸中唯用此书缅怀我勤俭一生的父亲！

孙　欢

二零二三年五月四日于长沙